大国科技

中国科技之路背后的
决策往事

许正中　刘玉兰◎主编

中共中央党校出版社

图书在版编目（CIP）数据

大国科技：中国科技之路背后的决策往事/许正中，
刘玉兰主编 . --北京：中共中央党校出版社，2021.3（2021.12重印）
ISBN 978-7-5035-6746-9

Ⅰ . ①大⋯ Ⅱ .①许⋯ ②刘⋯ Ⅲ .①科学技术-技
术史-中国-现代 Ⅳ .①N092

中国版本图书馆 CIP 数据核字（2020）第 023012 号

大国科技——中国科技之路背后的决策往事

策划统筹　任丽娜
责任编辑　任丽娜　牛琴琴
责任印制　陈梦楠
责任校对　李素英
出版发行　中共中央党校出版社
地　　址　北京市海淀区长春桥路 6 号
电　　话　（010）68922815（总编室）　　　（010）68922233（发行部）
传　　真　（010）68922814
经　　销　全国新华书店
印　　刷　北京中科印刷有限公司
开　　本　700 毫米×1000 毫米　1/16
字　　数　202 千字
印　　张　19.25
版　　次　2021 年 3 月第 1 版　　2021 年 12 月第 2 次印刷
定　　价　58.00 元

微 信 ID：中共中央党校出版社　　　邮　　箱：zydxcbs2018@163.com

编 委 会

目 录 MU LU

人类 21 世纪备忘录（代序）

徐冠华等[①]

地球——我们的家园，形成已经有 46 亿年了，是目前宇宙中已知唯一存在生命的天体，也是包括人类在内上百万种生物的共同家园。守护好唯有的地球家园，是人类共同的使命。

1999 年 2 月 14 日，西方情人节这一天，无人外空间探测器"旅行者一号"回望了它的地球故乡，从 64 亿公里外传回了一张照片，这张从外太空拍摄的照片，地球仅是一个几乎看不见的小小光点（0.23 像素），却承载着人类所有的一切。我们历史上每一个人，经历的每一段过往，听说过的每一个故事，都在它上面发生和经过。在宇宙面前，地球如空气中的微尘，人类又是何等的微不足道。

相比宇宙和大自然，人类的历史只是一瞬间，人类所有的智慧和认知都是浅薄的，更多的是无知。当然，这种无知也鞭策着人类，成为人类不断进步的动力。

① 徐冠华（1941—）男，上海人，遥感学家，中华人民共和国科学技术部原部长，中国科学院院士、第三世界科学院院士、瑞典皇家工程科学院外籍院士、国际宇航科学院院士。本文其他作者：刘琦岩、罗晖、梅永红、黄写勤。本文在撰写过程中，先后与 ITER 中心罗德隆、合肥等离子所李建刚、华中农业大学张启发、中国医学科学院王辰、欧亚科学院马俊如、中山大学胡海、王红胜、林浩添、蔡卫斌、施松涛等专家们讨论、交换意见，并有借鉴，在此深表谢意。文中观点与不足悉由作者负责。

人类从非洲走向世界已经有 5 万～10 万年，有文明记载的历史也已延续 5000—6000 年。人类从学会取火和使用工具开始演化，直到迎来人类的第一次突变——语言革命。语言革命实现了人类个体之间顺畅的信息交流，通过传承和积累，人类发明文字代替了身传口授，进而加速了知识的记载、验证和传播。从公元前 700 年到公元前 300 年，中国的春秋时期和西方的古希腊时期，思辨和理性得到萌发；再经过约 2000 年，在公元 16—17 世纪迎来了人类第二次突变——科学革命。科学革命建立了人和自然之间的联系，加快了人类对自然本质的认识，使得人类以更快速度发展。

1750 年后在科学革命引领下开始的工业革命、电力革命和信息革命实现了人类文明的飞跃。但与此同时，人类活动导致的资源和环境问题逐渐显现，传统发展已难以为继。如果我们不及时予以积极应对，人类文明的列车将几乎注定跌入大自然对人类"末日审判"的深渊。

可是人类绝对不会甘于毁灭。鉴往知来，总结从过去的 5 万年、5000 年、5 百年的历史，人类在历经奴役、战争、饥荒和疫病的苦难中逐步总结出一系列影响人类进程的因素。无论外部条件如何演变，在人类发展的一系列影响因素中，至少有三个因素是历史嬗变中恒定的不动点：一是能源；二是食物；三是健康。可以认为，这也是影响人类能否继续发展 5 万年最关键的确定性因素。

能源是发展的动力，食物是生命的根本，健康是人类延续的保障。这三个核心议题不解决，人类永续发展无从谈起。与刚刚走出非洲的人类不同，经历了语言革命和科学革命的洗礼，现代人有了一定的知识积累和能力储备。可以说，人类已经看到了解决这些问题的曙光。

人类在 21 世纪能够解决这些问题吗？人类如何解决这些问题？在解决这些问题中，人类能否实现永续发展？我们将从五个议题进行探讨。

一、人类能够拥有不竭的能源吗？

过去的 5 万年，人类学会了利用机械和工具，而这其中最具革命性的是能源的使用，从钻木取火到化石能源，再到清洁能源以及核裂变能的和平利用，人类获得能源的能力得到数量级的释放和增强，把人从繁重的体力劳动中解放出来，进而大大推进了人类文明的进程。

但是能源的缺乏始终伴随着人类社会的发展，千百年来对能源的抢夺贯穿人类进化史，导致了无数次的区域冲突和两次世界大战。近来的伊朗危机、叙利亚危机、委内瑞拉危机等国际热点话题，原因之一还是石油之争。现在世界能源竞争已如此激烈，未来必将更加尖锐。而要解决这个矛盾，运用科技的力量提供可靠、安全、廉价的永续能源是核心关键所在。

从科学角度上看，人类利用能源过程从木质燃料、到煤、到石油及天然气等化石燃料，是能源分子结构不断加氢减碳的过程。太阳能、风能、核能等零碳燃料，更是科学家们研究解决碳排放引发的全球气候变暖的重点和热点，代表了能源技术进步的方向，核能技术的突破为此提供了根本的解决方案。

核能包括裂变能和聚变能。裂变能核电技术也就是现有的核电站技术，已经非常成熟，但资源有限，还会产生难以处理的高放射性核废料。

核聚变则是把氢的同位素（氘和氚）混合加热到数亿度高温，

使其原子核聚合，释放出巨大能量。地球上的人工核聚变包括氢弹和核聚变发电，据测算，同等质量的氘—氚核聚变释放的能量大约是汽油的 2500 万倍。

核聚变反应堆的原理并不难，难的是如何实现。最关键的是必须加热到上亿摄氏度的温度。经过一段时间反应后，反应体不再需要外来能源的加热，核聚变的温度足够使得原子核继续发生聚变。只要氦原子核和中子被及时排出，新的氘和氚的混合气被输入反应体，核聚变就能持续下去，产生的能量小部分留在反应体内维持链式反应，大部分输出作为能源使用。受控热核聚变有磁约束和激光约束两种方式，磁约束是当前研究应用热点。

核聚变的原材料是海水中的氘（储量 40 万亿吨）和地球上的锂（储量 2000 亿吨，可产生氚），氘、氚的储量可以说取之不尽。核聚变反应产物氦气是惰性气体，无污染，不产生高放射性核废料，安全性更有保障。

国际热核聚变实验堆（ITER）计划就是探索利用磁约束方式来实现核聚变能源的大型国际合作计划，其规模仅次于国际空间站计划，是最重大的国际合作计划。参加的七方分别为欧盟、俄罗斯、日本、美国、中国、韩国和印度，总人口占世界一半以上。该计划集成国际上受控磁约束核聚变的主要科学和技术成果。ITER 装置是一个功率为 50 万千瓦的核聚变超导托卡马克实验反应堆。这是一个庞大的结构，真空室高度约三层楼高（11.3 米），重达 8000 吨，比埃菲尔铁塔还重；一个 TF 线圈重 360 吨，与一架波音 747 重量相当。

从技术上看，ITER 计划主要有三个难点需要突破。首先等离子体稳态燃烧；其次是氚的自持（即是通过聚变装置产生维持聚变反应所需的氚，不需要外部输入），因为氚在自然界中几乎没有，衰变很快，需要通过锂转化而来，成本很高，所以要做到氚的自持；再次是托卡马克装置内部达到 1 亿度，壁的材料必须是高抗辐射材料。

ITER 计划 1988 年开始设计，2001 年完成《工程设计最终报告》，2007 年开始施工，计划总时长 35 年，预计 2050 年前后，完成聚变能原型电站的建设和运行，开始商业化应用。首次建造可实现大规模聚变反应的实验堆，是人类实现受控核聚变能源研发走向实用的关键一步。

我国加入 ITER 计划经历了一个曲折的过程。在 20 世纪 90 年代我们曾先后两次申请加入，但都因为美国的反对未能如愿，直到 2003 年前夕才得到各国支持顺利加入。2006 年 11 月，中国政府代表与包括欧洲原子能共同体在内的其他六方代表在法国巴黎总统府爱丽舍宫共同签署了 ITER 计划《联合实施协定》。

当前，国内外对可控核聚变研究也不断取得新的进展。最新的成果是 2020 年 9 月《等离子体物理学杂志》的报道，美国麻省理工学院与初创公司（Commonwealth Fusion Systems）在新型可控核聚变反应堆上有新的重大突破。其设计的 SPARC 反应堆将能达到与 ITER 同等级别的性能指标，而体积却只有后者的 2%。我国的聚变工程实验堆 CFETR 也在抓紧实施中，按计划也是到 2050 年，在实验堆成功基础上，建成聚变商业示范堆。

目前，ITER 计划亦已从建造阶段向装配阶段转变，社会各界对核聚变能开发的重要性和可行性逐步取得一致。2020 年 7 月 28 日，在 ITER 计划重大工程安装启动仪式上，习近平主席专门发贺信表示祝贺和支持。ITER 计划一旦商业化成功，意味着将为人类提供近乎免费、用之不竭的理想洁净能源，碳燃料引发的二氧化碳排放问题将得到解决，人类将彻底摆脱能源的束缚，发展格局将发生革命性改变。

二、呼唤第二次绿色革命

人类在 21 世纪能否从饥饿中解放出来？答案是肯定的，基本的出路就是深化改革，推进第二次绿色革命。人类的进化史就是一部与饥饿斗争的历史。为了生存及繁衍，人类靠狩猎和采摘为生的历史长达 250 万年。直到公元前 9500 年至公元前 8500 年，农耕文明的萌芽终于显现，开始驯化小麦、玉米、水稻、山羊、马等动植物。这一热潮历经约 6000 年，到公元前 3500 年才逐渐消退。今天，人类虽然已经拥有很多先进的科学技术手段，但食物热量超过 90% 的来源依然来自祖先 3500 年前驯化的小麦、玉米、水稻等植物。可以说，现代人依然靠祖先的"农业遗产"活着。然而，人类要实现永续发展，继续依靠这份"遗产"已经难以满足需求。

世界粮食安全面临严峻挑战。全球人口数量急剧膨胀，人口大约以每年 8300 万人的速度增长，全球气候变化影响日益加剧，现有的种植方式方法已经接近产量极限。

对中国而言，粮食问题一直是最突出的问题。纵观中国几千年的历史，就是饥饿的农民为取得土地和食物而斗争的历史。我们民族几千年的古训阐释了一个不变的真理：民以食为天。

我们不应忘记，最近的一次饥荒才仅仅过去 60 年。对于所有经历过的人来说，那是不堪回首的悲剧。这些年来，经过几代人的艰辛努力，农业生产得到较快发展，1984 年产量首次突破 4 亿吨，之后逐年增产。2015 年至今，年产量稳定在 6.5 亿吨，加上进口大豆和玉米等 1.2 亿吨，合计 7.7 亿吨。有了口粮，又有肉蛋奶的稳定供应，温饱问题应该说得到了基本解决。那是否说明我国粮食安全问题已经完全解决了呢？不！潜在危机依然存在。

危机在哪里？危机在于我国粮食还要大量依靠进口。我国每年进口的 1.2 亿吨大豆和玉米等按亩产量折算，相当于 6 亿亩耕地的产出，再加上糖类、棉花、水果等的进口，则需要增加的耕地超过 7 亿亩。按照 18 亿亩耕地红线计算，我国耕地对外依存度已经达到 38%。

我国能否再扩大 7 亿亩耕地以确保粮食自给？但现实是我国几无新的耕地可供。我国耕地只占国土面积的 14%，人均仅有 0.1 公顷，远低于美国、俄罗斯、阿根廷等农业大国，是世界平均水平的 30%。现有的可耕种土地能够维持 18 亿亩已是极限。

为了保粮食，我们付出了沉重的环境代价。我国使用了世界 31% 的化肥用量；农药使用量是世界平均水平的 2.5 倍；淡水资源只占全球的 6%，农业灌溉消耗了 60% 的可利用水资源，水生系统受到过剩化肥、农药污染。

有一种观点认为中国已经实现"口粮完全自给"，进口 1.2 亿吨大豆、玉米等主要用于"饲料粮"，与"口粮"无关。我们认为这种说法是片面的。

1960 年我国城镇人均粮食消费量约为 108 公斤，和 2018 年人均粮食消费量 110 公斤大体一致，可是为什么 1960 年是饥荒年，而 2018 年则是温饱年？关键就是两个年份之间肉鱼蛋奶摄入量差异巨大。1960 年肉鱼蛋奶的饲料粮供应极少，人均猪肉消费量仅为 2.34 公斤；而 2018 年猪肉消费量为 22.7 公斤。可以断言，如果 2018 年没有肉鱼蛋奶的供应，口粮需求就会大幅度攀升，粮食危机就会重演。

这也清楚地说明，肉鱼蛋奶的生产和主粮的生产存在着高度的逆相关。肉鱼蛋奶摄入高，主粮摄入就低；反之亦然。2018 年我国城镇居民人均粮食消费量比 1956 年下降 36.6％；而肉鱼蛋奶的摄入仅猪肉一项，人均就比 1956 年增长 2.9 倍。粮食消费大幅下降的主要原因，就是肉鱼蛋奶的大量摄入。

现在国外"脱钩论"甚嚣尘上，一旦我国粮食，包括饲料粮无力自给时，粮食就有可能被作为"武器"。对于一个 14 亿人口大国来说，缺乏粮食和种子的后果，远比缺乏芯片的后果更加严重。

我国粮食安全怎么办？唯一出路就是依靠现代科学技术，向科技要粮。

回顾第一次绿色革命，在 20 世纪 50 年代初，利用"矮化基因"培育和推广矮秆、耐肥、抗倒伏的高产水稻、小麦和玉米等品种，使得全球粮食产量提高了约 20％。1990 年联合国世界粮食理事会（WFC）提出第二次绿色革命，通过运用以基因工程为核心的现代生物技术，培育既高产又富有营养的动植物新品种和功能菌种，促使农业生产方式发生革命性变化。其中杂交育种、转基因育种等现代育种技术不断取得突破。最近，基因编辑育种也取得了不错的进展。

杂交育种技术发展已有 60 多年的历史，已经成为目前为止对粮食生产贡献最大的育种技术。袁隆平院士主持研究的杂交水稻从最初的"三系法"到 20 世纪 90 年代的"两系法"，进而发展到第三代杂交育种技术，为解决我国粮食问题做出了重大贡献。

转基因技术始于 20 世纪 70 年代，转基因是指一种生物原来没有某种基因，而外来的某种基因转到这种生物里面去。转基因有两类：一是自然过程转基因；二是人工干预过程转基因，天然转基因是 30 亿年来生命进程最普遍的现象。人类约有 8％的基因就是来自病毒基因的转移，也正是有了自然转基因，生物才能不断地适应自然环境变化。

人工干预转基因，是近 50 年发展起来的新兴生物技术。转基因技术的原理是将人工分离和修饰过的目标基因，导入生物体基因组，使重组生物具备人们所期望的新性状，培育出新品种。

现代育种技术能否解决保证粮食的充足供应？结论是肯定的。转基因大豆和转基因玉米在我国已经进口和消费多年，经历了时间考验，在品质和安全方面没有受到任何有科学根据的质疑。

研究数据表明，如果我国大豆将每年进口的 8803 万吨转基因大豆和自产的 1600 万吨非转基因大豆（1.26 亿亩耕地）全部转为使用转基因技术，在大豆供应总量不变的情况下，需要净增加 3.1 亿亩耕地；同时，如果将每年自产的 2.5733 亿吨玉米（6.32 亿亩耕地）全部转为种植转基因玉米，将减少 2.8 亿亩耕地。也就是说，在耕地面积基本不增加的情况下，只要将大豆和玉米全部调整为转基因品种，即使不进口大豆，也可以保持我国粮食自给，保障我国粮食的战略安全。

2011 年中国科学院、中国工程院向国务院提交了 51 名科学家和农业专家联名的报告《我国转基因农作物产业化可持续发展战略研究》，提出了促进转基因技术产业化等一系列建设性意见。2016 年 6 月 29 日，108 位在世的、占 1/3 以上的诺奖获得者共同签署联名公开信，敦促大力支持农业转基因技术；2013 年 12 月 23 日，习近平总书记在中央农村工作会议上更是特别强调要占领转基因技术制高点。

为此我们建议：一是将现代育种技术"研究大胆、推广慎重、管理严格"的原则落到实处；二是按照市场机制推动转基因作物的产业化；三是大力加强我国民族种业的发展；四是切实加强现代育种技术与创新的科普工作。

三、精准医疗开启生命健康新纪元

即使有了能源和粮食，疾病仍然是人类繁衍生息最大的难以摆脱的困扰和障碍。

自从科学革命以来，人类平均寿命不断延长。19世纪人类的平均寿命不到40岁，到2019年，全世界29个国家人均寿命超过80岁，我国的人均寿命也达到了76岁，人类的平均寿命持续增加。可以预见，新健康益寿时代正在加速到来——人类将向平均寿命100岁迈进。

为了实现健康长寿的目标，人类一直努力探索生命的本质和进化过程，由此也产生了众多伟大的科学发现。其中，DNA的双螺旋立体结构是20世纪生命科学领域最伟大的发现之一。

进入21世纪，随着分子生物学的加快发展，信息科学技术、大数据分析方法也广泛应用于医疗领域，分子生物学、信息科学技术和临床医学等三个学科的交叉和融合，引发了医学的变革，开创了精准医疗新时代。

什么是精准医疗？精准医疗是以个人基因组信息为基础，结合个体的其他内外环境信息和临床信息等，为患者或特定人群制订针对性的个性化治疗方案、健康保障和疾病防控，以期达到疗效最大化和不良反应最小化。

从学科交叉和融合的特点来看，精准医疗的发展需要三大科学技术领域的融合创新。一是生命科学，尤其是新兴的细胞和分子生物学，包括基因组学、基因编辑、免疫治疗、干细胞治疗等；二是信息技术，包括大数据、云计算、人工智能等；三是临床医学，包括仍有重要价值的循证医学、队列研究和正在临床上大力推广的多学科诊疗模式。

21世纪以来，分子生物学不断取得突破，这其中，一个令人瞩目的成就就是人类21世纪初就基本完成的人类全基因组测序，它形成了人类一张最重要的人体地图，其中结构基因组学、功能基因组学和疾病基因组学是三个未来重要展望方向。

与此同时，高通量测序技术快速发展，测序成本自2003年以来已经下降了99.999％，1000美元的成本就能完成高达几百万个基因组测序。

包括单细胞测序技术、基因编辑、免疫治疗、干细胞等技术都开始进入临床。随着基因测序和数字化医疗的广泛应用，每个人都将拥有个体健康的海量数据信息，并形成电子病历。病历包含了测序、扫描影像、分子生物学检查等的数据，以及用药记录等信息。

通过电子病历，这些海量数据可以监测个体的生命指征和生活质量，可以对身体的任何部位进行三维重建，可以与医学专家系统结合提高诊断治疗的准确率。

大数据、云计算技术的发展使得海量数据的存储、读取、分析和运用成为可能，我们也可以通过任何终端设备，包括手机，在任何时候、任何地点监测自己身体的任何数据。帮助临床医生快速、准确地做出诊断和治疗方案。

未来医学会是怎样？我们现在还不能有完全准确的答案。我们期望通过对科技趋势的分析做一些大胆预测。

个体将越来越有管理自己健康的能力。医生与患者之间高度信息不对称的问题将破解，传统以医生为中心的"家长式"医疗将会被"民主化"医疗所替代。

个性化将成为精准医疗主流方向。我们相信随着个人参与精准医学研究日益加深，一个令人满意的医疗诊断，将会结合个人多维度的数据、最新的在线临床知识库和文献数据库，找到预测最有效的最合适个人的诊疗方案。

基因测序普及化：基因组相关测序将惠及每个人。测序价格将在不久趋近于零。我们可以测序到全球 70 多亿人口的碱基对数目。有科学家提出建立人类的地理信息系统（GIS），人类的 GIS 系统由各方面数据多层构成，涵盖人类从备孕、胎儿到死亡的各个阶段，基因组学在个体化医疗中得以应用。

智能化将贯穿整个未来医疗。随着人工智能的应用，大多数分析会自动在电子病历系统平台上完成，这为医生提供必要的信息，使得诊治更为精准、高效。

肿瘤和慢性疾病的干预将前移，多数疾病将被控制在早期。如肿瘤、生殖疾病以及阿尔茨海默病、糖尿病、高血压等慢性疾病，将前移干预和精准预防，提前解除隐患。

精准医疗将为控制传染病的扩散发挥关键作用。不仅能鉴别传染病发生的可能，而且能够追踪病毒的传播链，有效阻断疫情扩散。

当前，世界各国都在加快"精准医疗"的战略布局。我国以及美、英、德、法、日、韩、澳等国家也先后启动了精准医疗相关计划。可以说，这是当前国际追逐的一个热点。

我国在精准医疗方面，和发达国家相比，仍有较大的差距。"以人为中心"的教育、医疗的体制和机制改革尚需深化。特别是作为衡量一个国家科技、教育、医疗水平最重要标志之一——人均预期寿命，依然落后于发达国家和一些新兴工业化国家，2019年我国居民人均预期寿命为 77.3 岁，世界排名第 53 位。面对未来，我国精准医疗必须迅速扭转落后的局面。

四、21 世纪的担忧：人类会从地球消失吗？

21 世纪，人类终于看到了从饥饿、疾病和能源短缺的束缚中解放出来的曙光。然而核灾难和小行星撞击依然是潜在威胁。

技术的两面性无处不在。核技术便是如此，既可以通过发电、辐照造福人类，也能用于造原子弹、氢弹，毁灭人类。据说，世界上有数万个核弹头，相当于几百亿吨 TNT 当量，可以毁灭地球若干次，一旦作为战争中的选项或者意外、误判都能导致核灾难，后果不堪设想。

核灾难严重威胁全人类的生存。核战争爆发，瞬间冲击波、热量和辐射将导致所有生物无处可逃，亿吨级的微尘和黑烟掀入空中，整个地球变成暗无天日的灰色世界，厚厚的烟云笼罩着整个地球，气温急剧下降，地球有可能再次进入冰川时期，大量生物和人类死亡。

当前，除了联合国五大常任理事国拥有核武器外，尝试拥有核武器的国家也跃跃欲试。人类今天面临的尴尬境遇是：尽管核危险一直没有消除，但是反对核武库的社会运动和思想争论有减弱的倾向。

推动人类永续发展，其中最重要的就是要正视核战争爆发导致的人类自我毁灭。如果人类不做好管控，一旦核战争爆发，所有地球生物包括人类都无一幸免。

地球几十亿年的历史中，已遭遇无数次小行星的到访和破坏。天文学研究表明，直径大于 1 公里的小行星撞击地球的概率为每 10 万年 1 次；直径约 10 米的天体撞击地球的概率是每 3000 年一次。

研究显示：6500 万年前，直径 14 公里的希克苏鲁伯小行星撞击墨西哥湾的浅水区，造成 1.5 公里深的巨型陨石坑。24 小时之内，海啸从墨西哥湾扩散到全球。撞击点附近的海啸高达 1500 米。另外还引发了巨大的冲击波，抛起大量滚烫的岩石和尘埃，飞扬的粉尘悬浮在大气中，遮挡了太阳光，地球表面多年不见天日，大量物种灭绝。恐龙灭绝的原因很可能就是小行星与地球碰撞造成的。

据估算，直径为 10~50 米的小行星撞击地球，就会产生像广岛核弹爆炸一样的威力；直径在 100 米以上的小行星，就能产生几百万吨级氢弹的破坏能量。

对于当今的地球上的国家而言，人类创造的价值越大，小行星冲撞的损失就会更大。目前已被确认的超过 1.6 万颗近地天体中有 1838 颗被认为具有"潜在危险性"。

各国科学家们提出了各种应对小行星撞击地球的方案，其中较为主流的方案包括引力拖拽、飞船撞击、核弹轰炸、激光打击等，其中，核弹轰炸被称为"人类最后的选择"。中国对小行星防御方面的研究，起步不算晚，但总体上小而散，资金投入也不足。虽然有天文机构做跟踪研究，可是很多文章还停留在国外研究的译介和科普话题层面，在深度研究、探索行动以及整个防御工程体系上还有相当多空白。中国应该更有担当，超前部署，积极地参与到已有的小行星撞击防范行动计划当中，或者发起成立新的联合研究组织或大科学合作研究计划。

五、期盼人类走向美好的未来

21 世纪是充满机遇和挑战的世纪，我们已经看到人类最终解决能源、食物和健康等重大问题的曙光；也面对着核灾难以及小行星撞击等可能的威胁。但基于人类几十万年生存的经验以及人类现有发展的基础，我们对未来充满信心。

历史的车轮滚滚向前。展望未来 5 万年，人类又将走向哪里？苏联科学家齐奥尔科夫斯基曾说过这样一句话："地球是人类的摇篮，但是人类不可能永远生活在摇篮之中。"在走出非洲以后实现第二次出走——从地球进入宇宙深处，是现在以及未来人类的新梦想和新使命。

宇宙是什么？是否存在地外生命？这是全人类最为好奇而神秘的问题，然而人类现有知识只是宇宙的冰山一角。虽然人类现有的科学技术水平还无法支撑人类走向宇宙更深处，但是人类探索的脚步不会停止，当前各类前沿研究不断提出，引力波、黑洞等研究不断取得进展，这都是令人鼓舞的现象。特别是人体意识的研究、智能研究的突破或许能帮助人类实现与宇宙对话，也即让人类意识走向宇宙深处。

新的信息技术浪潮下，人与机器共有的智能、人与物的共同进化才开始。在我们已知的发现里，人的智能源自于大脑，认知和智能活动的本质是信息处理的过程。科学家一直在努力解开大脑意识之谜，并试图将这些成果有效地应用在人工神经网络上，使得机器能够接近人的大脑来思考和学习。

认知科学与智能技术的融合发展，将使得生物自我和数字自我之间的沟通渠道可以通过神经链接技术来实现，未来人类将具备超越生物的能力而实现与宇宙的交流，包括在意识领域的精神交流，在虚拟空间中的数字交流。

宇宙中每一秒都有上千颗恒星诞生，像银河系一样的事物已发生过千万亿次。我们的宇宙也有近 140 亿年的历史，我们完全有理由相信，宇宙还有其他文明早已存在。

2012 年 8 月 25 日，"旅行者 1 号"成为第一个穿越太阳圈并进入星际的宇宙飞船。旅行者一号携带了一张题为"地球之音"的唱片，这张金唱片承载着人类与宇宙星系沟通的使命。

美国、中国、俄罗斯、日本等国家先后启动了火星探测计划。这只是人类与外星文明接触的一个跳板。如果真的有一天能实现与外星文明的交流，人类世界可能会经历前所未有的巨大变化。无论如何，我们今天的准备，终将决定我们未来的所成。

21世纪，人类站在这个新的起点上，我们又将开启怎样的文明？当人类解决了能源、粮食和疾病的困扰，只要人类不自我毁灭，走向宇宙深处将是人类的新使命，星际文明将是人类的未来。在宇宙的尺度上，哪里都是中心点，远方究竟有多远，我们不得而知，但是我们翘首以盼，拭目以待。

每当我和同伴们讨论这些议题的时候，有时令人鼓舞、振奋，有时又令人犹疑、惆怅，我们常常思考：人类依靠什么才能解决这些问题？我们认为，依靠少数人努力是无法解决的，人类只有联合起来，共同奋斗才能解决这些全人类共同关注的问题。

天下大爱这个目标历经几千年而不衰，并有无数人为之付出艰辛的努力。孔子在2400多年前曾说，"大道之行，天下为公"，贝多芬在其《第九交响曲》的《欢乐颂》歌词中写道"四海之内皆兄弟"，习近平主席提出了构建人类命运共同体的号召，指引了人类共同努力的方向。今天，在21世纪，在科学技术的高度发展下，我们有了这样的机会，我们更应该为了全人类的发展作出我们的贡献，我们相信人类一定会有更加美好的未来。

本文是发表在2020年第9期《中国软科学》上《人类21世纪备忘录》的简写版。我们试图运用通俗的语言来讨论这些对人类未来最为重要的全球性问题，并且论述在21世纪解决这些问题的必要性和可行性，其目的就是唤起人们的关注，使得这些问题成为科技推动人类发展的着力点，成为国际间合作的交汇点。

科学技术发展的历史表明，科学技术总是在不同科学观点讨论中、在不同技术路线的纠结中，去伪存真、去粗取精逐步发展起来的。我们不惧怕分歧，更不回避讨论分歧，不同意见的争论在本质上是科学技术进步的动力，我们提出的几个问题，随着近几十年科学技术的进步和应用的实践，人们的不同认识逐步接近于统一。我们坚信，如果社会各界给予足够重视，这些问题在 21世纪有可能得到解决。在这方面，我们充满信心和期待。

为伊消得人憔悴　衣带渐宽终不悔

——原国务委员、原国家科委主任、两院院士宋健访谈纪实

个人简介

宋健，出生于 1931 年 12 月 29 日，山东省荣成人。1945 年 5 月参加工作，1947 年 6 月加入中国共产党。是苏联莫斯科国立鲍曼技术大学研究生、博士、研究员、两院院士。中国工程院原院长，著名的控制论、系统工程和航空航天技术专家。2015 年 12 月 8 日，担任两院资深院士联谊会、理事会、工作委员会主任。

宋健在控制论研究、航空航天技术和人口控制论等方面做出了系统性、创造性的成就和贡献，为推动中国科学技术事业的进步和发展及 "科教兴国" 战略发挥了重要作用。著名控制论专家，中国科学院院士，中国工程院院士。

1931 年 12 月出生。1945 年至 1948 年参加八路军；

1948 年至 1950 年在胶东工矿部工业干部学校学习；

1951 年至 1952 年在哈尔滨工业大学学习；

1953 年赴苏联留学；

1958 年在苏联莫斯科鲍曼高等工学院获工程师学位；

1960 年毕业于莫斯科大学数学力学系，同年获鲍曼高等研究生院副博士学位。其后，获科学博士学位；

1961 年至 1984 年,历任国防部五院二分院研究室副主任、主任;中国科学院数学所控制论室副主任;第七机械工业部二院研究所副所长;二院生产组副组长、副院长;航天部信息与控制研究所所长;七机部总工程师、副部长;国防科工委科技委副主任;

1985 年至 2003 年,历任国家科委主任;国务委员兼国家科委主任;国务院科技领导小组副组长;国务院环境保护委员会主任;中国工程院院长。

访谈人：宋老，您已经离开科技领导岗位 20 多年，但时至今日，您依然是我们中国科技界的一个传说。很多年轻人想了解您的成长历程。适逢中华人民共和国成立 70 周年，我们请您和历任国家科技部的老领导同志们讲一讲你们这一代人的故事，介绍一下中国科技发展过程中，国家科技决策的一些往事，既能给年轻一代弘扬创新精神更多的指导，也能为国家科技事业发展留下宝贵的精神文化财富。请您讲讲您的故事好吗？

宋健：今年（指 2019 年），我已经 88 岁。回顾我这一生，可以简单概括成三个"离不开"。第一，离不开知识；第二，离不开祖国；第三，离不开科技事业。

1945 年 5 月，我在胶东参加革命，成为一名八路军。我当时只有 14 岁，读过一年的初中，组织上让我担任共产党八路军领导下的胶东市市长于洲同志的勤务员。于洲同志是一位有文化、有理想的领导，革命信念坚定，组织性、纪律性极强，是我党的优秀干部。

那时，我军指战员大多数没有什么文化，很多同志是文盲，小学高小都算个小文化人，在人们眼里，初中生就更是文化人。但，于洲同志是一位有远见、有智慧的领导。他常说，我们共产党人有着远大的共产主义理想，要全心全意为人民谋幸福，要广泛团结各阶层进步人士，一定能从腐朽反动的军阀手中夺取政权，建设新中国。那个时候，国家就会需要大批的人才来建设国家。我们有条件学习的人，一定要刻苦的学习，练好本领，增长才干。因此，他总是督促身边的工作人员加强学习。当时因为我年纪小，于洲同志非常关心我的学习和生活，对我非常严格。我虽然酷爱读书，毕竟只念了一年初中，基础并不是特别好。于洲同志就常常鼓励我，指导我学习方法，还经常辅导我学习，甚至帮我答疑解惑。我记得非常清楚，当时他会经常查看我的日记，每次都会帮我纠错改句，就像老师批改学生作业一样，不厌其烦。虽然在工作上，我们是上下级的关系，但是实际上，我们感情亲如师生。可以说，当年在他身边做勤务员的那段时光，对我日后，包括到干校（指胶东工矿部干部学校，即现济南大学的前身）学习、到哈工大求学，甚至到公派留学苏联都产生了很大的影响。这段时间的工作和学习，对我而言，非常珍贵，是我今生能够不断学习进步的最重要基石，对我一生影响极其巨大。这是我要说的第一点，离不开学习。

第二点，离不开祖国。

1960年，我从莫斯科大学数学力学系和鲍曼高工研究生院毕业，也拿到副博士学位。当时我导师和教研室老师们劝我再花3月时间，把毕业论文修改一下，获得博士学位之后再回国。但是当时的中苏关系已经非常紧张，虽然学校里的大部分老师不受政治局势的影响，对我们这些中国留学生的学习、指导尽职尽责，但是作为我们而言，除了学习之外，还有另一层考虑，我们需要时刻听从祖国的召唤，服从和服务于人民利益的需要。

当时钱学森钱老已经归国，我们国家的"两弹一星"工程也已经开始，我虽然人在国外，但已经被分配到当时的国防部五院从事导弹研究设计工作。得知这一消息后，我立马整理行装回国，放弃获取博士学位的机会。当然，1990年，我有幸应邀到鲍曼高工研究生院做学术报告时，也获得了由苏联最高学位委员会颁发的博士学位证书，这也算弥补了当年的遗憾吧！

这是我所说的第二点，离不开祖国。对于我们这一代人而言，我们作为新中国成立后的第一代青年学子，国家的利益和需要高于一切！我们在出国求学前，大家都有一个非常深刻的觉悟，那就是我们要做支撑国家走向富强的螺丝钉。这也是为什么当年会出现"钱学森精神"的原因之一。包括大批有志之士突破重重艰难险阻坚决归国的现象等。其实当时的选择，对于我们而言，是理所应当的。

第三点就是离不开科技事业。

我归国前，被分配到国防部第五院工作，前后参与包括国防领域、航空航天领域的工作，后来调入国家科学技术委员会（科技部），也相继参与我们国家很多重大计划、项目的实施。

当年的"国防部第五研究院"在北京市永定路，在我印象中，当年，那里的环境十分僻静，甚至有一点荒凉。1960 年前后，1000 多名从全国各地选调的技术专家进入第五研究院。一时间，永定路变得热火朝天却又神秘莫测。当年的永定路，那可真是藏龙卧虎啊！

我还没有归国就被选进五院，我在感受到备受信任的同时，也感受到自己肩上的责任。我到研究院工作不久，就被委任二分院的一个研究室副主任。同时，我受钱学森钱老的委托，协助华罗庚、关肇直先生筹建我国第一个控制论研究室——中科院数学所控制论研究室，同时负责研究导弹的"弹性震动控制"问题，这一系列研究后来还获得了国家自然科学奖。

与这些老一辈革命家、科学家一起共事，使我受益匪浅。一方面我被他们的爱国热情深深感染；另一方面，我更由衷钦佩他们无私奉献的精神。在物质资源匮乏的年代，他们始终坚持把国家利益放在第一位，全然不顾自己的得失。这非常令人震撼和感动。事实胜于雄辩。"两弹一星"在国家战略方面获得前所未有的成功。这些都离不开老一辈科学家们的默默奉献。他们当中的很多人，宁愿做这个伟大事业的铺路石，也要为其他研究领域搭起桥梁。也正是因为这样，我们不同领域的研究才能汇聚成一个整体，汇集成空前的科技创新力量，最终实现我们的共同追求。这段经历对我后来参与设计我国第一代地空导弹系统、潜地导弹研制、同步卫星定点控制等工作都有非常大的帮助。

1984 年，中央有关负责同志找到我说："组织上考虑由你来接替方毅同志，担任国家科委负责人。"想听听我的想法。说实话，当时我对组织上的这次谈话，是没有思想准备的，因为当初我们的首颗试验通讯卫星，刚刚发射成功，我也正准备相关资料，并希望在相关的科研领域进行更加深入的研究。谈完话后，我举棋不定，于是就给我之前的老师和同学打电话，征求他们的意见。当年我在山东博山干部学校的老师刘孟栋建议我，还是要服从组织上的安排。因此我就这样正式调入国家科委负责相关工作。

组织上最初安排我担任国家科委党委书记。一年后，国务院任命我为国家科委主任。又过了一年，我又被任命为国务委员兼国家科委主任。1998年，我当选为全国政协副主席。

调入国家科委这件事于我而言，是人生中一个非常重要的里程碑。这使我由一个一线科研人员转型成为国家科技管理者，对我而言，还是有非常大的压力的。

为什么这么说呢？当年我们的科技领域正面临着一场全新的体制改革。旧的体制问题重重，新的体制亟待建立，科技管理者此时做的任何一个决定，都关乎着我们国家科技全局的未来。我当时想，如果别人受命于我所担负的这个岗位，可能比我做得更好，但是，既然组织做出这样的安排，我就绝不能轻言放弃。我必须竭尽全力，为人民能得到科技之惠，为学者报国有门、尽才有路而鞠躬尽瘁。

访谈人：我们注意到，您过去曾多次提出，科技管理者要"沉住气"。您为什么倡导这种理念？

宋健："文化大革命"狂风暴雨过后，看到前师故友在墙上挂着明朝《菜根谭》的名句："宠辱不惊，闲看庭前花开花落；去留无意，漫观天外云卷云舒。"这无疑是蹚过惊涛骇浪后的最好注解。20世纪80年代，我曾向谷牧副总理请教，如何在波诡云谲的风云际会中把握方向？谷牧同志是我心目中的同乡先贤，忘年师友。他引用古训说："宠辱不惊，无恤为上，任何情况下，都要沉得住气。"浅陋的我，看到的是，在政治运动的大风大浪中真能做到沉得住气而宠辱不惊的人不多。即使伟人，也鲜有人能真正做到。

访谈人：我们谈当代科技的发展必然要谈到科技体制改革。请您讲一讲当时科技体制改革的情况。

宋健：首先，我们工作重心放到国家科技体制改革上。当时一些旧的科技体制中的弊端已经表现出来，包括运行机制单一、使科技与经济脱节、研究机构不活、科技力量分散、人事制度僵化等。听完邓小平在全国科学大会上的讲话后，我们很多人都激动于"万千科技工作者的春天来了"！当时最早在苏州、无锡、常州等地出现了"星期六工程师"的现象。这一现象相信很多人也提到过。"星期六工程师"在早期是不被允许的。事实上，这些"星期六工程师"基本上都来自国有科研院所和国有企业，他们通过各种渠道与周边的乡镇企业建立联系，利用节假日的时间，为这些乡镇企业担任技术顾问，并从中获取一定的报酬。据说当年，在上海郊区和苏南浙北地区，大部分乡镇企业的厂长们，都随身携带着一张"联络图"，上面写着"星期六工程师"们的联系方式，只要是生产中遇到技术难题，就能直接向他们求助。我们观察到这一现象。之后，通过国家科委的文件，"允许科技人员业余兼职"。这是我们对旧的科技体制进行改革过程中的非常重要的一点。

解决了"科技人员业余兼职"的问题，我们最主要的还是要解决科技和经济结合的问题。1985年，我们公布《中共中央关于科技体制改革的决定》。这个决定主要包括三方面。

首先，在运行机制方面，我们要改革拨款制度，开拓技术市场，克服单纯依靠行政手段管理科学技术工作、国家包得过多、统得过死的弊病；在对国家重点项目实行计划管理的同时，运用经济杠杆和市场调节，使科学技术研究机构具有自我发展的能力和主动为经济建设服务的活力。

其次，在组织结构方面，要改变过多的研究机构与企业相分离，研究、设计、教育、生产相脱节及军民分割、部门分割、地区分割的状况；大力加强企业的技术吸收与开发能力、技术成果转化为生产能力的中间环节的协作与联合，促进研究机构、设计机构、高等院校、企业之间等各方面的力量形成合理的纵深配置。

再次，在人事制度方面，我们也要扭转对科学技术人员限制过多、人才不能合理流动和智力劳动得不到应有的尊重的局面。要为"人才辈出，人尽其才"营造良好的环境。

1986年，我们发布《关于科学技术拨款管理的暂行规定》，我们把科研单位的拨款分为全额拨款、差额拨款、减拨直至停拨等不同类别。同时，我们在法律上承认技术成果也是商品，可以有偿转让。这样一来，我们的科研人员和科研成果，或被迫、或自愿，逐渐开始向经济建设的主战场流动。

此时，如何具体落实科技体制改革的相关内容？我认为，我们应当以科技计划为突破口，迂回地实现改革目标。这里的科技计划就是我们后来的"星火计划""火炬计划"和"863计划"。

访谈人：请您谈谈"星火计划""863计划"出台的情况。

宋健：1982年9月，中国共产党第十二次全国代表大会决定全国工作转向以现代化经济建设为中心，实行改革开放，以提高生产力和人民生活水平为首要任务。1985年春，国家科委党组研究科技工作如何面向经济建设，大家不约而同地认为，科技，首先要面向农村，这是当务之急。1959年到1962年的三年困难时期，全国人民缺粮挨饿，少蛋白食品而浮肿，导致传染病流行。虽然是历史，但是余悸没有消失，人民刻骨铭心。那时候，恰好有一首歌曲叫作

《回娘家》，这首歌里有这样的歌词，"身穿大红袄，头戴一枝花，胭脂和香粉她的脸上擦。左手一只鸡，右手一只鸭，身上还背着一个胖娃娃……"当时这首歌在科技界引起了不小的热议，有人认为，这是中国千百年小农经济的生动写照。当时新中国成立已经 30 多年了，人口翻了一番，1981 年超过 10 亿，人均生产粮食仅仅 300 公斤。人均国内生产总值约 300 美元，是世界最穷国家之一。而日本和亚洲"四小龙"经济高速发展，年均收入已经超过 1 万美元。

1985 年，钱学森先生出任中国科协主席，并在回国 30 年后首次访问欧洲。回来后，对我们感慨道，中国真是太穷了！当时身在美国的杨振宁先生建议，中国科技工作当前的首要任务应该是生产、生产、再生产，先把人民从贫困中救出来。中国人多，历来最怕饥荒。过去数个世纪，年年有饥荒，水、旱、蝗、疫，常出现饿死人和大量逃荒的悲剧，故"吃了吗？"变成了问候语。20 世纪 80 年代初，粮食生产略有恢复，而养殖业和畜牧业还是很落后。蛋、肉、禽、水产等蛋白食品的供应还严重不足，肉类供应每人每年只有 10 公斤，鱼虾 5 公斤，奶制品稀缺。农村发展养殖业成了当务之急。

20 世纪 80 年代，中国体育健儿创造奇迹，乒乓球、女排在世界赛场上取得辉煌成绩。郎平的"铁榔头"和"短平快"战术的魅力让观众钦佩不已。国家科委党组有人联想到，大规模产业化养猪、鸡、鸭、鱼、虾、蟹和产后加工可以做到"短平快"。优种猪 10 个月即可出栏；良种肉鸡 3 个月即可上市，蛋鸡每年下 300 多个蛋。虾、蟹春天放苗，秋天即可收获，四大家鱼最多 2 年即可长到 1 公斤重。工厂化养殖仅仅是高技术，还是实用技术。建千头猪场，10 万只鸡场，数亩鱼塘投资不多，无须高级设备。日本、韩国、欧洲、美国都有成熟技术可借鉴。只要推广到全国，人民的蛋白食品供应问题，即可完全解决。只靠每户养一头猪和一只鸡、鸭的时代将成为历史。还可发展成孵化、育苗、饲料、加工、包装等一大批乡镇企业，增加农民收入。国家科委党组议定，把这个设想命名为"星火计划"。

1985 年 5 月，我们向国务院报告后，立即得到批准，当年划拨 6000 万元支持启动"星火计划"；另一笔外汇从外国引进畜牧良种、果蔬优品和养殖新技术。时任国务院常务副总理万里高度赞扬这个计划，说这是科技面向经济建设的重大创举，完全符合国情。星火计划这个名字起得也很好。星星之火，必能燎原。1986 年 1 月 12 日，他出席全国地方科技工作交流会，并做了热情洋溢的讲话，要求科技界加强农村经济的科技支持，推动乡镇企业的发展，并号召科技工作者积极参与星火计划的实施。国家科委党组中，对星火计划最有激情的是杨浚和吴明瑜等同志。早在 1983 年，杨浚在主持山区经济开发工作会议时候，就提出，山区的经济发展，宜先推广"短平快"的适用技术，投资少、见效快、可持续，有利于培养科技人才，并为以后的大发展创造条件。他对"星火计划"充满热情，思路开阔，对依靠科技发展农村经济很有信心，提出要兴建一大批年产值超过 1000 万元的乡镇企业，形成产值过亿元的乡镇，这将是中国实现工业化目标的重要战略措施。国家科委党组一直推荐他负责主持"星火计划"的制定和在全国组织的实施，被戏称为"星火司令"。"星火计划"实施 15 年之后，21 世纪初，全国的农业形势和人民的食品供应得到改观。中国告别了饥荒，已经接近全面小康，向文明、富裕、民主、和谐迈进。

"863 计划"是"两弹一星"的功勋王大珩、王淦昌、杨嘉墀和陈芳允 4 位科学家提出来的。20 世纪 80 年代，发展经济是中国的第一要务，1985 年 3 月公布的《中共中央关于科学技术体制改革的决定》，中心目标是解决科技工作面临经济建设的问题，对发展高技术的重要性没有强调。四位院士心急如焚！他们决定上书邓小平，提出中国要密切注意跟踪外国战略高技术的发展，否则，中国的科技水平差距越来越大。这个建议得到邓小平的热情支持，批示"此事宜速作决策，不可拖延"。中共中央、国务院立即召集了 200 多位科学家参与论证，制定了《高技术研究发展计划纲要》，确立了 7 个领域 15 个主题作为重点。很快得到中共中央和国务院的批准并组织实施，才有了 30 年后的"863 计划"取得的辉煌成绩。中国的高技术研究发展从此进入了一个全新阶段。邓小平批示后的第三天，也就是 1986 年 3 月 8 日，国务院便召集有关方面的负责人，对王大珩等四位科学家的建议信进行充分讨论。会议最后决定，"由国家科委主任宋健和国防科工委主任丁衡高负责组织论证我国高技术发展计划的具体事宜"。在这之后的 4 个月，我就把全部精力投入到中国"863 计划"上，为了确保"863 计划"的科学性、可靠性和可行性，我主持召开了一系列的专家论证会，并和不少专家进行了交心的会谈。当时满脑子都是如何发展中国的高科技的问题，我当时还邀请了几位科学家就有关问题召开了座谈会。但这个时候比较难为情的事出现了：科研经费！科研经费问题其实是一个很难把握的数字——说少了，高科技很难搞起来；说多了，说了也等于白说——不但得不到所要的经费，反而连计划都可能告吹。"说吧，没关系。"曾长期领导中科院工作的张劲夫当然知道当时科学家们的心思，便鼓励说，"你们说个基本的数字出来，我好向国务院领导汇报。下一步做经费预算的时候，也好有个底。"王淦昌这才说了一句，"能省就尽量省吧，一年能给 2 个亿就行。"

　　1986 年 4 月，全国 200 多名科学家云集北京，讨论研究《国家高技术研究发展计划纲要》。从 1986 年 3 月到 8 月，国务院先后召开了 7 次会议，组织专家讨论制定《纲要》。国务院科技领导小组又用了半年时间，组织 124 位各个领域的专家，分成 12 个小组，对《纲要》进行反复的探讨和论证，最终才形成了《国家高技术研究发展计划纲要》。《纲要》从世界高技术发展趋势和中国的需要以及实际可能出发，坚持"有限目标，突出重点"的方针，共选入 7 个领域的 15 个主题项目。1986 年 8 月，国务院常务会议通过了《纲要》。邓小平看了《纲要》后，十分高兴，当即批示：我建议，可以这样定下来，立即组织实施。于是，1986 年 10 月，中共中央政治局为此专门召开扩大会议，批准《国家高技术研究发展计划纲要》，并正式做出决定：15 年拨款 100 亿元。1986 年 11 月 18 日，国务院正式发布关于《国家高技术研究发展纲要》的通知，至此，一个面向 21 世纪的中国战略性高科技发展计划正式公之于世。于是，历经磨难的中国科学家们又迎来了新中国成立后第三个科学的春天，并向世界、向明天再次发起冲击。

由于四位科学家写信的时间和邓小平批示的时间都是 1986 年 3 月，因此，这个高技术发展计划被称为"863 计划"。

访谈人：我们大家都知道，"星火计划""火炬计划"被称为燎原中国经济的"两把火"——"星火计划"推动了中国农村经济的快速发展；"火炬计划"引领了中国高新技术产业的突飞猛进。这"两把火"为国家经济的发展建立了不可磨灭的功勋！前面您谈到了"星火计划"，请您介绍一下，"火炬计划"的情况。

宋健："火炬计划"的目标是将高科技研究成果推向产业化，创办一大批科技型中小企业。要达到这个目标，就必须打破原有体制和观念的束缚，引导和推动部分科技人才走向市场。在高新区内实行现代管理方式，以市场为导向，与国际市场连接，开展国际合作，大量吸收青年科技人才，在科技园区内形成多学科多行业的聚集效应，建立高科技产业大军。为什么必须建设高新区？因为我们都知道环境对人才成长和事业发展的重要性。长期以来的计划经济体制和因此形成的传统观念，束缚了很多人的思想和手脚，要科技人员"下海"，很多人都胆战心惊。《解放日报》就"下海"话题曾连续发

表四篇文章，还闹出很多风波。在原有的体制里，想让青年科技人员"下海"是很困难的，他们的思想压力很大，当时有个形象的说法，上海浦西是老企业，"像一筐螃蟹互相夹着，谁也没法跳出去"。我们当时也很明白，在既有的计划经济观念下，年轻人根本没法跳出来，也没法"下海"去创办高新技术企业。如果日益增多的大学生、研究人员、青年工程师和各种技术人员都到国有大中型企业去，那里人满为患，将来高学历的人也会下岗。要论资排辈，排工龄、级别，很难有机会独立主持工作，只能在一些初级工作岗位上做扫地、拿报纸、打水等琐碎的事情去表现他们的虔诚、勤奋和才能。如果真这样下去，国家的未来怎么得了！所以，我们必须创造一个全新的环境，非搞高新区不行。因为高新区能为年轻人创造一种独立创业的小环境，让年轻人可以做主的环境，像当年革命初期各地成立的游击队一样，20多岁的年轻人，就可以当司令员、经理、总经理、总设计师、总工程师、CEO。高新区必须有这么一批年轻的闯将。同时，高新区又比较集中，1+1＞2，能产生聚集效应、示范效应。要是没有这样的小环境，他们就会被旧环境、旧体制淹没，碌碌无为，最后逐渐被时代吞噬掉。当然，"火炬计划"不可能一蹴而就。如果走得太急，就很容易翻车，必须一步步地、稳步地走。而营造小环境——建设高新区，是非常关键的一步。在高新技术的发源地，也就是现在的中关村，当年我曾遇到一位50岁左右的工程师，他告诉我，研究所里人很多，很闷，没有事情做。那里的情况，常常是一个高技术设备有几千个零件，每个人就分管几个零件，工作并不饱满，不能发挥人们的才智。很多人希望能跳出来，到市场去，发展高科技产业。他当时看准为各种商店的管理提供微机和软件这块市场，他说他可以利用现有的技术为民服务。我肯定了他的想法，并鼓励他大胆去干。他后来事业做大了，还请了几个毕业生一起做，一个人的创业解决了几十人的就业。我把这个事情拿到国

13

家科委党组会上讨论，大家也都认为，这样的人多了，社会进步也就快了，也坚定我们抓"火炬计划"、发展高新区的决心。高新区的小环境有一些具体的特点。第一，以科技干部为主，他们有共同语言，熟悉业务。第二，以年轻人为主，鼓励他们建立科技型中小企业，年轻人马上就可以发挥作用。第三，与国际市场连接，实行现代管理制度，符合市场要求，学习国外好经验，动作快，形成新的企业文化。第四，允许工资高一点，这在老的体制里很难做到。我记得1985年曾有人建议给院士加点工资，每人多加100元人民币，因为有不同意见，最终这个建议也没通过。后来的事实证明，所有的高新技术开发区，创业者一进去就发现，那里完全是另一片天地，别说加工资，还有更多激励措施，吸引大量人才，发展得非常快。高新区不仅成了年轻人的创业基地、科技体制改革的示范基地、辐射高新技术的源头，而且成了改革开放的窗口。高新区的年轻人外语水平比较高，再加上出国留学回来创业的青年人，高新区为他们提供了登上世界舞台的机会。高新区是以市场机制来运作的，不同于我们搞科研，那是由国家花钱。像华为、中兴等公司，现在都有数万名技术研究和开发力量，他们是从小公司做起来的。华为年销售额已达1500亿元。当时我们不敢想象高新技术开发区能搞成今天这么大的规模。国家后来相继批准了54个高新技术开发区，现在有168家。

据2007年统计，区内企业有5万个；就业人数达650万，其中大专以上学历275万人，硕士22万人，博士2.9万人；销售额5.5万亿，年缴税2600亿元，年进出口额2500亿美元，并且带动了很多区外的产业发展。当然现在高新区发展快了，数量比10年前多了100多个。这说明，高新区成了我们国家的一个创新高地、人才高地、资本洼地，凝聚力越来越强。高新区发展之快、效果之好，大大出乎我们的预料。讲实话，开始我们并没有完全的把握，担心弄出个"大窟窿"，把年轻人给"诓"进去。如果办不成，站不住脚，工资发不出来，那就会坑害很多人，所以好多年我只关心一件事，就是高新区里的年轻人有没有饭吃，会不会挨饿，会不会失业，企业会不会垮掉。事实已经证明，发展的结果令人振奋，年轻人用事实告诉我们，他们不仅能独立，还能进取。他们满怀信心，向国外大市场进军，我真为他们感到骄傲。高新区给国家和地方经济带来了很多亮点，建立了一大批全新的产业。很多20年前全部依靠进口的产品，如今我们已能自行研制和生产，"中国制造"正在向"中国创造"转变。20世纪90年代初，欧洲、北美一些通信公司占领了中国市场，我们只能进口。高新区在这样的环境下，迎难而上，涌现了一批能设计和生产大、中、小型程控交换机和移动通讯设备的企业，如华为、中兴这样的企业，面向国内外市场全线出击，不仅满足了国内市场需求，还开拓到海外，成为民营企业的先锋巨擘、中国现代企业的佼佼者。

访谈人：1986 年，您被任命为国务委员兼国家科委主任后，很快就主持了八十年代国家的科技体制改革。这场科技体制改革开启了中国民营办经济发展的帷幕，也带来了中国民办科技机构迅速发展的 30 年黄金期。请你回顾一下当时的一些情况。

宋健：1985 年 4 月，在我的建议下，国家科委提出北京中关村等地试办新技术开发区的报告。报告提出后，立即得到国务院和中央财经领导小组的肯定。按照中央的指示，国家科委设立全国《高技术开发区研究》课题，委托中科院政策与管理科学研究所承担，总课题人就是 1984 年 3 月向国家提出建立"中关村高技术密集区"等建议的赵文彦、陈益升研究员。在这个总课题下面，设立了北京、上海、天津、武汉等分课题，其中分课题之一就是《北京中关村高技术开发区的调查和研究》，负责人是北京市科技情报研究院李婉，北京理工大学教授李国光，中国智密区研究所研究员李铁儒，课题顾问为北京市科委副主任朱育诚。为更好地研究课题，课题组的委托单位于 1986 年 6 月 2 日到 7 日在北大勺园召开全国智力密集区问题学术会议。核心议题是讨论智力密集区如何发展高科技以及建设高技术开发区。用了一年的时间，在 1987 年 8 月，完成了调查任务。

不过，当时很多人并不支持，其中有一些领导。在质疑者看来，高新技术是智力和资本密集型产业，中国资金还不富裕，应该以传统工业为主，发展高技术的高新技术产业与国情不符。而且中国已有经济技术开发区，再建高新技术开发区多此一举。当时我坚持认为，高新科技已经是跨世纪竞争的制高点和未来经济增长、社会发展与文明进步的主要推动力。而高新区正是孵化高新技术的梦工厂。1985 年 8 月，国务院发布《关于进一步清理和整顿公司的通知》；1986 年 2 月，中央和国务院做出《关于制止党政机关和党政干部经商办企业的规定》。在执行这两个文件的时候，一些地方对民办科技企业的特殊情况考虑不够，这就让他们大受影响，机构数量下降，人员流失严重。当时，对于中关村电子一条街，出现了"骗子一条街""倒爷一条街"等说法，这给科技人员创业带来了很大的压力。

针对全国整顿公司中出现的种种情况，国家科委党组经过紧急研究，在 1986 年 3 月 5 日向国务院科技领导小组呈送了《关于明确对技术成果转让的政策界限的指示》报告。我们报告中提出，中共中央和国务院发布的文件，主要是为了制止某些党政机关和党政干部利用职权，通过转手倒卖牟取暴利的不正之风。而在科技体制改革决定中规定的技术开发和承担技术成果转让的中介组织，是推动技术成果商品化和开拓技术市场所必需的，不属于文件的禁止范围，为加快整个社会经济的技术进步，加快技术商品化的过程，今后在相当长的时间内，技术开发机构和技术转让中介机构必将有所发展，应该在政策上给予一定的扶持。

这份报告引起了国务院科技领导小组的关注，经批准于 1986 年 3 月 20 日转发给各省、自治区、直辖市和国务院各部委、直属机构以及中科院、中国科协。当文件在各地落实之后，民办科技企业才逐步回到正常发展的轨道上。不过，还是有一些科技人员，在清理整顿中受到冲击。杭州戴晓忠案就是其中一个非常具有代表性的案例。戴晓忠从 1979 年开始从事科技创业，1986 年被逮捕，并在当年 9 月以"技术投机倒把罪"被提起公诉。他的情况引起了《科技日报》的关注，当年连发 6 篇报道，我看到报道后，派综合局局长前往杭州，与各方面沟通，经过多方调查，戴晓忠于 1988 年 8 月 19 日被无罪释放。

应该说，发展民营科技机构的机会在 1988 年是一个开端，也是民办科技机构迅速发展的机遇期。那一年，中央提出了沿海经济发展战略，以东部 14 个沿海开放城市为前驱，加快发展出口产业和贸易，以带动沿海地区的经济发展。而"火炬计划"正是依靠自己智力、自主发展高技术产业的计划，可以在大开放过程中与外部世界形成"你身上有我，我身上有你，犬牙交错的发展态势。"

访谈人：高新区的出现与发展，不但改变了中国的产业结构，加速了中国经济的发展，也在深刻地改变着城市的面貌、改变着人们的生活，许多高新区甚至成了一座城市的名片。请您再谈谈高新区。

宋健：高新区的健康发展是各级党委和政府高度重视的结果。北京就十分重视中关村科技园区的建设和发展，也因此带动了整个北京甚至华北地区产业和经济的提升；西安高新区办得比较好，就与西安市委书记直接挂帅亲自抓有密切关系——高新区整个成了西安市的新城区，形成西安的东西两个区比翼齐飞，迅速发展，成为西安市的一张闪亮的地方名片。成都、广州、深圳、上海、武汉这些城市的高新区也做得很好。自 1988 年开始，在沿海大中城市和各省会城市 54 个高新技术开发区中，北京中关村的发展非常具有代表性，给国内外很多人留下了深刻印象。中关村是全国智力资源和科技人员最密集的地区，具有得天独厚的自然与人文环境。20 世纪 80 年代，改革开放的历史性转折与世界新技术革命的双重冲击，唤醒了中关村。一批科教人员走出大院、大所、大学，"下海"创办科技企业，开始了以市场为导向、把科技成果转化为现实生产力的艰难探索，形成了著名的"中关村电子一条街"。1988 年 5 月，国务院正式批准在以中关村为核心的 100 平方公里区域内建立我国第一个国家级高新技术开发区——北京市新技术产业开发试验区，这是种自下而上的探索。科技体制改革，就是在体制上得以确认，有力地推进了中关村的大发展。1999 年 6 月，国务院批复加快建设中关村科技园区，这是继 20 世纪 80 年代设立深圳等经济特区、90 年代开发开放上海浦东，国家跨世纪发展的又一重大战略举措，中关村科技园区进入大发展新阶段。2009 年 3 月，国务院将中关村的发展未来定位为"具有全球影响力的科技创新中心"。经过 20 多年的发展，中关村已形成了"一区十园多基地"的跨行政区的发展格局，资源优势让人惊羡：这里有北大、清华等高等院校 39 所，以中国科学院、中国工程院、北京生命科学研究所为代表的科研院所 200 多家；中科院和工程院院士占全国的 1/3；高素质创新人才超过百万，留学归国创业人员数量占全国近 1/4。这里拥有联想、百度、中星微等高新技术企业 2 万余家；微软、甲骨文、IBM 等 100 多家世界 500 强企业在中关村设立 70 多个研发机构；每年吸引境外投资占中国大陆总量的一半以上；每年上市企业数量 10 家以上，截至 2009 年，园区内境内外上市公司总数达 145 家。2009 年，中关村示范区企业实现总收入 12602.4 亿元，同比增长 23.7%。"火炬计划"这把"火"

不仅照亮了中国城市、中国大地，也联通了世界各地。

访谈人：您从一个普通农家子弟一步一步走来，最终站到了国家领导人的位置。这在很多人看来几乎就是一个奇迹。但是当人们了解到您的成长过程，他们又不得不被您矢志报国的爱国热情和锲而不舍的科学精神所深深折服。请您谈谈您的学习过程。

宋健：我就是觉得我的知识不够。碰到的问题，好多业务不熟悉，还有好多我刚才说的，类似一些社会现象的问题与技术和研究混在一起的，怎么处理呢？就是强烈地感到知识不足。所以我就下决心，凡是我没有学过的东西我就要学，应该说是从 1988 年一直到 90 年代初，我天天都在学习。有很多自然科学过去我没学过的，比如说生物学，我一点都没学过。那么我就下决心，从大学生物学开始学起。花了好几年的时间，把生物学的基本原理，甚至"基数倍"这个分类学，我都进行了学习。还有自然科学方面，比如地质学我没有学过，它的原理，它的起源，它这个学科后来得到的成就等，我也是花了很多时间来学习。还有就是科学技术和经济建设的关系，我也一度深入进行了学习。这个学习的目的不是为了学习而学习，而是为了有助于解决我们遇到的问题。比如说科学技术与经济建设的关系这个一直争议了很久的问题，就是因为曾经有过一场激烈的争论。我们有些科学家认为科学技术就是科学技术，经济建设就是经济建设，科学技术面向经济建设这个提法不对。在他们看来，就是科学技术必须面向经济的提法势必限制了科学发展。多数搞经济工作的，包括我们一些领导同志，认为科学技术必须要面向经济建设，这样就产生了冲突。那么我就在主持起草文件时充分考虑这两种意见——中央要求科技与经济结合，我们就要考虑科技要为经济建设服务，要为经济作支撑，这样满足中央的要求；同时，我们也要尊重科学规律，不能"一刀切"，一窝蜂地都去搞经济，不能让那些搞前沿科学和基础科学研究的科学家们脱离他们的工作范畴，违反科学规律。一开始，我们的确处于两难的境地。所以，我们就不断地研究和思考，不断地设计科技发展路线。作为国家管理科技的主要领导，我认为中央的这个要求肯定是正确的。当时我想，我们的新中国成立快 40 年了，一是要解决好人民吃饭、穿衣问题，因为一个国家如果都穷得吃不上饭、穿不上衣服了，何谈发展科学技术？那不是太幼稚吗？但另外一方面，我们是一个有着 960 万平方公里国土、56 个民族的大国，必须依靠科学技术使国家得到发展。这本身不矛盾，但是要很好地处理这个问题，既使国家经济快速发展，又要依靠科学技术进步确保国家能不断发展。这些科学家是以一腔热血投身国家科技事业的，必须对他们的科学热情和科学精神加以保护。但又不能一窝蜂去搞科学研究，这就必须把从事应用技术研究的这一部分分离出来，推动这一部分与经济紧密结合。

平心而论，一开始我们也很困惑，因为一切都是没有现成的经验可循，一切都需要以积极的态度去探索、去寻找最佳解决办法。不瞒你说，我曾经就因为这个事情烦恼了很多年。现在来看，当时的设计还是对的，是有利于国家经济的发展和实力的增强的。如果只按照某一个层面的意见来考虑事情、设计事情的话，中国，真有可能会失去最好的历史发展机遇。

访谈人：我知道您对"星火计划""火炬计划"和有关科技计划是充满了信心的。那么，我们站在更长远的历史角度来看，您对"星火计划""火炬计划"有哪些评价和期望？

宋健：作为科技工作者，我们都有一个理想——那就是让科技的恩惠洒满人类社会。中国工业化比欧美晚了 200 年，我们的责任是在两条战线上奋斗，历史已证明，只要今后数代人接续奋斗，我们的目标一定能达到。我国古代的四大发明让所有炎黄子孙感到荣耀，没有我国的造船技术、指南针和其他发明，欧洲 17 世纪以来的发明创造和产业革命都根本不可能发生。正如马克思所说："火药、指南针、印刷术——这是预告资产阶级社会到来的三大发明。火药把骑士阶层炸得粉碎，指南针打开了世界市场并建立了殖民地，而印刷术则变成社交的工具。总的来说，变成科学复兴的手段，变成对精神发展创造必要前提的最强大杠杆。"但是，18 世纪以来，在西方工业革命大发展的时候，闭关锁国的中国在科学技术上逐渐落后、僵化，造成了被动挨打、任人宰割的局面。中国历经了苦难的19 世纪，20 世纪是觉醒战斗的世纪，21 世纪将是民族复兴的世纪。这一切，都有赖于科学技术的进步和产业的发展。科技弱，则国衰；科技强，则国盛。我们这代人生在苦难抗争的 20 世纪，辛亥革命、五四运动、北伐战争、抗日战争、解放战争，经过 50 年的浴血奋斗，千百万人的流血牺牲，赢得了一个新时代的到来。新中国建立70 年，在社会主义建设、改革开放、工业建设和摆脱科技落后状态方面都取得了可喜的成绩，不少旅居海外的科学家和工程师也在世界科技舞台上作出了卓越贡献。20 世纪六七十年代，我国用 10 年左右的时间就完成了科学盛举——"两弹一星"的研发，彻底摆脱了"东亚病夫"的形象，涤荡了中国人自己在列强面前沮丧萎靡和畏难怯懦的心态。20 世纪八九十年代，随着"星火计划"和"火炬计划"的不断展开，到 1995 年确立"科教兴国"的国家战略，科技的恩惠开始洒满中国大地，科技之"火"在广大的城市和乡村渐成燎原之势，照亮了中国大地。从"两弹一星"到科教兴国，是中国站起来和富起来过程中的两个特写镜头，与 19 世纪的耻辱和 20 世纪的抗争相比，21 世纪的中华民族将达到辉煌。现在只是拉开了序幕，奏完了前奏，高潮还在后面。中国的工业化任务尚未完成，要实现现代化还有很长的路要走，要完成更大规模的工程建设，改造全部农业和制造业，建立自己的信息产业，要为近 14 亿人提供足够的食品和日用品，不断地提高社会生产力和提高人民生活水平，在经济发展主战场、高技术产业和基础研究三条战线上都必须赢得决定性胜利，才能实现 21 世纪上半叶的奋斗目标。我们的路还很长，科技之"火"也将在中国大地上持续熊熊燃烧着。

访谈人：您觉得我们的高科技产业出路在哪里？

宋健：还是在创新。中国远未成为"世界工厂"。中国改革开放以来，经济和国力迅速增长，人民生活水平显著提高，友好人士赞扬中国的进步，说中国正在演奏人类历史上最特殊的交响乐。不喜欢的人也有，散布"中国威胁论"，说中国的经济发展对别人构成威胁，明里暗间进行遏制和封锁。还有人故意夸大中国的经济成就和国防力量，说中国已成为"世界工厂"，"中国制造无所不在"等。因此，很多学者提醒中国人自己要客观对待和冷静思考各种评论，以免被误导。2005 年我国人均国民生产总值才 1700 美元，是日本的1/20，美国的 1/22，仍属于中低收入国家，农村的贫困人口仍有2000 多万人，按联合国统计，人均每天不到 1 美元的人口有 2.1 亿。中国的制造业进步虽快，但还不强，医疗器械和科学仪器等高档产品主要靠进口。中国仍处于工业化初级阶段，要实现全面工业化和现代化还需要艰苦奋斗至少 50 年。就此，中央提出了自主创新战略，提倡理论创新、制度创新、科技创新，建立创新型国家。这是一项适应世界形势、符合国情，具有深远意义的科学发展方略。创新必须符合科学规律。过去 50 年的发展进程，我们的成就都是依靠自主创新而取得的。有的问题我们解决得好，有的不好。凡合乎科学规律的都取得了成功，否则就会失败。回想起 60 年前为生产 1000万吨钢，全民大炼钢铁，闹了一场灾难，那是因为没讲科学，方法不对。20 世纪 90 年代，中国气象局花了上千万美元买了一台千万次大型计算机，美国人故意降低了运算能力，还要求每年数次派人跟踪检查磁盘上的工作记录，看是否用于气象以外的计算。在这种情况下，我们下决心自己研制大型机，很快我们就有了江苏的神威、中科院计算所的曙光等大型机。今天，我国是继美国、日本之后第三个能大规模生产制造和销售十万亿次商用高性能计算机的国家。我们已经取得了自由，别人想卡也卡不住了。自主创新需站在巨人肩膀上"前瞻"。但是自主创新绝不意味着可以置已有科学知识于不顾，一切从原始开始。凡在可能的情况下，我们还要积极寻求多边合作和双边合作。即使若干年后，引进—消化吸收—创新这个模式也不应放弃。在基础科学领域中，原始性创新的空间十分广阔；在技术与工程科学中，像三峡、南水北调、青藏铁路、西气东输、探月登月等这一类世界级大工程，以及高速铁路、大飞机和重大设施、装备在工程技术中的应用等，发明、创造和技术创新的空间和机会也比比皆是。

访谈人：请您谈谈科教兴国战略。

宋健：1995年，我上书中央，提议中国确立并开始执行"科教兴国"战略，为中央所采纳。为什么提出这个战略呢？因为当时很多地方都出现了科技兴市、科技兴农等，各级领导干部都已经意识到科技的重要性，但是有些提法比较片面，还不够科学。在这种情况下，我认为中央应该统一思想和认识，明确"科教兴国"战略。一开始，我们考虑过用"科技兴国"这个提法。但是我们认为，科技和教育不可分割，没有教育何谈科技？只有教育才能使人们获得更多的知识，因此，教育和科技必须融为一体。作为一个国家制度来说，应该把教育提到非常重要的地位，所以后来决定把"科技"改成"科教"，提出"科教兴国"战略。1995年，我们向中央提出了把"科教兴国"确立为中国现代化建设的基本战略。

访谈人：我们都知道，您是研究控制学的科学家。但是，在上世纪 80 年代，您在关于人口控制方面也提出了人口控制理论。当时您向中央提出了"建立中国人口百年预报"的建议。这在国际上也产生了巨大的震动，在国内也一度引起了热议。您是控制论研究的科学家。控制论是自然科学范畴；人口学属于社会科学范畴。请您谈谈，是什么机缘促使您去关注社会科学问题、关注中国人口问题。

宋健：这个事情要追溯到 20 世纪的 1957 年。那个时候我还在苏联留学。我非常关注国内的建设与发展，因此就习惯读报纸。现在的年轻人对那段历史了解不多，很多人不知道那是一个大批判的年代。恰好那个时候马寅初提出"人口论"。这个事情在当时是受到广泛的批判的。用一句话说就是全国大批判马寅初。一开始我并不太关注，因为人口问题不是我学习和研究的专业方向。那个时候我只有 20 多岁，年轻人嘛，事不关己，就不会太关注。但是我还是留意到了这个事情。后来回国后一忙也就慢慢把这个事情淡忘了。后来有一次我看到马寅初 1968 年在《新观察》上发表的一篇文章。他在文章里说他不服气。认为对他的大批判是以势压人。他还表示他永远也不会投降。他这一篇文章对我产生了极大的震撼。因为我读这篇文章的时候已经是十一届三中全会以后了。我觉得这个老人真是可爱！他能够在那么大的压力下，在 1958 年那种全国大批判的情况下，他居然在《新观察》那样的刊物上公开发表这样一篇文章，这不是向全国宣战吗！这个事情给我留下了极为深刻的印象。我读到马寅初这篇文章的时候是 70 年代末了，是十一届三中全会以后了。这个时候我国的人口增长很快，已经出现了人口过快增长所带来的不利影响。我觉得科学家不应该仅仅局限于自己已有的专业研究。于是我接触了这方面的有关人士，开始研究人口问题。我觉得人口问题虽然是社会科学范畴，但也是自然科学的一部分。我当时想，这个人口问题，是不是也能够用定量的办法，也就是用控制论的办法来研究一下呢？我反复思考，开始学习和研究人口学，并搜集和整理了很多数据，然后采取控制学的方法反复推论。为此我研究了世界著名的人口学理论，研读了大量的书籍和理论文章，包括著名人口学家马尔萨斯的书，我都是拿来后反复的研究。这个过程我大约用了七八年的时间吧，先后研究了大量的国内外人口学家的理论，包括孙中山的理论和毛泽东的学说，我都进行了认真和深入的学习研究，并研究出了人口控制的数学模型，逐步形成了人口控制论，并且在实践过程中取得了较先进的数据结果和结论。这个事情没有你们说的那么大的影响，更遑论对人类的贡献，但是有一句话是可以说的：利用控制论原理，提出人口控制论学说，对一国、一个区域进行人口的科学控制，不断的延长人口红利，是对人口作为社会生产力的一部分的深入的高层次研究，是对人类的贡献。这是我们中国人对全球人类社会发展的贡献。

访谈人：在一些报纸杂志的文章中常常会介绍您参加革命、当小八路的过程，也有的文章中称您为革命家、科学家。但我们注意到，您始终自称自己是一名科学工作者。您能讲讲您的成长历程吗？

宋健：同那个时代的大多数中国人一样的，我出生在一个颇具代表性的农民家庭，我的家乡几乎户户是白丁。我的父亲就是"斗大的字不识一筐"。他能为我做的事情就是让我尽量不挨饿，并且想方设法让我掌握一门技术。我并不聪明，更不是什么出类拔萃的人。报考文荣威联中（文成、荣登、威海联合中学。——编者注）的时候，老师提问我"红药水干什么用？"结果我都答不上来。至于什么生物、植物的考题，我根本不懂。但是我特别想学，对知识有着极其浓厚的兴趣，确实是如饥似渴地去学习。现在回想起来，当时的那种学习劲头，那种不放过每一个学习机会、不放过每一个知识点的精神，确实使自己增长了知识面，也提高了报效党和人民的工作能力。我 1960 年回国后，立即投入到导弹系统的研制工作中。在以后的 25 年里，我一直工作在航天科技第一线。我在酒泉基地工作过，有机会接触了一些非常卓越的科学家，这些科学家就包括我们"两弹一星"的元勋们。当时正是"文化大革命"最热的期间，科学家被称为"臭老九"，很多人都受到了冲击，甚至被打倒。周总理的指示，基地要保护这些科学家。基地把这些科学家集中住到一个楼里，外边有警卫有部队保护着他们，防止被造反派抓去挨斗挨整。我当时也是被造反派斗争的对象。因为那时候我很年轻，没有经验，跟造反派进行辩论，话里的一些毛病被造反派揪住不放，造反派认定我是个危险分子，非要打倒我不可。他们没找到我，就抄了我的家。抄了家以后，当时军管会的一些领导同志们担心我可能会挨打，就说干脆你走吧，硬把我送到酒泉去"躲"了一年。这一年我就主要是读书了。1968 年、1969 年的时候我已经工作了八九年了，因为当时研究工作的艰巨性和重要性，我时常深深地感到知识不足，就是我接触到导弹的控制、导航系统，哎，我发现好多学科我都没有学过。正好我们"躲"的那个地方有个图书馆，我就整天待在图书馆里。外面闹哄哄，我们待的地方有部队保护，也是难得的清静。我这一年下来，等于念了一年书！当时我读过的好几本书我现在想起来都非常重要！不，十分重要！比如说原子物理，我是在那儿学的；天文学，我是在那儿学的；还有超高速空气动力学……另外还有三五个学科的书，我感觉这一年就好像又读了一个研究生。

回想起这几十年，我做了一些事情，感觉自己没有辜负党和人民对我的培养和教育。担任领导工作以后，也是抱着一种鞠躬尽瘁死而后已的志向投身于科技管理工作。

我时常说，20 世纪是人类史上天翻地覆的时代，两次世界大战，激烈的革命，社会主义的兴起，殖民主义灭亡；科学跃进，技术腾飞，生产力大发展。从那里走过来的人，都有说不尽的激荡悲壮。科技如江河奔腾，一泻千里。人类掌握了飞翔、潜海，征服着太空，遍探太阳系等，感觉生命如歌。我的信念，就是我们这一代人，不仅是我自己，就是要努力奋斗，把自己的力量和热血贡献给这个国家。

堂堂正正地做人　痛痛快快地做事

——科技部原部长朱丽兰访谈纪实

个人简介

朱丽兰，1935 年 8 月生于上海，浙江吴兴（今湖州）人。1956 年 7 月加入中国共产党。苏联奥德萨大学高分子物理化学专业毕业，化学专家。

1997 年 8 月，朱丽兰被选为国际欧亚科学院院士，中共第十四届中央候补委员，第十五届中央委员。中国发明协会理事长。

1998 年 3 月至 2001 年 2 月任科学技术部部长。

译有《有机化合物光谱鉴定》，著有《当代高技术和发展战略》等，并发表几十篇科研与管理学术文章。

主要建树：

直接参与和领导国家"863 计划"、基础研究计划、"火炬计划"的制定，负责组织实施。其研究项目曾多次获国家部委级奖。1993 年获美国美洲中国工程师协会颁发的"杰出服务奖"。

主要履历：

1955 年高中毕业后到苏联奥德萨大学攻读高分子物理化学专业。

1961 年毕业回国后到中国科学院化学所搞科研，历任中国科学院化学研究所研究组组长、室副主任、副研究主任、副研究员、所长，兼职教授。

1979 年至 1980 年作为访问学者在西德弗拉堡大学高分子化学研究所进修。

1986 年起任国家科学技术委员会常务副主任。

1991 年 1 月起兼任国家科委党组副书记。

1993 年 5 月起兼任国家科委党组书记。

1995 年任国务院学位委员会委员。

1996 年 3 月任国家科技领导小组成员。

1996 年 5 月任国务院信息化工作领导小组副组长。

1998 年 3 月至 2001 年 2 月任科学技术部部长。

2001 年 2 月任第九届全国人大教育科学文化卫生委员会副主任委员。

2003 年 3 月当选为第十届全国人大常委会委员、全国人大教育科学文化卫生委员会主任委员。

访谈人：您已经离开科技领导岗位 10 多年，但时至今日，您，作为一名女性，依然是我们中国科技界的一个骄傲。很多科技人，特别是年轻女性想了解您的成长故事。适逢中华人民共和国成立 70 周年，我们请您讲一讲您的故事，是怎样的机缘让您进入科委，担任"863 计划"掌舵人？女同志掌舵真不容易！

朱丽兰：说起这个，我就得提一位对我影响深远的重要领导，他就是宋健同志。宋健同志既是我的领导，也是我十分敬佩的一位科学家，多年来，我都把他当作学习楷模。我记得那天，他把我叫去，问我"知道我今天找你干什么吗？"我说不知道，宋健笑了笑，直截了当地对我说："你得准备离开化学所，到科委来工作，当副主任。"这事太突然了，也太出乎我的意料，我忙说："不行不行，这事我连想都没想过，我哪儿行呀？"

但是，宋健同志十分恳切地说："我看你就行！你不仅要来科委当副主任，而且，'863 计划'还要由你来负责组织实施！从现在起，你就是中国'863 计划'的'执行导演'！"

我一听更紧张，自认为"863 计划"是国家大计划，我比起其他老专家来，还年轻，而且，又是一个女同志，没想到他直接反驳了我，"女同志，女同志有什么关系？撒切尔夫人不也是女的吗？"

我就开玩笑说："宋主任，你这不是存心让我入'地狱'吗？""你不入'地狱'，谁入'地狱'？"宋健同志也笑了，和我一起开玩笑说："搞科学嘛，就得献身！谁让我们都是搞科学的呢？那就让我们一起'入地狱'吧！"

宋主任感慨地说："中国的历史能走到今天这一步，很不容易啊！'863 计划'，是国家的一件大事，能受到以邓小平为核心的国家领导人如此的重视，更是中国的一大幸事，也是我们这代科学家的大幸事！'863计划'是一项划时代的宏伟规划，可以称得上是当代中国高科技的一面旗帜。现在，历史把这面旗帜交到我们的手上，交到你的手上，希望你和其他的科学家一起，无论如何要把这面旗帜扛起来，举下去！"

听完宋健主任的话，我终于下定决心答应了他，我说："既然组织上把'863计划'交给了我，那，就由我向国家负责，向你本人负责！重大问题我一定向你请示，但是，具体问题，我必须有权决定。"宋健同志欣然同意。

一直以来的工作中，我除了想着如何为国家的科技事业多做贡献外，从来没想过自己要谋取什么官位。可是现在，突然要我去当国家部长一级的"大官"，尽管我知道这也是为了工作，为了国家的事业，可是我还是有些不安、有些忐忑。我不知道前面等待我的将会是什么。

1986年7月1日，国家科委召开全体党员大会。也就是在这天，我第一次以国家科委副主任的身份，向大家作自我介绍。在会上，我的发言也很直接，我说："我是一位女同志。可我首先得向大家声明一下，我不是一位温柔的女同志。我在中科院化学所时，那儿的人都管我叫'厉害的老太婆'。不过，我虽然厉害，但我认为自己没有坏心眼。我到科委来，不是为了当官，只有一个目的，就是和大家一起，把中国的'863计划'搞好，把我们的工作做好！"大家也给了我热烈的掌声。

当然，我知道肯定有人会质疑我的女性身份，在中国这个由男性文化塑造女性形象的国度里，堂堂国家科委副主任这把交椅，让一位50岁的女人坐在上面，到底行不行？"863计划"是中国历史上最新的高科技战略计划，关系到国计民生，让一个女人来披挂上阵，组织指挥，会不会出问题？如果说，这次来坐这把交椅的是个男同胞，在许多人看来，这个事情或许就简单，就合情合理，也无可非议了。但，坐上来的偏偏不是一个男同胞，而是我这样一个资历并不深、资格也不老、年纪还不大的"女同志"。当时也出现了一些说法，中国这么多男同胞，为什么偏偏找了个女的？一个女人，要去统率一支以男人构成绝对主力的科技大军，能玩得转吗？不仅在国内，国际上也有一些类似的声音。

那段时间，我的心情比先前沉重得多，我当时也说过，我来当这个国家科委副主任，心理压力很大，总有些不踏实。并不是怕保不住我的官位。我对当不当官这件事，从来都不是很看重。不当官了，就回我的化学所继续搞试验。反正做试验又不需要太高太好的条件，只要有张桌子就行。但现在，我在这个位置上，国家把"863"这面旗帜交到我们的手上，说什么我们也得把它扛起来，只是我感到这面旗帜实在太重太重了！我想，这些问题光靠我一张嘴去表决心，没什么用，我也不可能去跟每个质疑我的人都说一遍。我只有，也一定要干出实事，拿出成绩，才能证明，我可以坐好这把交椅，可以担起这份责任，我们女人也不比男同志差。

访谈人：从科学家到科学管理层不容易，又是女性，您在进入科委之后，首先做了什么样的改变？最先着手的工作是什么？

朱丽兰：最先着手的改变和工作，是从我自身开始的。

初来乍到，我对科委的情况不太熟悉，对许多事情也不了解，但是现实情况又在催促我、告诫我，必须熟悉、必须了解，而且还要尽快！在我来科委之前，宋健主任曾经跟我说，你可以从原单位带一位秘书来。但我想，自己去科委，本来就是两眼一抹黑，若是再带一个两眼抹黑的秘书去，岂不更糊涂！再说当了官，拉一帮带一伙的，这种作风不利于在科委开展工作，于是婉拒。我很清楚，从科研管理转型到国家科技管理，谈何容易？从科学家变为国家职能部门的管理者，更不是儿戏。管理工作既是一门科学，也是一门艺术，我一下子从被管理者变为管理者，从科学家变为领导人，思想和角色都要进行转换。

过去，我做化学研究工作，身份是科学家。科学家的特点是和客观事物打交道，和自己所从事的研究课题打交道，甚少和人打交道，干好干不好完全是个人能力问题。科学家搞科研项目，经过几年、几十年甚至一辈子的奋斗，一旦成功，成果属于自己，成功也属于个人，并且属于自己的东西非常明显。做科技管理工作则不同。它牵涉一个大系统，不光要与各方面的人打交道，还要与方方面面的领域和学科打交道。尤其作为管理者，在组织一个工程或一个项目时，大事小事、方方面面都离不开你，但如果成功，属于你的东西不明显；要是万一出事，责任却需要你来承担。这两者之间有很显著的差异，我也有很大的顾虑，但我必须服从组织的安排。再说，后退也不是我的性格。我不追求名利地位，只追求人生的真正价值。有的人能力很强，什么事到他那儿都能手到擒来。我不行，没有这个能耐。但只要叫我干，我就非得干好不可。我愿意接受这个挑战。当然，我干，绝不会是痛苦地去干，而是痛痛快快地去干！"堂堂正正地做人，痛痛快快地做事。"这就是我的座右铭。

于是，我就把科技管理工作当作一个重大的科研课题来研究，就和我过去搞科学研究一样，只是研究领域、对象和范围不同而已。我很快调整好心态，对自己要扮演的角色做出新的定位。后来中央组织部来考察干部，有位同志还对我说："朱丽兰，你学习得很快嘛。"我就告诉他，我不是学习得快，我是定位比较准。

那个时候，我明白我还有很多地方不熟悉，我需要学习的东西太多了，我深切地知道，"863计划"是一个迫切而又重大的高科技计划，它涉及的领域很广泛，与政治、经济、文化、军事甚至法律都有着千丝万缕的联系，任何一个方面出现失误，都会给决策工作造成不良的影响。我作为"863计划"具体组织指挥者，不能不懂装懂瞎指挥。我给自己定下规矩：每天下班后推迟一个小时回家，在办公室里学习。我坚信学习是提高素质的重要手段，更是提高领导者素质的重要手段。作为一个普通的人要学习，作为一个领导者更应该好好学习。领导者如果不学习，怎么去领导别人？我便开始读书，中国的、外国的、历史的、未来的，去买、去借、去找，阅览室有关管理方面的书几乎也被我翻遍，美国著名经济学家萨缪尔森写的《宏观经济学》，我也硬是把它"啃"了一遍。不同的时期，读不同的书，担任不同的角色就得读不同的书，目的就是要明白，自己到底都有哪些不明白。不然你让我怎么办？我只有从头学起，学各个领域的主要知识，不学不行。比如谁说某个课题怎么怎么重要，如何如何了得，我不懂怎么行？我必须有个起码的科学判断，否则算什么领导？又凭什么去领导别人？所以我对科学家们说："我也要学，每个领域我都要学，我至少要让你们唬不住我！"这样一段时间过去，我确实明白了许多原来不明白的东西，也获得了工作上的发言权和主动权。

同时，我也写文章、写书，向国内国外交流自己的学术观点。我还四处演讲，普及高科技知识，宣传"863 计划"，传播自然科学领域的新思维、新观念、新趋势、新动向，以此增强国民的科技意识，倡导一种真正的科学精神。每到一处演讲，我总要先做充分的准备，听众都是什么人，他们喜欢听什么内容，具体有什么要求等，我都要秘书事先帮我搞清楚，以便对症下药、有的放矢。但我从不事先写讲稿，也不让秘书替我写讲稿，更不照着念讲稿，最多只是在纸条上写几条提纲。我记得在香港举行的"高技术及其在 21 世纪的商业前景"国际研讨会上，我作过一次演讲，主题是"中国高技术的发展和展望"，引起十几个国家，30 多个国际知名企业的高级主管以及若干国家驻亚太商务官员的热烈反响。我很高兴，我的演讲能带给他们启发，让他们明白一个事实：谁如果忽视中国的市场和发展，谁就会犯战略性的错误。我觉得我的努力没有白费。

访谈人：您是"863计划"的掌舵人，请您谈谈"863计划"目标和作用。

朱丽兰：1986年3月，王大珩、王淦昌、杨嘉墀和陈芳允四位老科学家联名写信给中央，提出中国必须要有自己国家的高技术发展计划。当时小平为此特别批示："此事宜速作决断，不可拖延。"国务院负责同志得到小平同志的批示后，很快就指示有关部委和院所，组织200多位专家进行调查论证，选定7个领域、15个主题。这是第一个由科学家倡议、政治家决策、由中央政治局讨论通过的科技计划。当时，制定出我国的《高技术研究发展计划纲要》，这是跟踪国际科技发展，缩小国内外科技差距，在有优势的高技术领域创新并解决国民经济中亟待解决的重大科技问题的一个国家高技术发展计划。计划因为是1986年3月提出的，所以命名为"863计划"。从那时候开始，"863计划"就成为中国进入高科技领域的一个划时代的符号。

如果没有几代中央领导从国家战略高度来看这件事情，下决心给予支持，体现出一种"国家意志"，那么"863计划"就不可能实施。截至我离任时止，"863计划"已执行了15年。15年执行下来。总体目标我认为是达到了，而且从某种程度上说，比我们预期的要好。我们评价一个计划，不仅要面对今天的形势和明天的发展，还要有一个历史的眼光。"863计划"不是一般的科技计划，它是一个战略性科技计划。这个计划经过中央政治局讨论。这是"863计划"的定位。现在看来，我们总体上解决了这么一个问题：一个发展中国家，要不要发展高技术？怎么发展高技术？我认为这个问题我们得到了很好的答案，那就是，发展中国家能够发展高技术，必须发展高技术而且可以发展得很好。发展的关键，就是既要符合世界发展的规律，又要结合我们的国情，这样我们就能走出创新的、有中国特色的发展高科技，实现产业化的道路。

小平同志说"发展高科技，实现产业化"。我们不只是要提高高技术的研究水平，而且要重在思考怎么样能够发展我国的高技术产业。用高技术产业去改造提升传统产业，去支持各行各业发展，这些都取得很大进展。"863计划"15年时，经费用了100多亿人民币，但这15年所创造的直接经济效益达到560亿元，间接的经济效益则超过2000亿元，可见，这其中所蕴含的价值并不能直接用市值来体现。

"863计划"到2001年，恰好执行15年。从当时我国高技术本身的实力和能力来看，可以说已经在国际上占有一席之地，在某些领域、某些方面，我们科研水平已经达到世界先进科研水平。在"863计划"所涉及的领域，我们大概统计一下，所取得的科技成果超过30％可以和世界科技强国的科技成果比肩。大致有两种情况，一种是我们过去这方面落后比较多，那么这个时候这些差距已经缩短；另一种在有些领域里，我们当时是空白的，人家也刚开始发展，由于"863计划"的实施，使得我们在这些新兴领域赶上了世界先进水平，像基因工程的药物、生物领域特别明显，不仅在发展中国家领先，在某些领域的某些方面与国际上水平同步，甚至有些方面我们还有自己的独创，比如计算机集成制造系统CIMS，中国拿到三个国际奖项。这就说明，国际上承认我们，我们走在前头，体现后来居上的发展态势。关于CIMS，在发达国家强调是无人工厂，重在硬件集成；我们强调的是什么？技术的集成、人才的集成、管理的集成，结果便走出我们自己的一条新路，而且是符合CIMS发展规律的道路。所以外国人也觉得我们这条道路走得对。另一方面，"863计划"对我国产业结构战略性调整和对传统产业改造做出巨大贡献。对产业结构的调整，首先是信息产业的发展，在高性能计算机产业方面，在通讯产业方面，在光电子元器件方面，都起到推动作用。所以，这就对我们国家新的经济增长点，提供技术支持。同时，我们掌握了一批关键技术，对于我们发展高技术的产业和改造传统产业以及农业走向现代化方面都发挥了很大的作用。

在人才战略方面，我觉得有的人是完全可以做统帅的帅才。有人开玩笑说，中国搞"863"的科学家中，有的做部长、有的做省长、有的做校长、有的做院长，都是"长"字级的。这些人的视野开阔，他们不仅是技术专家，还能从战略高度上来看技术的发展、经济的发展、社会的发展，我们有一位从德国回来的年轻博士，他参加"863"后，过几年去德国和他的导师会面，德国老师说："哎呀，几年不见，得刮目相看了。""863"领域各个层次的专家都有到国外学习的经验。所以说"863"吸引了国外人才、留住了国内人才，而且把很多人培养成为战略科学家，他们能够对国家科技发展、高技术发展提出真知灼见。所以我认为，"863"这种战略性计划，除了出成果以外，出人才、出高级人才，特别重要，因为这些人才就是我们今后发展高技术、实现产业化所要依靠的，而且通过他们将会带出更多的人才。现在的竞争实际上是人才的竞争。所以说，我们看"863"的成绩不能见物不见人。

从战略的高度上讲，我认为"863计划"在改造传统产业和支持农业产业方面取得了战略性成果。比如，怎么用信息化来带动我们传统工业制造业，怎么使得我们传统制造业从实际生产、经营、管理各方面都用信息技术来武装。比如说 CIMS 的推广，起初，很多人不太理解，说我们国家所处的经济发展阶段和工业水平、技术水平，离搞 CIMS 还远着呢。现在大家不那么认为了，因为实际的例子放在那儿。所以大家说，我们需要 CIMS！而且在 2001 年的时候，CIMS 已经推广了 20 多个省、10 多个行业。同时各个省、各个部门都成立了自己的 CIMS 专家组。我认为这种示范引导作用是一个非常好的导向。同样，农业方面怎么用信息化来推动？过去有人认为，以农业的知识层次怎么能用信息技术呢？但是我们的专家跟农民、农业专家相结合，现在推广了"农业专家系统"。不仅在都市农业，而且在比较落后的少数民族地区，也取得了非常重要的进展。有些农民说，"农业专家系统"给他们带来了永远不走的专家。他们还说现在种地种啥？怎么种？就问"农业专家系统"。还有些农民说，"技术碰难关，快找 863"。这就使得我们的高技术"平民化""傻瓜化"。农民感觉到高技术能为他们致富，能够带来生产力的提高。我想这种导向性的作用是非常重要的，这等于说开辟了一种道路。这些方面的经验，我们和国外专家谈的时候，他们都惊叹。高技术发展，要立足国情，立足我们经济发展的阶段，立足我们经济发展过程当中不同层次的需求。走出具有中国特色的发展高科技、实现产业化的道路，老百姓就会感受到"863"跟自己不是无关的，是有关的，是能感知的，高技术不纯粹是高高在上的阳春白雪，也有接地气儿的"下里巴人"，是带有战略高度的。我认为，"863"首先加速了信息化，而信息化带动了工业化，同时推动了农业的现代化。实践证明，中国的技术发展道路必须这样走，而且走得通，走出了中国特色。20 年前甚至十几年前，可能很多人还不明白信息化是怎么回事儿，但今天，包括我们农村地区、偏远地区的农村居民都已经潜移默化得被信息化了，连村里的老头儿、老太太都离不开一部手机。总之，不管你信不信，"信息化"都已经摆在那儿。

"863 计划"之所以能取得今天这样的成绩，我认为有两个结合：一个是改革与发展的结合，实际上也就是体制创新和科技创新的结合，我们这支科技队伍充分发扬了"863"精神。"863"精神就是：献身、公正、求实、协作、创新。

为什么我要讲精神与物质呢？比如，说到 CIMS 示范工程，当时香港有一个大老板，问我们的一位科学家，你们这个 CIMS 工程花了多少钱？我们的专家说 3000 万元，那个大老板说，那便宜呀，我们也搞一个。后来我跟那个专家说，这里的 3000 万元仅仅是买硬设备的，你们这些专家都不算财富吗？人家工业 60% 的钱是用在人员上，而我们的科技人员可以说是价廉物美。正是因为有这种高尚风格和这种奉献精神的队伍，才使我国这么点钱办成功这么大的事。我们的科学家很多从国外回来，在国外可能是年薪 100 万元或者更多，可是再高的年薪，你是给老板打工，即使升职，你还是在 GLASS CEILING（玻璃天花板）上。回来不一样啊，我是带队伍的决策者，是为整个国家和自己在工作。所以有些"863"专家去参加国际研讨会的时候，气派和感觉就是不一样，因为我代表了中国，在这个领域里人家请我作 KERNEL SPEECH。但我认为，今后在物质激励方面应该加强，希望将来能争取更好的条件，更好地完成这个任务，作出更大的贡献。

"十五"计划中，把"发展高技术，实现产业化"放在一个非常重要的位置，也可以说是经济增长的一个制高点，同时，综合国力中，高技术能力和实力是参与国际竞争非常重要的内容。因此说"863 计划"已经成为一面旗帜。你们可能听说过"S863"，因为当时"863 计划"时间跨度是 15 年，等于说到 2000 年就为止了。那 2000 年以后要不要搞？当然要搞了！所以"S863"的 S 是 SEC-OND，就是二期。

"十五"期间，高技术研究在原有基础上，要看到世界经济和高技术发展的各种趋势，要看到我们国家面临的经济发展阶段的变化，既有继承性，更有开拓性。而开拓性则体现在要更国际前沿化，要进一步增强我国高技术的实力和能力，同时，为调整国家经济结构战略服务。包括新经济增长点的产生；怎么用高技术改造传统产业，提高其附加值，提高其技术支持，提高其水平和效益；还有怎么为农业现代化服务，怎么进行可持续发展等。"863 计划"这样一个高技术计划，要体现战略性、前沿性和前瞻性，所以它服务的不仅是今天的发展，而且要为明天的经济发展，后天的经济发展做铺垫。

访谈人：请为我们讲讲"863计划"在实施中，管理体制有哪些创新和改革？

朱丽兰：中国的科技，长期运行在计划经济管理体制的轨道上。这种体制对我们的科技发展有利也有弊。"863计划"是中国的高技术发展计划，它代表了当今世界高技术的发展潮流，所以过去那一套旧的管理体制，显然是无法适应的，甚至与新计划格格不入。而管理体制落后是最大的问题，"863计划"的管理到底采取一个什么新的模式、什么新的管理体制，是能不能举起"863"这面旗帜的关键。当时主管科技工作的国家领导人为此也费尽心思，我和宋健以及其他的科委领导也同样绞尽脑汁。

在我看来，中国的科技体制必须进行改革，而改革的核心，就是创新。中国的"863"也应该而且必须走一条战略创新的道路。但创新不应该仅仅是技术的创新，同时也应该是组织的创新、管理的创新、领导方法的创新。而尊重知识、尊重科学、尊重并大胆使用人才，应是其中最重要的内容。任何一个国家，只有当高级的知识人才拥有了比较优越的社会地位时，这个国家才是一个有希望的国家，这个民族才是一个有前途的民族。当今世界，人才对推动社会、推动历史所起的巨大作用已经显而易见，而且越来越突出，人才问题已经被世界各国提到了战略的高度。中国虽然经济不发达，科研经费很少，但拥有近14亿人口，有丰富的人才资源，那么在资金不足的情况下，如何发挥人才这个特有的资本，并把它上升到国家发展的战略层次上来加以认真对待，就是科技体制改革的重要内容。

为了使"863计划"得以顺利实施，为了让科学家们的才干得到充分的发挥，同时也为科技体制的改革探索新道路，我们经过反复认真的思考，在充分借鉴国外高技术先进管理办法和吸取我国 60 年代搞"两弹一星"的成功经验的基础上，为"863 计划"制定了一个新的管理体制，叫作专家决策管理制。就是指"863 计划"管理的主体是专家，而不是政府部门。过去搞科研是政府部门说了算，现在搞"863"，不管是科研项目还是研究经费，要由专家来决策。

"专家决策管理制"是中国科学界在改革开放中创立的一种新型的管理体制，它在当时社会主义市场经济体制尚未确立的情况下就先一步推出，打破了我国几十年来始终由政府部门决策的旧体制，使中国的专家们从政府决策的被动执行者，转变为决策过程中的参与者，而政府则更多地把自己的功能集中在宏观调控上。尤其重要的一点，是把决策某个具体科研项目的权力，第一次真正交到科学家们的手上。一个具体的科研项目该搞还是不该搞，该怎样搞，统统由专家说了算。这样，专家们不仅拥有提出和决定项目的权力，而且还掌握了过去从未有过的财政大权。这是史无前例的事件。

我的主要任务，就是负责"专家决策管理制"的正常运行。但这毕竟是个新课题，在国内还从来没有搞过，要真正运作起来，面临很多困难。首先，"863 计划"到底启用什么样的专家，就是一个大问题。是用老专家还是新专家？是用名气大的专家还是名气小甚至没有名气的专家？各有利弊。更重要的是，我国的科技事业需要培养跨世纪的人才，必须有更多的青年科学家作为 21 世纪中国科技大厦的顶梁柱。因为"863"的项目不同于过去的一些科研项目，它必须真枪真刀地干，必须拿出成果并投放到市场去参与竞争，经受检验，接受挑战，用老百姓的话来说，是骡子是马得拉出去遛遛。再一个，从国家的科技发展来看，"863 计划"不仅要搞出卓越的成果，而且还必须要为 21 世纪高技术的发展培养一支科技队伍，如果不把一批年轻的科学家推到第一线进行实际的锻炼，国家将来没有人才怎么办？所以国家从科技发展战略上考虑，规定参加"863 计划"的专家，年龄要在 60 岁以下。

这个规定出台之后，有些老专家多少有些想法，个别的老专家甚至一下子难以接受。我得做好安抚工作，一边利用大会小会讲道理，一边与老专家们单独谈心、交换意见。就这样连续几个星期，我几乎每天都和专家谈话。同时还要抓紧对 60 岁以下的科学家进行选拔和考核。我到各个研究所和各个高等院校四处打听，寻找人才，听取老专家们的意见。有被推荐上来的专家，我就挨个去了解情况，还找他们当面交谈，通过交谈考察每个专家是否具备战略的眼光，有没有独特的见解，有没有挑战世界的胆魄和能力。如果认为这个专家不错，我再到这个专家所在的单位去作调查，看这个专家的人品怎样，团结合作精神、敬业精神如何。最后再作一次综合的评价，行就留用，不行就再选，就这样选拔出了专家委员会成员。

为了让专家委员会始终保持生机与活力，我后来又提出"滚动制"。所谓滚动，一是指对专家进行滚动。就是说，专家不搞终身制，某个专家的年龄或任期到了，就自动退出。在做某个项目时，专家既可以随时加入进来，又可以随时退出去。"863"的专家一般两年一换，换届时，如果你仍然当选，就继续留任；如果落选，就另作安排。二是指对选择的项目要进行滚动。某个项目好，就列入"863 计划"；某个项目不行，就滚动，就取消，就让别的好项目再"滚"进来。

但参与进来容易，要退出去就很难了，因为这明摆着是得罪人的事。有的专家对此很有意见。在这样大的原则上，如果怕得罪专家的话，那是对国家的不负责任。我既然在其位，就要谋其政。国家的钱，一分一厘也不能乱花，必须用到点子上。不管是谁，不把项目搞好，我就不给钱；主题不明确、没有主攻方向的乱七八糟的项目，我也不会让你加入进来。

一个问题解决了，新的问题又出现了。就是部门与专家如何协调经费的问题。

为了支持"863 计划"的开展，中央拨款 100 亿元人民币。这 100 个亿，对我们中国科学家们来讲，可以说是一个连做梦也不敢想的天文数字，本该让我们的科学家们感到心满意足，但当这笔经费分别撒向七大领域后，却又显得有些捉襟见肘、顾此失彼。

中国科研经费之低，在全世界恐怕都是很典型的。以中国的基础研究经费为例，外籍华人科学家李政道曾经算过这样笔账：在美国，每一位科学家从事基础研究时，可获得 47 万美元的资金支持，而中国的每一位科学家平均却只能有大约 684 美元来从事必须领先于世界的科学研究。也就是说，中国科学家每人所能获得的科研经费，仅仅是美国科学家的 1.46%。我其实是从基层上来的，那些科学家们多年来使用科研经费的情况，我特别清楚，很多科学家为了搞一个科研项目，到处去申请经费；不少专家因为缺少科研经费，只能吃方便面、啃冷馒头、省吃俭用、土法上马的情景，我至今还记得。虽然从 1987 年到 20 世纪末，国家拿出 100 个亿来发展高科技，但这样的投资与其他国家相比，实在是相差甚远。

但是我知道，在那个时候，中国处于发展阶段，财政拮据，能一下子拿出 100 亿元人民币来发展高技术，已经是一件很不容易的事情。这 100 个亿，是从国家极其困难的财政收入中一点一点艰难地抠出来的，我必须负责，必须珍惜，必须精打细算，必须做到科学管理、合理使用。但如何合理而又科学地使用好这笔钱，绝不是易事。

过去在计划经济体制下，科研经费都是按照部门或单位拨款。"863"实行的是"专家决策管理制"，经费是跟着项目走。也就是说，某个研究部门一旦获得了"863 计划"的某个项目，就可以得到一笔科研经费。由于搞"863"的专家都是从全国各个部门、各个单位挑选上来的，这些被挑选出来的专家并没有脱离原单位，是在为国家"打工"。他们干的是"863"的事，拿的却是本单位的钱。他们的住房、职称、工资、奖金等，全都还得由原单位解决。所以，这些专家虽然一只脚已经迈进了"863"的办公室，但另一只脚却可能还在原单位。"863"执行过程中，我们发现一个问题，那就是，当"863"项目涉及经费问题时，专家也可能就会变成原单位伸出来捞钱的"手"。从国家的利益考虑，这种做法就很有问题，国家的利益高于一切，单位和个人必须服从国家的利益。我们以此为突破口，确立"863"的精神：公正、献身、创新、求实、协作。同时，为了杜绝部门所有制对高科技发展的不利影响，中央也出台有关文件，规定在确定项目和经费时，不与部门对话。

这样一来，我们不可避免地在一段时期内"得罪"一些部门。没有得到经费的一些部门不仅对我们"863 计划"有意见，对自己单位搞"863"的专家也很有看法，这肯定会对"863 计划"今后的推动和发展造成阻碍。怎么办？我只能四处去协调，召开协调会议，反复向各部门做工作，跟那些部门再三强调，不与部门对话，并不等于不要部门，而是要以国家利益为准绳。有时候甚至直接争吵起来，最终还是得到这些部门的谅解和支持。

"863 计划"实施不久，又暴露出一个很重要的问题。"863 计划"各个领域、各个阶段的战略目标，由各领域的专家委员会确定。目标一旦确定，所需经费就直接拨到专家们手上，少则几十万，多则上千万。如果有什么开支，只需要有关专家签个字，钱就可以动用。中国的科学家们能一下掌握如此大的财权，当然是件好事。但是权力必须受到监督，权力越大越应该受到监督。没有监督的权力，注定滋生腐败。专家也是人，是人就有难以克服的弱点。如何防止权力的滥用与腐败，如何克服专家自身的弱点与不足，如何对专家手中的权力进行监督和约束？这也是一个亟待解决的问题。

我反复琢磨，最后想出一个新招：对"863 计划"的专家，也要进行严格的考核与必要的监督。这个考核，一是对专家进行考核，就是让"863"各个领域的首席科学家或者课题组组长上台，在 15 分钟内讲明前期的工作情况和下一步的计划、构想、策略和目标，然后由老专家组成的评委组打分，谁得分最高，谁就继续留任；二是对所选的项目进行考核，哪些项目该上，哪些项目不该上，都得经过严格的评审考核后，才能最后确定；三是对每个专家在权力的使用上、经费的开支上，也进行公开的监督考核。比如，每个专家手中的钱都干什么用了，每一笔是怎么开支的，得说个清清楚楚，如果某个项目计划是 50 万元，实际却花了 60 万元，那么为什么多花了 10 万元，也得讲个明明白白。为了对"863"专家进行监督考核，同时又充分发挥老专家的作用，我请来 22 位德高望重的老专家组成一个监督评估考核小组，由王大珩任组长，我自己任副组长。

这个想法提出来后，不少人都说我太冒风险。因为"863"的专家，个个都是在全国数得着的人物，如果对他们进行考核、监督，万一因此有所得罪，那这些科研项目还怎么往下搞？可是我得对国家负责、对"863计划"负责、对科研经费负责。所以考核还是开始推行。这样一来，还真的把一些专家给"得罪"了。有的专家一听要考核，心里就很不平，觉得是我存心跟他们过不去，还有人当面跟我说"考核我们可以，你朱丽兰要不要考核？"我说，不管是谁，都要考核，我朱丽兰当然也要考核。不仅要考，而且要首先考、严格考核，若是不合格，我自动辞职！还有的专家质疑这个考核的必要性，觉得是我信不过他们，我就向他们解释："你们做了工作，干出了成果，我专门找人来进行评估，对你们的工作有一个监督、有一个检查、有一个反馈的意见，有什么不好？如果没有一个客观的评价标准，怎么说明你们的成果呢？总不能王婆卖瓜，自卖自夸吧。考核其实就是最大的信任。"专家们想想觉得我说的也有道理，真金不怕火来炼，经过审核，堂堂正正，理直气壮地干事情，有什么不好?

同时,为了保障"863 计划"的有力实施,真正做到用制度管理人,依法治人,我们还专门制定了"863 计划"管理细则和经费管理细则。我要求每个领域拿出自己切实可行、行之有效的管理方案和经费管理制度,并将这些方案和制度公布于众,广而告之,让每个成员都来参与监督。如果谁认为有什么不合理,或发现有什么问题,可以直接找我说明情况。

总之,一切都是公开的、民主的、透明的。尤其是当"863 计划"的决策系统、执行系统、评价系统和监督系统全部建立起来后,形成了一个新的先进而科学的现代科学管理体制。这一体制既保证了"863 计划"的公正性,也保证了"863 计划"的可靠性。

这就是改革和创新。

访谈人:请您谈谈"863 计划"的三大战役。

朱丽兰:当时要牢牢把握"抓住机遇、深化改革、扩大开放、促进发展、保持稳定"的大局,在"九五"期间,我们集中"863 计划"的整体力量,在提高农业科技与生产水平、改造传统产业和推动高技术产业化等方面开展三大战役。

一是大力开发高产、优质、高效的农业生产高技术并促进其推广应用,为实现国家 2000 年农业增产目标做出贡献,力争在"九五期间"新增粮食 35 亿公斤,新增产值 50 亿元。

二是瞄准中国制造业和服务业的需要,研究开发适合国情的自动化技术,为企业的现代化经营提供技术平台。使自动化技术,特别是 CIVIS 技术成为提高中国工业技术创新能力和国际竞争力的推进器,引导传统产业经济增长方式向集约型增长的转变。当时在"九五"期间,我们在十几个行业的数十家有代表性的企业中建设典型应用这个工程,并在中国上百家大、中、小型企业推广 CIMS 技术；在汽车、电子等国民经济支柱产业中实施机器人应用工程。

三是在已有的中国特色和自主知识产权的高技术下作为突破口，为生物医药、信息、新材料等高技术产业的形成奠定基础。当时在"九五"期间，计划投产十几种生物工程药物和疫苗，使产品稳步进入市场，力争产值达 50 亿元；促进十几种重要新材料研究成果产业化，替代进口产品，创产值 50 亿元；在高性能计算机，大型数字程控交换机等行业扶持十数个骨干企业，为"九五"中国国产信息装备争夺国内外市场用好准备。

当时，"863 计划"的项目分成重大项目和专题项目两个层次进行管理。在"八五"期间确定的重大项目（15 项重大关键技术项目和 8 项重大成果转化项目）将继续执行，"九五"新上重大项目将根据论证情况，在年度计划滚动实施。在重大项目中还要遴选重中之重的项目。"九五"计划将确保 50％以上经费用于重大项目，重大项目的年人均投资强度保持在 7.5 万至 10 万元以上。

当时国家科委还联合有关部委成立"S—863 计划"软科学研究组，着手酝酿制定下世纪初中国高技术研究发展计划，这个计划在1997 年完成《2001—2010 年国家高技术研究发展计划纲要》。

访谈人：您曾任国家科委常务副主任，直接参与和领导着国家"863 计划"、基础研究计划的组织实施工作。请您谈谈"863"和"九五"的详细情况。

朱丽兰：我认为，评价一个计划，应从历史的进程上看、从战略的高度上看。"863 计划"的出台，可以说是科学家和政治家的联手合作。它告诉世人，以什么样的整体科技水平参与国际竞争。

多年来，通过实施"863 计划"，我们已经探索出一条路子。比如"计算机集成制造系统（CIMS）"，它的推广应用将从点扩展到面，涉及机械、电子、航空、纺织等 11 个行业，产生了明显的经济和社会效益。可以说这是"官、产、学"即政府、企业和科研部门密切合作的产物。"CIMS"的意义远远不止在于局部的成功，而是找到和提供了一种思路，一种我国科技战略如何发展的思路：中国在整体制造水平尚待提高的情况下，仍能够在世界水平的最前列参加竞争。实践也证明，只有把高技术研究发展作为国家战略，组织起国家规模的、体现国家意志的高技术研究与发展，才能从根本上改变我国的落后地位，实现后来居上的目标。

经过多年的努力拼搏，"863 计划"已经在生物、航天信息、自动化、新能源和新材料等 5 个领域取得众多研究成果，有 38％的成果在国民经济、国防建设等领域获得应用，产生重大的经济和社会效益，10％的实验室成果已形成商品，有的已进入中试阶段，即将形成产业。特别是基因工程药物和疫苗从无到有，奠定了我国生物技术产业的发展基础，信息领域涌现出一批具有我国自主知识产权和明显市场前景的产品，新材料领域的一些成果也已经朝着产业化开发生产迈进。同时加强基地建设，如"CIMS"实验工程研究中心和光电中心的建设等，形成了遍及全国的高技术研究开发网络。尤为重要的是，"863 计划"凝聚、培养和造就了新一代高技术研究开发人才。

1995 年"863 计划""九五"的最后决战创造了良好的条件。当时"九五"决战期间是从两个层次展开：一是直接服务于国家 2000 年经济和社会发展目标，集中"863 计划"的整体力量，与部门和地方紧密协作，在提高农业和推动高技术产业化等方面开展三大战役；二是突破所选领域的主要关键技术，推动研究成果向生产力的转化，实现各领域的既定目标。

第一层次的三大战役是：大力开发高产、优质、高效的农业生产高新技术，并促进其推广应用，为实现国家 2000 年农业增产目标、提高农业生产水平作出贡献；一系列利用生物技术的动植物新品种将投入中试或应用；瞄准我国制造业和服务业的需要，使自动化技术，特别是CIMS技术成为提高工业技术创新能力和国际竞争力的推进器，引导传统产业经济增长方式向集约型增长的方向转变。其中，CIMS技术将广泛用来推动不同行业、不同规模企业的技术改造，还将在汽车电子等支柱产业推进实施机器人应用工程。初步形成我国的生物高技术产业，建立一批有国际竞争力的信息、制造业和新材料高技术企业，形成一批以我国自主知识产权为基础的高技术企业。

第二层次的主要任务是：继续开展农业生物技术、医用生物技术的研究；研究、发展大规模并行处理技术，突破新型观测技术，开发关键光电子器件；掌握现代通信技术和并行工程及应用技术；开发工业机器人发展所需的系列技术；建成高温气冷实验堆；发展支柱产业和国防建设急需的关键新材料。

当时宋健同志提议国家科委联合有关部委成立"超级863计划"软科学研究组，根据国民经济和科学技术的发展情况，绘制出符合我国国情、具有紧迫性、前瞻性和预见性的高科技发展蓝图。通俗地讲就是"抢收抢种、不误农时"，希望我国在以后的世界科技水平的较量中站在世界科技的最前列。

这是我们广大科技人员的共同愿望，也是我们要为之努力拼搏奋争的。

访谈人：您怎么看待国家建立创新体系？

朱丽兰：科技人员要面向经济建设。当时的改革是从点、从研究院所开始进行的。随着改革的进展和国家经济的发展，根据科技和经济结合情况，不能只有单独的点对点改革，应该从国家层面上、从战略高度、从系统上全面考虑，这样才能使"科学技术是第一生产力"真正落到实处。这种思想转变非常重要。现在，大家都明白产、学、研结合的重要性。但，仅仅是产、学、研结合还不够，还应该在前面加上"官"，后面加上"金"。"官"是政府的支持，就是要创造一个环境，搭建一个政策平台。"金"是指金融政策的配合，国家创新体系建设必须先形成科技链和产业链的结合，最后成为价值链才行，必须要解决这个问题。"产、学、研"结合现在已为大家所共识，但，关键还是要使企业成为自主创新、技术创新的主体。只有这个地位的确立，国家创新体系才能够建立。国务院制定科技发展战略，反复提到，要确立以企业为主体的国家创新体系。但如果企业还没有技术创新的压力、动力、能力时，它就成为不了创新的主体。改革是为了发展，是以发展为目标，不是为了改革而改革，要看怎么有利于发展。所以，除政府一般的引导外，还要鼓励大家去创造，这非常重要。同时也要认识到，以企业为创新主体，说起来容易，做起来很难。它需要毅力，需要锲而不舍，更需要积累。像搞得好的成功企业，有品牌的、有自主知识产权的，能和外国人搏一搏的企业，没有十年八年的积累根本做不到。创新需要学习和积累。在今天这样的社会中，创新决不会凭空而来，要靠学习靠积累，一定要获得大量信息，这些信息能够变成知识，这些知识通过自己的思考会变成智慧，这样才能有真正的创新。这一点在这次金融危机中表现得更明显。那些在危机中岿然不动甚至更好的企业，大多得益于他们10多年之前就注意创新、重视创新，注意品牌建设和新产品开发。要是出现问题了才去做，就来不及了。所以要搞好人才队伍建设。经济是今天，科技是明天，教育是后天。所以，为了今天的经济，科技在昨天就要抓，教育在前天就要抓。人才队伍的建设不是一朝一夕。要解决好这个问题，培养良好的创新风气，必须处理好几种关系：一是利益和理想的关系。不讲利益不行，但光讲利益不讲理想做不成大事，没有理想就没有动力和激情去攻克难关。二是专家与群众的关系。专家和群众不要对立起来，以企业为例，专业队伍与工人之间要有很好的交流和合作。三是老中青结合。不以资历来论英雄。四是中央与地方结合起来。中国很大，一个省的人才队伍规模可能要比某些国家的还大，但是各地有各地的特点，别老看北京，地方上也有人才，尤其是落后地区的人才更为可贵。资源分配时要向第一线艰苦的地方倾斜，多做一些雪中送炭的工作。五是创新要和务实相结合。要多调查研究。在整个经济结构调整中，科技应怎么起到支撑和引领作用？产学研结合应是产业链的结合，要从产业链和科技链的结合上来考虑产学研的问题，而不是单纯考虑某个项目上、某个研究所和企业的结合，实际上是系统和系统的结合。此外，相关配套政策还要跟上，例如，因为没有相关的价格政策，我们生产的节能灯大都出口，去给外国人节能去了。这就要求政策要跟得上来。我们讲一讲过去的一些做法很有益处。既可以明白得失，又可以得经验，对未来的工作有很好的借鉴意义。

大国科技　要有大国作为

——中国科学院院士、科技部原部长徐冠华访谈录

个 人 简 介

徐冠华，1941 年 12 月生，上海市人。遥感专家、研究员；1991 年当选中国科学院院士；第三世界科学院院士、瑞典皇家工程科学院外籍院士，国际宇航科学院院士。香港中文大学荣誉教授、香港城市大学荣誉博士、香港理工大学荣誉博士、亚洲理工学院荣誉博士和美国马里兰大学公共服务荣誉博士。

1959 年，在北京林学院（现北京林业大学前身）学习；

1963 年，在中国林业科学研究院工作，任研究实习员、教师、助理研究员、研究员；

1971 年至 1979 年在长安大学（西安地质学院）任机械专业教师；

1979 年至 1981 年，在瑞典斯德哥尔摩大学从事遥感数字图象处理研究；任中国林业科学研究院资源信息所所长，研究员；

1991 年，当选为中国科学院地学部学部委员（即现中国科学院院士。——编者注）；

1993 年 2 月，任中国科学院遥感应用研究所所长；

1994 年 8 月至 1995 年，任中国科学院副院长；

1995 年，任国家科学技术委员会副主任、党组成员、党组副书记；

1996 年 6 月，被推选为中国科学院学部主席团成员、地学部主任；

1998 年，任科学技术部副部长、党组副书记；

2001 年 2 月至 2007 年 4 月，任科学技术部部长、党组书记；

2008 年 3 月至 2012 年 3 月，任第十一届全国政协常委、教科文卫体委员会主任；

2010 年任国家重大科学研究计划——全球变化研究专家组组长；

从 2011 年起，担任国家重点基础研究发展计划（973 计划）专家顾问组组长。

访谈人：徐部长好。非常高兴能有机会与您面对面交流！

从 1995 年您调入国家科委担任领导算起，时至今日已经 24 年。您 2001 年 2 月起担任部长，2007 年 4 月卸任后也一直为了国家科技事业发展而奔忙。我们想请您先谈谈您对科技管理工作的感受。

徐冠华：是啊，二十几年都过去了！怎么说呢？这 20 多年里，充满了太多的甜酸苦辣，如何谈起？

还是从 1994 年说起吧。1994 年，我受命担任中国科学院副院长，一年后调任国家科委副主任。说实话，抛下自己挚爱的专业、结束自己热爱了 30 多年的科学研究工作，情感上还真是有点儿舍不得。但是任何事都有开头，既然走上了科技管理的道路，那就竭尽自己所能吧。说实话，初到科委那种感觉，确实是紧张、兴奋，当然也还有那么点期待，中间还夹杂着离开研究岗位后不时袭来的阵阵惆怅与失落。但我的性格是一旦选择，那就义无反顾。尽管进入国家科委工作后马上就面临马不停蹄的紧张调研、无休无止的冗长讨论，甚至还会因为观点不同、意见不同而产生的不可回避的激烈争论。而讲到当时的科技管理工作，有两点我是深有体会的。

我们先谈谈我国的重大社会变革对科技管理体制的影响。

改革开放后，我国的一些重大社会变革对科技体制产生的影响是非常深远的。一是我国从计划经济转向市场经济，要求政府转变职能，科技管理和其他政府部门都要进一步加强宏观管理。二是国家当初大幅度增加了对科技的投入，从"十五"开始到"十一五"结束，科技投入在 10 年左右的时间里大约增加了 10 倍，这对科技管理制度和办法提出了新的、更高的要求。三是我国的科技结构出现了很大变化，研究院所特别是中央级研究院所过去一直是科研的主力军，但随后高等院校所承担的国家重点研究项目的数量和所占比重都有所增加，超过了科研院所。此外，企业开始更多地作为科技投入的主体参与研发工作，国家对企业研发工作也给予了更多的支持。这些变化使政府必须面对因为大幅度增加科研经费后的项目管理方式调整，大学的科研布局起步晚、科研管理工作比较薄弱，以及企业作为市场经济活动主体的科技研发中政府和企业的关系等众多复杂问题。这些方面都凸显出我国社会转型、科技管理体制与政策调整时期，相关的制度措施不够完善，给科研诚信建设带来的潜在问题，包括投入分配机制和项目管理机制的调整变化以及政策措施的不配套，可能产生的新漏洞，从而导致更多科研不端行为的出现。

我们再谈谈科研管理工作的指导思想对科研诚信建设的影响。

在当时，我们科研管理工作中存在认识误区，导致在指导思想和政策方面产生失误。一是我们把基础研究、前沿技术的探索性研究与面向市场的应用研究这两种完全不同性质的研究混淆起来，采用了类似的管理体制、投入分配机制、项目评价与奖励机制。特别是以管理工程、管理经济的办法来管理基础研究，实际上是要求研究活动只能成功，不能失败。但基础研究又怎么能够只成功不失败呢？这说明我们对基础研究、高技术探索性研究的长期性和不确定性认识不足。在这样的思想指导下，我们在管理工作中以项目管理为主的支持方式，对于研究基地、科研院所和科技人才的支持相对薄弱，不稳定，力度也不大。同时，争取项目就要竞争，迫使很多科研单位和科技人员急于求成，尽可能多地申请项目，尽可能快地出成果；由于担心失败，在研究工作中只能采取"跟踪策略"，做国外已经做成的事，否则一旦失败，各方面都将承受很大的压力。二是我们对技术创新过程的认识也有偏差，理解还不够全面，似乎科技人员有了成果就可以很快实现转化，就可以获得经济效益。有些研究院所对科技人员便提出了这样的要求。政府的有些基础研究项目也要求申请者填写"经济效益"一项，包括863计划等。事实上，科技成果转化的过程本质上是市场化的过程，其中除了科技创新外，还包括管理创新、市场创新、金融创新、市场模式创新等。由于需要经过大量的筛选过程，这些创新的风险和难度往往并不比科技创新小，而且最终并非每项成果都可以变成实用技术或产品。因此，要求科研人员从技术创新开始，完成一个完整的经济过程很不现实。实际上，很多同志都清楚，在申请项目时所填写的经济效益数字很多并不真实，我们在让科技人员承担不能完成的任务。

应该说，当时这两个方面的问题，都助长了浮躁之风、浮夸之风和造假之风，污染了科技创新的环境。而这些问题，时至今日都没有得到很好的解决。

回望过去，20多年已经过去了，感觉有成功的喜悦，也有挫折后的沮丧和失落的无奈，回首往事，当时一幕幕情景历历在目，至今难以忘怀。时代的潮流把我从一名普通的科研人员自觉不自觉地带入了这场伟大的变革之中。20世纪80年代的科技改革改变了科技人员的思维方式，我第一次把自己从事的事业和国家的经济、社会进步联结在一起；在"面向""依靠"科技方针指导下，竭尽全力地把党和国家的科技恩惠洒向各行各业。那个时期，老领导宋健同志力主的面向农村农业的"星火"计划、推动高科技发展的"863"计划和培育高新技术产业的"火炬"计划先后实施。这都使我豁然开朗。头脑中也进一步拓展了科技为国家发展做贡献的空间，许多设想形成了规划并且努力践行。恰好此时，1995年举行的全国科技大会确立了"科教兴国"的国家战略，我就是这样带着"科技管理报国"的决心，走上了科技管理工作的领导岗位。

今天，我们处在一个伟大的变革时代。我想，只要我们科技管理工作者根据我们现阶段存在的科技体制机制问题，切实予以解决，我们国家的科技事业就还有很大的发展空间。

访谈人：中华人民共和国成立以来，特别是改革开放以来，中国科技发展突飞猛进，尤其在近 20 年的经济发展过程中，科学技术发挥了至关重要的推动作用，为国家总体发展建立了不可磨灭的功勋。请您具体谈谈这一时期，您在国家科委（科技部）分管的几个方面期间推动的几大科技计划；同时，还要请您谈一谈您担任部长期间在国家科技发展战略布局方面的考量，尤其是要请您重点谈谈国家中长期科技发展规划里对中国未来的科技发展所产生的积极作用和重大意义。请您回顾一下，当时制定国家科技中长期发展规划是从什么角度来考量的？具体做了哪些安排和部署？

徐冠华：我觉得在我的任内，比较重要的一个任务就是推动国家中长期科技发展规划的制定。中长期规划是怎么开始的呢？实际上是从看到我们的问题开始的。因为当时我们找不到答案。科技工作增加投入也好，制定政策也好，终究还不见突破性的进展，是什么原因呢？后来我们分析，我们缺乏一个很明确的发展目标，另外我们缺乏一个明确的指导思想。所以最后中央决定要制定中长期科技发展规划，这为我们提供了一个非常好的机遇。

当时，党的十六大提出制定国家中长期科技发展规划，这是我党做出的一项重大决策，中央政治局常委会把制定规划作为一项重点工作，国务院把这项工作列入政府的重要议事日程。2003 年 6 月国务院批准成立了由温家宝总理任组长，陈至立国务委员任副组长，23 个相关部门主要领导为成员的规划领导小组，规划领导小组办公室设在科技部。

规划工作的第一阶段是中长期科技发展战略研究。从 2003 年 6 月开始，经过各方面一年多的共同努力，才完成战略研究工作。当时有几个很突出的问题，第一个问题就是我们要怎么发展？这在当时实际上有两种不同的意见，一种意见是要坚持走自主创新的道路，另外一种是走引进技术的道路。两种意见冲突非常激烈。在第一次召开的中长期规划会议上，大会请了一些经济学家介绍相关情况，谈到了一些观点，提出了中国具有密集劳动力的比较优势，建议我们要充分利用这个优势，但是对中国要依靠自己的力量来创新，很多经济界的专家持反对意见，这在会议上给大家留下非常深刻的印象。所以这个问题很突出、很尖锐。客观来说，中国在改革开放以后取得了很大的成就，但是主要的模式是以市场换技术，以引进技术为主。而且是引进一代，落后一代，再引进一代，再落后一代，走重复引进的道路。我们认为，仅仅跟随是不够的。我们要在跟随的基础上，闯出一条新路，这是很重要的。否则中国的经济、中国的产品永远受制于人，永远在后面跟着。那你就只能卖一个低价。你没有办法，因为你没有专利。当时我们都是买人家的专利然后来进行生产。所以呢，我们要实现跨越，更要走在人家的前面。但是你要走在人家的前面，你不可能所有领域都全面跨越。所以就提出来一个"重点跨越"。这也是当时一个很重要的指导思想。后来呢，我们确定了"支撑发展"的科技发展目标。也就是说，我们的自主创新，不是闭门搞科研、搞基础，而是要支撑发展，引领未来。一句话，就是要具有前瞻性。因此呢，中长期科技发展规划特别强调了前瞻性，强调了基础研究。

所以这四个方面，最后用"自主创新、重点跨越、支撑发展、引领未来"十六个字做了总结概括，是一个很完整的科技发展的指导思想。

战略研究工作完成后，陈至立国务委员逐个听取了19个专题阶段成果汇报，温家宝总理先后七次主持国务院会议，听取规划战略研究专题汇报，并对战略研究取得的成果给予了高度的评价。他当时指出，通过规划战略研究，摸清了我国科技的家底，进行了一次非常重要的国情调查；通过战略研究，深化了对我国科技发展的方向、目标和重点的认识，提出了建设创新型国家、依靠科技进步建立资源节约型、环境友好型社会等一系列重大的战略思想，深化了我们对科学发展观的认识；通过战略研究，形成了一系列重大的判断，为搞好宏观调控和研究制定"十一五"规划提供了重要依据；通过战略研究，锻炼出一支国家科技战略研究队伍，培养了一批科技帅才。战略研究成果的意义已经超出了专题研究本身，对各部门都有重要的参考价值。

规划战略在综合各专题研究成果的基础上，就我国科技发展的总体战略形成了一系列重要的认识。

具体来讲，第一，就是把建设创新型国家作为我国面向 2020 年的战略选择。

这是规划战略研究取得的最重要的战略共识。研究表明，半个多世纪以来，各个国家都在不同的起点上，努力寻求实现工业化和现代化的路径，形成了不同的发展类型。一些国家主要依靠自身丰富的自然资源增加国民财富，如中东的产油国家；一些国家主要依附于发达国家的资本、市场和技术，如一些拉美国家；还有一些国家，也就是发展比较成功的国家，其主要特点是把科技创新作为基本战略，大幅度提高自主创新能力，形成日益强大的市场竞争优势。

国际学术界把这些国家称为"创新型国家"，有 20 个左右，如美国、日本等发达国家，也有近几十年来迎头赶上的芬兰、韩国等。它们的特征是：创新能力综合指数明显高于其他国家，科技进步贡献率在 70％以上，研发投入占 GDP 比重大都在 2％以上；对外技术依存度指标都在 30％以下；这些国家获得的三方专利，即美国、欧洲和日本授权的专利数占世界总量的 97％。特别值得提出的是，芬兰、韩国等国家在 10—15 年左右的时间内，实现了经济增长方式的转变，这对我国具有重要的借鉴意义。

韩国就是从落后国家发展成为创新型国家的成功范例。1962 年韩国人均 GDP 只有 82 美元，与我国当时的水平大体相当；而到 2001 年则达到 8900 美元，比我国高出 9 倍之多。韩国人口只有 4700 万，2004 年的经济总量大致相当于当时我国的 40％。在半导体、汽车、造船、钢铁、电子、信息通讯等众多领域，韩国都比我国起步晚，但技术能力和国际竞争力已走到我国前面，并跻身世界前列。韩国的成功，主要得益于把培养和增强自主创新能力作为国家的基本战略。一是始终致力于培育和发展自身的技术能力。韩国从 60 年代引进国外先进技术开始，就制定了消化吸收的完整战略，其技术引进与消化吸收经费比例达到 1∶5。二是持续增加研究开发投入。全社会研发投入占 GDP 的比重从 1980 年的 0.77％增长到 2001 年的 2.96％。三是大力支持企业研发活动。韩国企业研究开发机构从 1978 年的 48 个，增加到 2003 年的近 10000 个，企业成为技术创新的主体。韩国的科技发展规划目标是 2015 年成为亚太地区的科学研究中心，并进入世界前 10 个领先国家行列；到 2025 年进入世界前 7 个科技领先国家行列。韩国依靠科技创新实现国家富强的成功经验，对于我国有很好的借鉴意义。

我国特定的国情和需求，决定了我国不可能选择类似产油国家的发展道路，也不可能走拉美国家的发展道路。在当时，规划总体战略研究得出的一个重要结论是，我国必须走创新型国家的发展道路，实现经济增长方式从要素驱动型向创新驱动型的根本转变；使得科技创新成为经济社会发展的内在动力和全社会的普遍行为；最终依靠制度创新和科技创新实现经济社会持续协调发展。

这主要基于四个方面的认识：

一是全面建设小康社会的目标，决定了我国必须走创新型国家的发展道路。按照全面建设小康社会的要求，意味着我国必须保持从改革开放以来到 2020 年，连续 40 年 7％以上的经济高速增长，这在世界经济史上，对于一个大国来说是前所未有的。通过大量的测算，如果我国科技创新能力没有根本提高，科技进步贡献率仍保持目前39％的水平，要实现翻两番的目标，就要求投资率达到52％的超高水平，这是很难想象的，是世界上没有先例的；即使投资率可以保持近年40％左右的高水平，科技进步贡献率也必须达到60％，即在目前水平上提高20个百分点，才能实现建设小康社会所要求的经济增长目标。

二是人口众多和资源、环境的瓶颈制约，决定了我国必须走创新型国家的发展道路。我国人口众多，面临着要在较短时间内满足庞大劳动力就业、城市人口迅速膨胀、社会老龄化、公共卫生与健康等一系列重大需求。我国人均能源、水资源等重要资源占有量严重不足，人均石油可开采量只占世界平均值的1/10，人均水资源量只占世界平均值的1/3；我国生态环境脆弱，面临着日益严峻和紧迫的重大瓶颈约束。所有这些是世界发展史上前所未有的。世界各国经验表明，只有依靠科学技术才是解决这些瓶颈约束的根本途径。

三是保障国防安全和经济安全，决定了我国必须走创新型国家的发展道路。在全球化进程中，中国面临着日益复杂的国际环境和许多不同于其他国家的新问题。实践表明，在涉及国防安全和经济安全的关键领域，真正的核心技术是买不来的。如果我们不掌握更多的核心技术，不具备强大的自主创新能力，就很难在世界竞争格局中把握机遇，甚至有可能丧失维护国家安全的主动权。

四是我国已经具备建设创新型国家的一定基础和能力。通过大量的测算、分析、比较，在当时，我国虽然处在人均GDP1000美元的时期，但是科技创新综合指标已相当于人均GDP5000～6000美元国家的水平，是世界上少数几个有可能通过科技创新，实现快速发展的大国之一。2004年我国科技人力资源总量已达3200万人，研发人员总数达105万人年，分别居当时世界第一位和第二位，这是走创新型国家发展道路的最大优势；经过几代人的努力，我国已经建立了大多数国家不具备的比较完整的学科布局，这是走创新型国家发展道路的重要基础；我国具备了一定的自主创新能力，生物、纳米、航天等重要领域研究开发能力已跻身世界先进行列；我国具有独特的传统文化优势，中华民族重视教育、辩证思维、集体主义精神和丰厚的传统文化积累，为我国未来科学技术发展提供了多样化的路径选择。

第二，把"自主创新，重点跨越，支撑发展，引领未来"作为指导我国科学技术发展的基本方针。

自主创新，就是从增强国家创新能力出发，加强原始创新、集成创新和引进消化吸收再创新。

重点跨越，就是坚持有所为、有所不为，选择具有一定基础和优势、关系国计民生和国家安全的关键领域，集中力量、重点突破，实现跨越式发展。

支撑发展，就是从现实的紧迫需求出发，着力突破重大关键、共性技术，支撑经济社会的持续协调发展。

引领未来，就是着眼长远，超前部署前沿技术和基础研究，创造新的市场需求，培育新兴产业，引领未来经济社会的发展。

这一方针是当时对我国半个多世纪科技发展实践经验的概括总结，也是面向未来、实现中华民族伟大复兴的重要抉择。

第三，在科技发展思路上加快实现五个战略转变。

根据科技发展的指导方针，针对我国科技发展中存在的突出问题，在发展思路上实现五个转变。

——在发展路径上，从跟踪模仿为主向加强自主创新转变。跟踪模仿是促进科技进步的一个重要途径。但是，在全球化环境下，以跟踪模仿为主的发展路径表现出明显的局限性，难以突破发达国家及其跨国公司构筑的知识产权壁垒，难以从根本上解决我国国家安全和自身发展所面临的重大战略问题，难以实现后来居上的发展目标。我们必须确立自主创新为战略基点，力争在国际竞争中掌握更多的主动权。

——在创新方式上，从注重单项技术的研究开发向加强以重大产品和新兴产业为中心的集成创新转变。单项技术研发是科技活动的必要方式。但是，以单项技术为主的研发，如果缺乏明确的市场导向和与其他相关技术的有效衔接，将很难形成有竞争力的产品和产业。因此，我们应当注重选择具有较强技术关联性和产业带动性的重大战略产品，在此基础上实现关键技术的突破和集成创新。

——在创新体制上，从以科研院所改革为突破口向整体推进国家创新体系建设转变。在当时，我国以科研院所改革为突破口的体制改革取得了一定的成效。但是还需要在进一步深化科研院所改革的基础上，整体解决国家创新体系中存在的结构性和机制性问题，加快进入在国家层次上整体设计、系统推进国家创新体系建设的新阶段。

——在发展部署上，从以研究开发为主向科技创新与科学普及并重转变。科技创新与科学普及是科技进步的两个基本方面，是科技工作的一体两翼，不可或缺。全面建设小康社会，必须提高全体公民的科技素质，实现科技公平。广大公众只有具备良好的科学素养和科学精神，才能充分理解科学、支持科学和参与科学，也才能充分享受科学技术发展带来的福祉。

——在国际合作上，从一般性科技交流向全方位、主动利用全球科技资源转变。全球化环境、现代信息技术的广泛应用和国际大科学工程的深入开展，使我国能够在更大范围、更深层次上学习先进科技成就，分享研究开发资源和管理经验。为此，我们应当确立在全球范围内利用科技资源的战略思想，加快形成国际化研发体系，全面提升国际科技合作的层次和规模，服务于国家战略目标。

第四，在科技工作的整体部署上突出四个重点。

建设创新型国家是指在 2020 年科技创新能力从目前的世界第 28 位提高到前 15 位，为全面建设小康社会提供支撑，并为我国在本世纪上半叶成为世界一流科技强国奠定坚实基础。所以我们提出，我国未来科学技术的发展重点应从四个方面进行部署：

一是实施一批重大战略产品和工程专项，务求取得关键技术突破，带动生产力的跨越式发展。

重大战略产品和工程事关国家长远和战略利益。一项重大战略产品计划的成功实施，不仅能够有效带动相关学科、技术和产业的发展，形成新的经济增长点，而且能够充分体现国家意志，提升国际地位，振奋民族精神。在规划制定后的 15 年，我国根据自身的国情和需求，把握科技发展的机遇，在关系国计民生、国家安全的重点领域上，组织实施了若干重大战略产品和工程专项。

二是确定一批重点领域，发展一批重大技术，提高国家整体竞争能力。

立足于我国国情和需求，在全面安排的基础上，对重点技术领域进行规划和布局，一方面支撑当前经济和社会发展，有效服务于重大战略产品和工程专项的顺利实施；另一方面提高科技整体竞争力，引领未来经济社会发展方向，并为凝练新的重大专项奠定基础。

——把发展能源、水资源和环境保护技术放在优先位置，下决心解决制约国民经济发展的重大瓶颈问题。

——以获取自主知识产权为中心，抢占信息技术战略制高点，大幅度提高我国信息产业的国际竞争力。

——大幅度增加对生物技术研究开发和应用的支持力度，为保障食物安全、优化农产品结构、提高人民健康水平提供科技支撑。

——以信息技术、新材料技术和先进制造技术的集成创新为核心，大幅度提高重大装备和产品制造的自主创新能力。

——加快发展空天技术和海洋技术，拓展未来发展空间，保障国防安全，维护国家战略利益。

——加强多种技术的综合集成，发展城市和城镇化技术，现代综合交通技术，公共安全预测、预防、预警和应急处置技术，以及支撑现代服务业的科技基础，提高人民的生活质量、保证公共安全。

三是把握科学基础和技术前沿，提高持续创新能力，应对未来发展挑战。

——稳定发展基础学科，高度关注和重点发展交叉学科。坚持学科推动和需求牵引相结合，坚持稳定支持和超前部署，重视科学的长远价值，实现基础研究和应用研究协调发展。

一方面，对基础学科进行完整布局。数、理、化、天、地、生是科学技术发展的基础。我国在这些领域的积累还不够丰厚，应当给予稳定支持。另一方面，加强交叉科学的研究。在工程科学等具有广泛应用前景的领域进行重点部署；争取在生命科学等前沿交叉学科领域取得突破；促进管理科学等自然科学和社会科学交叉领域的研究。

——超前部署，准确把握和重点支持前沿高技术研究。前沿高技术是国家科技创新能力的综合体现，是新兴产业革命和新军事变革的重要基础。我国要重点在信息、生命、医学、地球系统科学等必争的前沿领域超前部署。

四是加强国家创新体系建设，优化配置全社会科技资源，创造科技产业化良好环境，为全面提高国家整体创新能力奠定坚实的基础。

——深化改革，构建适应市场经济体制和科技自身发展规律的新型国家创新体系。我国当时正处在从计划经济向市场经济转型过程中，国家创新体系建设应当针对传统体制的系统缺失和薄弱环节，亟须加快建立一个既能发挥市场机制配置资源的基础性作用，又能够提升国家在科技领域的有效动员能力；既能够激发创新行为主体内在活力，又能够实现系统各部分有效整合的新型国家创新体系。这包括以企业为核心、产学研有机结合的技术创新体系；科学技术研究和高等教育紧密结合的知识创新体系；军民结合、寓军于民的国防科技创新体系；社会化的科技中介服务体系；体现各自特色和优势的区域创新体系。

——强化国家公共科技基础条件平台建设，为全社会科技创新和产业化活动提供有效支持。国家公共科技基础条件平台，主要包括科研设施、资料、数据及相应的共享机制。一个功能完备、开放共享的科技基础条件平台，有利于为全社会科技创新活动提供公平竞争的环境，使得各类科技人员包括"小人物"的创新活动都能得到及时有效的支持；同时也有利于持续地增加全社会的科学积累，使后来者能够在更高的起点上攀登科学高峰。支持公共科技基础条件平台建设已经成为许多国家重要的公共政策，我国加强这一工作具有重大的战略意义。

重点包括：大型科学装置，公共实验平台，科学数据系统，科技文献系统，网络科技环境，计量、检测和技术标准体系等。

——创造良好发展环境，加速实现高新技术产业化。高新技术产业发展是国际竞争的制高点，引导着产业结构的调整方向。高新技术产业化必须与走新型工业化道路紧密结合，用高新技术改造传统产业。高新技术产业高风险、高成长性的内在特点，决定了政府必须以营造良好的环境为主要目标，支持高新技术企业在激烈市场竞争中从小到大、大浪淘沙、滚动发展。

重点是创造有利于国家高新技术产业发展的基础条件和政策环境，大力培育和建立科技创业服务体系、科技投融资体系和创业板市场，建设好国家高新技术产业开发区。

现在看来这个计划还是比较成功的。为什么要制订这样一个计划？我认为，一方面我们看到中国的科技发展取得了历史性的成就，也促进了经济和社会发展。但是我们也必须认识和正视在科技发展过程当中面临的一系列严峻的挑战。

概括起来，我们当时存在的问题有这么几个方面：

一个是我们缺乏具有世界领先水平的科技带头人。尽管我们在很多领域取得了很大的成就，但是我们也要看到，在当时的中国，还没有涌现出世界知名的科学家。所以"钱学森之问"也一直没有得到很好的解答。这个问题是一个非常突出的问题。我个人认为一个国家能不能发展，取决于科技的进步，而科技的进步关键要有一些能够在世界上具有领先地位的科学家，不然是无法取得一系列成果的。在这方面，我们确实有很多不足。我一直认为尖端人才非常重要，有尖端人才才能有好的科技团队，有了好的科技团队才能够有一系列创新性的成果。一流科学家能够产生世界一流的成果。二流科学家、三流科学家有再好的设施，再好的条件，再多的经费，也不可能创造出世界水平的成果。即便是现在，我们在这方面仍然存在很大的问题。从基础研究来看，中国的诺贝尔奖获得者到现在只有一位屠呦呦，这是让人非常遗憾的。虽然我历来不主张在中国一定要把追求诺贝尔奖获得者的数量作为国家的目标，但是另外一方面，要看到诺贝尔奖获奖者确实是一个国家的基础研究和前沿高技术研究水平的重要标准，所以在这方面我们有比较大的欠缺。

有的人说我们和西方的文化不一样，我们的文化不是造就像诺贝尔奖获得者的文化。但是你看日本，日本基本上也是在东方文化的范畴之内，但是他们这几年已经产生了十多名诺贝尔奖获得者，说明诺贝尔奖其实并不受东方文化或者西方文化的限制，它只是一个科学技术水平的重要标志。虽然不能仅仅把诺贝尔奖看成唯一的一个标志，但它在这一领域确实具有非常重要的意义。

第二个方面就是，我们缺乏具有世界水平的、新兴产业的产品。我们回顾一下，二战之后，世界著名的新兴产业几乎全部都出在美国。美国有非常好的人员储备，有世界最多的大约占世界50％的自然科学奖的获得者。所以在这个基础上，它就像一个金字塔，金字塔的塔尖就是这些杰出的科学家，这样的人越多塔基就越坚实，塔也就越高，从这个塔的各个部分不断涌现出一些科学家，造就出一些新兴产业。所以我们可以看一下，从信息产业、生物产业、材料产业、纳米产业，所有的产业发端基本上都源自于美国。什么原因？就是因为美国有非常好的基础，这个基础就让它不断地从各个领域产生出一些完全新兴的产业。而这个方面，我们却有很大的欠缺。所以我们在这方面如果不改善，只是单纯地去追赶人家，而不能够作为一个开创者，这是很危险的。中国以后前途在哪里？问题在哪里？这些方面都给我们提出了巨大的挑战。

还有一个现实存在的问题就是，我们缺乏一个鼓励科学创新的环境，如果和前面说的两个问题相联系，这就是一个根本性的问题。在计划经济的体制下，我们比较注重的是项目，科技部也好，各个部门也好，都做了很多项目。但是如果单纯的把基点放在项目上，那只有少数单位、少数人受惠。而不是能够把全社会创新的积极性都调动出来。所以我觉得这是一个很大的缺憾。

另外一方面就是，我们缺乏政府对于科技产业的政策导向，拨款虽然重要，但是对于企业来讲，更多的是要政策，而不是给哪个企业一些项目。所以在这方面，我认为我们一定要创造一个各个方面都涌现出来的愿意创新、乐于创新的环境，这方面我们也是有很多欠缺的。

另外还有很重要的一点，当时我们缺乏民族的自信。我们可以回忆一下，我们生产大型飞机的发展过程。过去我们和英国、法国谈判，和韩国谈判，和美国谈判，并且已经开始建造飞机，但是最后还是停了下来。为什么呢？因为当时我们认为自己不行，所以后来我们提出建造大型民用客机的时候，当时很多研究航空领域的专家、院士是反对的。他们觉得这个事情成功的概率不高，风险太大。对自己能否实现这个目标缺乏根本的自信。再比如汽车，我觉得目前我国的汽车工业还远没有到成功的地步。韩国、日本和中国在轿车方面基本上都是 20 世纪 50 年代同时启动的。但是到现在，韩国、日本的汽车都已经走向全世界了。而我们中国呢？却成了万国汽车博览会。你们看看，路上跑着的基本都是外国汽车和合资品牌的汽车，国产汽车非常少。这个是很让人痛心的。归其原因，有些同志说，西方国家的汽车已经有百年的历史，我们刚刚起步，是比不过他们的。但是日本和韩国的例子都说明，如果没有自信，就没有办法迈开第一步。

访谈人："自主创新、重点跨越、支撑发展、引领未来"这十六个字凝聚了国家科技决策层的卓越智慧。事实上，这十六个字也成为一个时期内国家科技发展的基本指导思想，换句话说就是决定了今天科技发展成就的基本路线。我们注意到，当时，国家科技部组织了 2000 多名专家参与这个方案的制定。这么大的一个研究体系，古今中外都是史无前例的。这一基本路线具体在《纲要》里提到了哪些方面？我想请您在回忆这些方面的同时，介绍一下当时的主体方面又是怎么确定的呢？

徐冠华：至于指导方针我刚才已经讲了。"自主创新、重点跨越、支撑发展、引领未来"。这 16 个字的核心是头四个字：自主创新。1995 年，我主要分工国家高新区的工作。那时候，我几乎每个月都要选择去几个高新区调研。每次回来都感觉充满信心，因为我总能看到高新区内一批批具有自主知识产权的高技术企业在迅速成长，看到一个一个高新技术的企业孵化基地和产业化基地迅速崛起。当然当时也看到一些高新区走单纯招商引资的路线，感觉那么走的话很快会走到发展的尽头。所以在 2001 年的时候，我就在高新区提出了"二次创业"的口号和实现"五个转变"的要求，核心是实现从注重招商引资和优惠政策的外延式发展向主要依靠科技创新的内涵式发展转变。

与此同时，我们一个很重要的科技发展战略，就是 2020 年要进入创新型国家的行列。这是一个具体的目标。这个目标非常清晰。它决定了我们的科技发展道路怎么走？怎么才能走得更远？这是在对中国科技实力反复论证的基础上来决定的。当时存在着两种观点：一种认为，中国的科技发展成绩很大，我们现在已经不错了；另外一种意见是我们现在不行，我们差距还很大，我们要走很长很长的路。我们当时组织了一个专门班子，对各个国家的科技实力进行了测算和论证，认为中国的科技竞争力基本上处在 26、27 名这样一个位置，所以当时我们提出来，我们能不能利用这个时间加快科技发展步伐，争取在 2020 年进入二十名以内？当时争论很激烈，但是大家通过争论、探讨、分析和测算，统一了思想认识，认为在科学决策、科学的执行条件下，我们是完全可以做到的。这个实际上就是一种号召力。

访谈人：有一种说法，认为如果当时您作为决策者没有坚持下来的话，那么中国科技今天可能会是另一种局面。我们经常会听到人们谈论这一时期确立科技发展战略，认为技术创新体系的建设在当前我国科技发展成就中功不可没。请您谈谈当时技术创新体系建设情况。

徐冠华：技术创新体系建设的成功，在很大程度上，决定着自主创新的成功，决定着建设创新型国家成功与否。

我是搞科学研究出身的，从参加工作就一直做科学研究。过去，我们搞研究的普遍有一种认识，就是多出成果、多出论文、多获奖，这就是为国家做贡献。很少也很难考虑市场对技术创新的要求。一开始的时候，大家还在争论，技术创新体系到底是不是要以企业为主体？难道不是要以科研院所为主体吗？这种观念在相当长时间内在科技界的主导思想上还是占据着主导地位的。这方面我们还是要从 20 世纪 80 年代谈起。80 年代后期，国家启动了从应用型研究院所入手，着手划拨事业费的科技体制改革，第一次让中国科技人员面向市场。这实际上就是试水建立以企业为主体的技术创新体系。为什么技术创新要以企业为主体呢？技术创新，首先是一个市场经济活动的过程。它是技术、管理、金融和市场综合创新的有机结合，企业熟悉市场需求，有实现技术成果产业化的基础条件。我们回头看很多争论，很多探索，都是具有历史意义的。我觉得，建设创新型国家对于鼓舞科研技术人员创新创业起到了一个很好的号召作用。我们认为，这个切入点非常实际，用现在的话说就是"接地气儿"。这也是实事求是嘛。现在看来，我们当时走的这条路线是没有问题的，2020 年中国是可以进入创新型国家的行列的。但是我们距离科技发达国家，也就是我们相较于通常说的"科技发达"国家，我们仍旧是有很大差距的。甚至是很大的差距。我是主张实事求是的来看这个问题的。

我认为，深入实施创新驱动发展战略，最根本的是要增强自主创新能力，最关键的是要深化体制机制改革。一是更加注重原始创新。要不断优化基础研究和战略高技术的发展布局，实现关键核心技术安全、自主、可控，解决好"卡脖子"问题。力争在一些重要领域实现"弯道超车"。二是更加注重营造创新生态环境。要充分遵循创新规律，着力增强政策的精准性、导向性、有效性，努力构建以多元主体共生发展、创新要素集聚和活力迸发为主要特征的创新生态环境。三是更加注重区域协同创新。要加快推进北京、上海建设具有全球影响力的科技创新中心，继续建设一批具有重大带动作用的创新型省市和区域创新中心，系统推进全面创新改革试验。四是更加注重优化配置创新资源。要积极参与国际创新的"大循环",积极提出并牵头组织国际大科学计划和工程,提升我国科技创新的国际话语权和影响力。

访谈人: 改革开放初期,我国曾经一度在较长时间内主要以引进国外技术为主。这个局面也带来了几方面的反应。一种意见认为,我们自己缺少技术,引进吸收就行了;一种意见认为,我们引进技术是不可避免的,但要通过对引进技术的学习和掌握,提升自己的技术发展能力,不能单纯地走引进道路;还有一种意见认为,我们只需要引进技术、用好新技术就行了,如果一味强调自主创新,必然会引起先进国家的限制甚至是反制。您认为应该如何正确处理中西方技术关系?

徐冠华: 技术引进是迅速学习国外先进技术,转化和提高我国经济增长方式的有效途径之一。在这方面,新兴工业国家给我们提供了宝贵的经验。比如韩国的汽车工业,通过引进并大力组织力量进行消化、吸收和再创新,得到了快速发展,已在国际汽车市场站稳了脚跟,具备了在用所有高新技术武装起来的汽车领域同发达国家竞争的能力和实力,这是很可贵的。

改革开放早期,我国也利用引进技术有力地推动经济的发展,取得了历史性的成就。在今后,引进技术仍是我国经济发展的一条重要途径,但在引进技术中,也确实存在一些值得注意、需要认真解决的问题,其中重复引进就是国家经济建设中一个很突出的问题。造成重复引进的原因很多:追求局部利益,对有利可图的项目蜂拥而上,造成多头引进。追求短期利益,引进中重硬设备、轻软技术,急功近利等。从计划经济向市场经济过渡的过程中,这些问题需要通过加强必要的宏观调控给予解决。重复引进的另外一个原因是,引进后没有很好的消化,并没有吸收、加以创新,以至于不得不重复引进。

加强科技和经济在宏观管理层次上的紧密结合，是解决引进中消化、吸收和再创新中存在的问题的一个关键。我们国家一些重大项目的引进主要是由经济部门操作，由于管理体制的分割和利益分配的限制，科技部门没有或者很少参与。长期以来，国家创新工作缺乏主动参与的积极性，这种部门的业务领域和追求目标的差异，以及缺乏必要的鼓励创新的动力机制，造成了引进和消化，吸收和再创新的脱节，技术创新跟不上，不能迅速转化成自主技术。引进中消化、吸收和再创新的投入过低，是另一个亟待解决的问题。根据统计，"八五"期间，我国引进、消化、吸收中 7 个专项总投资 124 亿元，消化、吸收拨款合计 4 亿元，仅仅占总额的 3.2%。国外的一般情况是：消化、吸收经费应该为引进经费的 3 倍，日本在经济振兴期达到 10 倍之多。中国比日本、韩国等国家低了近百倍。

要改变这种局面，中央和地方的科技部门和经济部门应该努力做到经济体制改革和科技体制改革相结合。从体制和机制入手，加强协调，突出重点，共同投入；科技部门应主动发挥配角作用，认真组织科技力量，协助经济部门做好技术引进和创新工作，通过共同努力，让我们国家一些大项目的引进能够迅速走上引进、消化、吸收和自主创新的良性发展轨道，成为支撑我国经济发展、转变经济增长方式的重要途径。

访谈人：科技发展，人才先行。这句话在今天早已是耳熟能详。您认为科技人才应该如何培育？

徐冠华：关于人才培育这个话题，我们任何时候都要高度重视。我说一件事。大约是 1998 年 5 月，我当时撰写过一篇名为《印度科技发展对我们的启示——由印度核实验所想到的》的文章。这篇文章有一个数据非常值得我们深入思考。当时印度的研发投入占 GDP

比值的 1％左右。这在当时是高于我们国家的。印度当时的基础研究构成的比例与发达国家相当，大约为 16％。这个比率高于我们当时同类研究所 10％的水平。在基础研究的支出总量和人均经费方面，印度当时也高于中国。当时在印度国内工作过的科学家已经有两人获得了诺贝尔科学奖。这得益于印度有一个比较发达的高教体系，使他们拥有一定规模的高科技的人才群体。从这里我们可以看出，全世界各国都很重视人才。

具体在人才制度上，我觉得可以从以下几个方面入手：

第一，形成促进创新人才成长的正确导向。

科技评价与奖励制度具有很强的导向性，是科技发展的重要"指挥棒"。多年来，国家在科技评价和奖励制度改革方面出台了一系列文件，采取了力度较大的举措。其中，科技评价改革的核心，是要改变一些研究机构和大学以往单纯依靠量化指标的评价做法，要求针对不同科研活动的性质和特点，采取不同的评价标准和办法，注重对科技人员和团队素质、能力和研究水平的评价，形成科学研究和技术创新活动的正确导向，避免急功近利和短期行为。另外，从 1999 年开始推进奖励制度的改革，减少了国家奖，取消了部门奖，大幅度压缩了地方奖，减少了科技奖励项目数量，奖励制度改革已迈出了第一步。当前，科研评价改革的关键是政策落实不到位。许多单位对从事基础研究人员的评价过于频繁和量化，甚至每年将发表论文数量与工作绩效和收入挂钩。对前沿技术研究有过于强调市场化的趋势，常常要求一个研究人员或团队完成从研究开发到市场实现的全过程。这种情况，十分不利于科学家潜心开展研究工作，同时还可能进一步助长学术浮躁和急功近利行为。

第二，建立有利于基础科学、前沿技术和社会公益研究发展的体制和机制。

基础研究、前沿高技术和社会公益研究往往体现国家目标，事关国家长远发展，是提高创新能力和人才队伍建设的重点领域。对基础科学、前沿技术研究给予稳定支持、进行超前部署，这是此次《规划纲要》的一个亮点。有了这一点，就能够对科研人员潜心研究提供基本的政策保障。除此之外，如何管理的问题也重要。总结正反两个方面的经验，我们认为在科技管理中，把基础研究、前沿技术研究和面向市场的应用研究区别开来，把市场性科技活动与公益性科技活动区别开来，是科技活动认识上的一次飞跃，是科技管理思路的一个重大突破。这就要求我们不能用管理面向市场的应用研究的方式管理基础研究、前沿技术研究和社会公益性研究，而是要致力建立一个鼓励探索、宽容失败的评价体制和激励机制，创造一个更加开放的、促进交流与合作的科研环境，建设一个有利于知识积累和数据共享的基础条件平台，营造一个更加注重人才、不断发掘人才潜力的环境。这些对创新人才的成长产生更加明显的促进作用。

第三，把自主创新作为凝聚人才、促进人才成长的大舞台。

对于人才工作，过去有一种认识上是有偏颇的，一谈到重视人才就是给待遇、给职务、给荣誉，尽管这些都很重要，但并不是最根本的。最根本的是什么？是事业！优秀人才最看重的是有没有施展才华的舞台。只有事业的成功才能真正形成对创新人才、特别是对一流人才的持久吸引力。这里有一个值得重视的现象，多年来我们一些重要产业坚持以引进为主的技术路线，而没有对消化吸收进行具体有效的安排，许多非常优秀的企业科研人员，长期没有什么研究开发项目，多年下来，知识不能更新、业务荒废，非常可惜。现在，国家明确提出就必须提高自主创新能力，在若干重要领域掌握一批核心技术，拥有一批自主知识产权，造就一批具有国际竞争力的企业。这是创新人才成长的最大机会。因此，要制定有效政策和措施，要努力营造鼓励人才干事业、支持人才干成事业、帮助人才干好事业的社会环境，特别是要为年轻人才施展才干提供更大的舞台和更多的机会。特别是要充分利用重大产业技术创新活动、重大科技工程，特别是要充分利用国家重大科技专项、国家重大建设项目中的技术攻关项目、重大技术装备引进消化吸收再创新项目等，把最优秀的科技人才凝聚起来，充分发挥创新人才的聪明才智，使他们把个人的理想、自身价值与建设创新型国家的伟大实践统一起来。

第四，培育良好的创新文化环境。

良好的创新文化氛围和环境，是产生创新人才、优秀成果的重要前提。在创新文化环境方面还存在着许多与科学精神和先进文化建设的要求不符的现象。例如，缺乏自由交流的学术环境，缺乏宽容失败的学术氛围，缺乏敢冒风险的学术勇气；官本位思想、论资排辈、压制后学等现象经常发生；缺乏学术开放的观念，门户思想、小团体主义时有滋长；急功近利、学术浮躁，甚至学术不端行为时有发生。这样的环境和氛围必然严重抑制人才成长，加剧尖子人才的流失。许多在国外学有所成的留学人员反映，他们回国的担忧，主要不是工作和生活条件方面的问题，而是缺乏一个公平竞争的环境和难以处理复杂的人际关系。如果这种局面不能根本扭转，中国的科学事业就很难有大发展。因此，大力推进有利于自主创新的文化环境建设，是创新人才培养的一个重要方面。

当前，推进创新文化建设，需要特别强调的几点。一要形成开放的学术环境，鼓励研究机构之间、学术观点之间交流和互动；二要倡导追求真理、宽容失败的科学思想，形成鼓励创新探索、敢冒风险、宽容失败、尊重不同学术观点的社会文化氛围，特别是给青年科学家以更多的表达机会和发展机会，而不应当以权威压制人，以名望排挤人，以资历轻视人；三要摒弃急功近利、学术浮躁之气，加强学术自律，端正学术风气，弘扬科学道德。

第五，推动创新教育。

改革开放以来，我国教育改革取得了很大进展，但是一个基本的问题总没有解决好，就是如何培养创新人才。中国教育历来强调知识传授，忽视实践能力的培养；主张培养"乖孩子"，主张循规蹈矩，小时候听父母的话，上学时听老师的话，这种教育可以培养出出色的执行者，但不能培养出事业的开拓者，这也可能是中国从经济到科技工作中习惯"跟踪""模仿"的深层次原因。这可以说是中国教育的一大问题。近年来一直讲加强素质教育，但情况并未根本改变，我们的教育整体上仍被考试牵着走、被文凭牵着走，而适应21世纪发展需要的创新意识、创新精神和创造能力的培养仍然非常薄弱。这种情况在中小学教育、高等教育，包括研究生教育中都同样存在。这个问题应该真正引起我们的高度重视。现在我们在讨论21世纪全球创新能力的竞争，在讨论建设创新型国家的宏伟目标，如果我们不能彻底变革教育观念、教育体制、教育模式和教育手段，不能培养出大批创新型人才，21世纪靠谁来承担起建设创新型国家的重任？现代教育是一门科学，创新教育更是一门科学。在这一点上，积极学习研究国外经验非常必要。近百年来，中国曾经掀起了数次出国留学热潮，到国外取"经"，学习先进科学技术知识；改革开放以来，我们又派出大量优秀人员出国留学，学习当代科学技术知识和其他人类优秀文化，极大拓展了我们的视野，加速了我们的人才培养。面对创新人才的紧迫需要，我们可能非常必要再选派大量优秀人员到国外专门学习先进的教育思想和教育管理，来推动创新教育，加速我国创新人才的培养。

第六，重视尖子人才培养。

国内外无数的成功经验表明，尖子人才在决定创新活动成败中有着不可替代的作用。新中国成立以来，正是因为有了钱学森、邓稼先、袁隆平、王选等一大批优秀领军人物，我国才能够在相关科技领域取得一系列突破性成就。目前，我国科技的一个突出问题是，科技人力资源总量庞大但优秀尖子人才十分匮乏，特别是世界级科学家和战略型科学家。面对当今科技资源全球流动和日益激烈的科技竞争，我们必须拥有一批世界级科学家和战略科学家，只有这样，我们才能在国际竞争中占据科学前沿，把握重大的科技发展方向，获得真正具有开创性的科技成果。另外，我还想特别强调，人才难得，需要特别珍惜。尖子人才不仅是个人才能和勤奋的产物，也是整个社会的产物，是国家教育、科技巨大投入的结果，是国家的宝贵资源。因此，尖子人才的流失，将是国家和社会巨大财富的流失。

第七，利用市场化机制挖掘人才、聚集人才。

这里特别想提一提要充分发挥猎头公司的作用。美国在二战以后，大量地网罗全世界的精英人才。这样的一个过程被称为"Head-hunting"即"猎头"。因为头脑是智慧、知识之所在，网罗人才就是为了获取他们头脑中的知识，获取最新、最前沿的技术信息。在当代，猎头已实实在在发展为一个行业，主要业务是受企业委托，通过市场的方法，搜寻中高级的管理或技术人才。在欧美等发达国家，不少猎头公司与跨国公司有着密切的联系。现在，我们谈创新人才，谈尖子人才，也必须要发挥猎头公司的作用。为什么我要强调这一点呢？这是因为，在人才问题上，完全靠政府操作有很大的局限性。我们急用的人才很大程度上是高级人才，而高级人才并不愁没有工作做，找到这种人才要靠大量的细致的调查研究，需要大量的寻找过程。这显然是政府不易做到的。经济全球化使中国企业面对的竞争日益加强，竞争手段也越来越国际化。运用市场机制，通过猎头公司在全球网罗发现、挖掘人才，为我所用，也应该成为我们全球网络科技人才的重要途径。

我们这个时代是一个需要大量创新人才的时代，也必将是一个创新人才辈出的时代。加强自主创新、建设创新型国家为千百万科技人才施展才华提供了广阔的舞台。只要我们坚定不移地贯彻中央自主创新的战略决策，坚持在创新实践中培养人才，使用人才，做到人尽其才，才尽其用，就一定能把我国的人才优势转化为科技优势、产业优势和发展优势，为建设创新型国家提供坚实的人才保障和智力支撑。

在这里我提一提高新区。高新区成功最重要的一条经验是，拥有一大批有志于建立民族高新技术产业的人才，尤其是青年人才。他们是高新技术产业发展所需要的中坚力量。

访谈人：在这期间，我记得有几个重大的科技计划，就是"国家重大科技专项"，还有"科技支撑计划"等若干个计划，这些科技计划是不是就是在国家中长期科技发展规划之后加大了这些方面的投入？

徐冠华：我当时是这么考虑的，首先要明白我们的目标，我们的指导方针，然后就是我们怎么样实现这个方针。这也是很重要的。在当时，实际上在我们的科技工作指导思想调整的基础上，做了很多调整。比如，我们一直是比较强调几个方面。第一个是我们过去比较强调追赶、跟踪。在中长期规划当中，就提出来要创新，要重点跨越，这是一个很重大的调整。从跟踪向重点跨越发展，这是一个很重大的调整。第二个，过去我们强调以单项技术为核心。但是我们根据发展的需要提出来，要以产品为中心。来组织实施一些重大的计划。第三个，我们觉得要加强基础科学研究。基础科学是非常重要的一部分。如果忽视基础科学的研究，中国将不具有前瞻性，就没有未来。所以这也是一个很大的调整。另外在具体方向上也做了一些调整。比如，我们过去说发展高技术、高新技术。这个方针一直是明确的，所以国家科委时期就制定了"863计划"等。当然，后来关于"863 计划"到底是不是都是高技术，也出现了一些讨论。当时提出的第一个调整是，要把解决资源问题、环境问题放在科技发展的突出位置。这是一个很重大的调整。因为当时大家一致认为，这些问题再不解决是不行的。

这是第一点，是对于过去的调整。第二点，要大力发展信息产业和信息技术。而且把重点放到利用信息技术改造传统工业。这是一个很重要的方针。同时大力发展生物技术，落实到发展中国的农业、医学、生物科学，把注意力分配到这几个方面。

访谈人：之前它是一个什么样的状况？调整时又有哪些具体的统筹？

徐冠华：这个统筹可能在具体的计划内容方面，比如"863 计划""973 计划"，都在继续实施，而且取得了很大的进展。虽然方向有一定的调整，但是这两个计划的本质没有变。我一直认为这两个计划对中国的科技发展是起了重要作用的。

我们主要是实施一批重大专项。科技部在 20 世纪 90 年代，已经实施了十二个重大专项计划。包括芯片、信息装备，还有其他的能源等，共实施了十二个重大专项。当时我们在这个基础上，一共提出了二十三个重大专项，这二十三个发展计划是从几百个方面，经过一个一个深入论证以后，做起来的。但是实际上，最后中央，特别是温家宝同志，给出了一些意见。最后就落实到十六个重大专项。这个重大专项我觉得还是很重要的。

从现在来讲，据我所了解到的，在这些领域我们还是取得了一定成绩的。当然也有不足。在市场经济的条件下，怎样把一些面向市场的重大技术，在国家的支持下发展起来，这并非一个容易的问题。我觉得还要继续探讨。怎样调动市场的作用，这是要认真研究的。还有一些是属于战略性的，比如"大飞机"等，那是必须依靠国家支持的。任何一个国家，在这些领域没有政府支持，仅仅依靠市场和企业来做，那是做不起来的。

当时有些人对重大专项表现得很不满，攻击得也很厉害，一直告到中央。但是我们一直坚持重大专项。这体现了社会主义集中力量办大事的优越性，是一个很重要的举措。我们坚信是可以完成的。事实也证明，有相当一部分是成功的。当然，也有不成功甚至可以说是失败的地方。我觉得失败的主要原因是政府没有充分发挥市场机制，也没有充分发挥企业的作用。有些方面政府干预过多，却忽略了企业是主体、科学家是主体。这是不行的。

我觉得我们总是把自己看得很高，实际上在这里面，我觉得你们也能体会到，一个领导真的有这么高明吗？想干一件事就能把一件事做起来？过几年就能取得一个成果？这是不现实的，还是需要依靠科学家、依靠企业、依靠社会力量。

访谈人：十六个重大专项里面，您认为哪几个是您认为比较满意的？高铁和核电是不是就是那个时期的重大专项？

徐冠华：我现在不敢说"满意"这种话。因为重大专项定下来以后，有些确实操作了，比如说"大飞机"，很早就经过论证了，我还了解一些情况。有些我就不是很了解了。我只是从别人那里得到情况的。但是我不好说哪些就是成功的。

高铁不是重大专项，核电是。"核高基"也可以。但是我们从应用装备上来看，我个人觉得不成功。这个问题关键在于什么呢？关键就在于我们始终没有脱离以引进装备为中心，来发展我们的微电子产业。实际上，在"中兴事件"出现以前，我们一直有一个惯性思路——就是我投入一大笔钱去生产一个高档次的芯片，然后我再投一笔钱，再做。我们始终都在人家后面跟着。我觉得这个指导思想是一个很大的问题。因为我们的系统软件没有做起来，为什么呢？

因为我们没有用系统和市场的机制，而是用一些科学人员、一些研究所，国家的研究所去搞，最后，现在看来，我们没有成功。

访谈人：在这个阶段，您当时有哪些方面的举措？我记得其中一个是加大中小型科技企业技术创新基金的支持力度。您记得这些方面的事情吗？

徐冠华：我觉得科技部有一个很成功的地方，就是火炬计划。我觉得对中国企业的发展和转型，发挥了历史性的作用。大量的高新区，实际上是中国科技产业的萌芽。高新区为什么能够发挥这样的作用？因为中国总体上来讲，资源不足，环境不够，但是高新区的作用是把有限的资源、有限的包括人力、财力、物力，集中在一个相对比较小的区域，政府集中的创造环境，然后他就成长起来。我觉得这个应当讲是极其宝贵的经验。不过这在当时，还是有很大的阻力。

我记得那个时候一提到民营企业，就有人说是"破坏资源，腐蚀干部，污染环境"的这样一个群体。这在当时是相当有代表性的。当时高新区起到了一个非常重要的示范作用。高新区20多年来出现了很多优秀企业。说明这些企业在市场竞争当中，经过了大浪淘沙，一批企业已经取得了健康发展并且迅速跻身于国家经济主要行列。这才是真正有生命力的企业。现在看一看，中国的这些企业，这些大企业，民营的这些高科技企业，基本上都是在市场竞争当中，通过这种形式成长起来的。所以这应当是一个很成功的经验。

火炬计划为我国高新技术产业化发展创造了宝贵经验，集中体现在以下四个方面。

一是注重高新技术产业化环境建设，以体制改革和机制完善促进发展。火炬计划实施初期，正是我国经济体制、科技体制和经济结构发生重大变化的时期。在市场条件、法规环境、基础设施、创新意识和社会文化氛围方面，都还不能完全适应高新技术产业化的要求。所以，充分发挥政府的宏观调控和引导作用，致力于营造一个局部优化、有利于产业化要素聚集的良好环境，不仅是从中国现实国情出发的必然选择，而且也是政府职能转变的客观要求。火炬计划的实践证明，决定高新技术产业发展的关键因素不仅是物质资本的数量和质量，更重要的是与人力资本潜力发挥相关的社会和经济组织结构，是与高新技术产业化密切相关的制度和环境。只要政府力量和资源运用得当，即使相对落后的国家和地区，也可以实现高新技术产业的快速发展。科技部党组经过深入研究，把火炬计划主要定位在"科技产业化环境建设"上，这是对火炬计划在引导、示范和推动高新技术产业发展成功实践的肯定，也是对火炬计划在新阶段历史使命的进一步深化。

二是鼓励科技人员创新创业，大力扶持科技型中小企业。纵观世界各国成功的高技术企业，大都经过了在激烈的市场竞争中，从小到大、大浪淘沙、滚动发展的历程。正是基于对这一规律的认识，火炬计划始终大力扶持各类科技型中小企业，特别是民营科技企业的发展。从建立孵化器到发展风险投资，从企业家意识培养到企业管理系统的完善，从创建科技型中小企业创新基金等入手，到推动"孵化器＋风险投资"这一创新模式，着力推进科技型企业的能力建设和持续发展，培育了一大批技术含量高、经济效益好的中小型高新技术企业。目前在国家高新区内，有80％的企业是民营科技企业，是我国高新技术产业化最富有活力的生力军。

三是充分发挥各部门、各地方的积极性，集成科技创新资源，构建支持产业化发展的创新平台。与传统产业相比，高新技术产业具有投资风险大、技术附加值高、技术更新快、产品生命周期短等特点，这决定了研究、开发与产业化必须密切相连，否则将丧失发展的机遇。火炬计划特别注重集成各方面的科技创新资源，引导企业提高技术创新能力，培育拥有自主知识产权的高新技术企业。
"973"计划、"863"计划和国家攻关计划的实施，为火炬计划提供
了丰富的技术创新源，形成了衔接国家各大科技计划的较为完整的
创新和产业化链条。国家科研机构、高校和地方的大批研究成果，
也都集聚到火炬计划中，不断转化为现实的生产力。根据2002年的
统计，国家高新区内企业产品的主要技术来源于国内和具有自主知
识产权的占83.2%；由大专院校、科研院所直接兴办的高新技术企
业已达1026家；有4905项国家自然科学基金、"863"计划、国家
和地方攻关计划、国家和地方火炬计划、国家成果推广计划项目在
国家高新区实现了产业化。

四是重视人才，为高新技术产业发展注入了活力。火炬计划坚
持把培养人才、吸引人才作为发展高新技术产业的关键之一，作为
实现高新技术成果商品化、产业化、国际化的根本保证。注重扶持
懂技术、善管理、会经营、勇于创新、敢于在市场竞争中奋力拼搏
的科技管理人才和科技实业人才，切实保障科技人员的合法权益和
地位，引导企业强化激励机制，充分调动科技开发人员和管理人员
的积极性，吸引、培养和造就了一批科技实业家和经营管理人才。
这是火炬计划在新阶段仍然必须坚持的基本经验。

另外，包括政策上的探讨。我们刚才讲，创新基金、科技园、
生产力促进中心等各种科技服务机构，起了非常大的作用的。

而相对于过去，我们对这些科技服务中介机构的扶植是非常薄
弱的。在计划经济体制下，研究院都是国家的，研究的成果直接给
了国有企业，中介机构并没有什么地位和作用。因为都是政府统筹
安排的，你这个科研成果做出来了就按计划把这个成果送到企业去
产业化。事实上看，我们过去的做法实际上不成功。而现在我们强
调的是这些企业要把科技和经济结合起来。要充分依靠科技中介机
构。我现在还是这个看法，科技和经济的结合主要是靠环境。环境

当中包括一个中介机构的作用。包括这些评估机构，知识产权的机构，生产力促进机构，猎头机构等，这些是真正能够把科技和经济结合起来，否则的话，你让一个科研所研究一个成果以后，他怎么面向市场、面向社会？政府，包括科技部，包括各个部门，说让哪个企业去产业化，这是不行的。这个纽带不在于这个，而在于市场。市场在于大量的中介，实际上高新技术园区在这个方面也是一个综合的中介机构，在中国发挥了历史性的作用。

访谈人：高新区发展到今天，不仅是企业技术创新的高地，而且成为区域经济发展的加速器，同时也是地方政府加速区域创新的一个重要推手。我刚才注意到您对高新区有一个评价，一个定性。而这个定性我感觉很特别，就是您把高新区称为"中介机构"。您为什么会这么看呢？

徐冠华：我为什么这样看？就是因为科技和经济的结合，主要不是靠政府实现的，是要靠市场环境来实现的。这个问题如果不解决，可能很难解决，而且直到现在这个问题也没有解决。我们的地方政府，比如，现在我们倡导发展电动汽车，结果冒出一大批，好像有五六百家电动汽车厂吧？这个背后都是政府在做推手。地方政府希望这样做。但是在市场环境下，这个事情是绝不可能的，因为要考虑将来发展技术的可能性，市场的可能性，等等各个方面。所以这个问题在于什么，就是没有充分发育的市场。目前，我们还要强调企业是技术创新的主体，要加深对这方面的认识，而且要采取切实的作用来沿着这个方向做好。因为企业最了解市场的需求，它也会按照利益最大化的原则来组织自己的新产品研发。因为绝对不是说一个新产品拿到一项新技术，所有的就都是新的，它必须要把原有的最核心的技术，按照市场规则和国外引进的新技术有效地组合起来，这个主要还是靠企业来做。所以我们应当强调企业是技术创新的主体，大量的前沿技术、基础研究还是要靠研究所，靠大学来完成。另外，也是我一再强调的问题，就是政府一定要大力加强中介机构建设。因为科技和经济结合，并不是政府具体操作的。千千万万的创新者和企业不可能只靠政府联系起来，这一定要靠市场，让市场去择优，因为创新是多样化的，市场是最好的鉴定者。因此，我们要大力加强各类中介服务机构的建设。

我们来说说创新服务业。创新服务业是通过市场机制为企业自主创新提供专业服务的产业，是现代服务业核心内容之一。现阶段创新服务业包括：设计服务行业、研发服务行业、创业服务行业、知识产权服务业、基础技术服务业、技术改造服务业、人才猎头服务业等。发展创新服务业，为政府由通过项目对经济活动实施微观干预，调整到市场化和社会化的宏观管理，提供了一种现实的选择和出路。

创新服务业是战略性产业，对我国提高自主创新能力，对转变经济发展方式、调整优化产业结构，对服务业的转型升级，都具有重要意义。创新服务业发展关乎国家创新体系建设和中国经济转型大局。中央政府应制定创新服务业发展的统一规划，明确创新服务业的战略定位和战略方向，包括创新服务机构的法律地位、经济地位、管理体制、运行机制等，就科技服务业发展的愿景、思路和目标，科技服务业发展的重点和任务，支持科技服务业发展的综合政策措施等战略性问题，进行规划设计，指导我国创新服务业的发展。

加强创新服务业的开放、国际合作和交流。像改革开放初期那样大量派人出国学习理工一样，大规模派留学生出国学习服务业，特别是创新服务业；大量引进海外高层次创新服务人才回国服务，聘请国外高层次创新服务人才来华讲学或在我国创新服务机构中任职；国家创新人才计划应把创新服务人才纳入资助范围；建立创新服务人员专业培训制度，组织业务骨干出国培训或到国外创新服务企业中任职；加强学科建设，设立和创新服务相关的专业，培养各级各类创新服务人才。

创新服务业提供的公平、有效的创新环境，将会使不同产业内不同主体从中普遍受益。这个有着极为广阔发展潜力的新产业，必将会对我国的创新事业带来新的动力和支持。因此，我们应当从战略高度来认识、理解并支持创新服务业建设，力争早日迎来我国创新服务业蓬勃发展的春天。

访谈人：我想请您回顾一下，当时制定中长期科技发展纲要的动因是什么？您是怎么考虑的？有智囊团的因素吗？请您介绍一下当时的具体落实工作。

徐冠华：这还真不只是科技部。各个部门都参与了。当然真正起作用的，是科技部的一批人。首先是调研室。调研室做了大量的工作；中国科技发展战略研究院也做了很多工作。另外，一些业务司都参与了大量的工作。在这里我要说一句，我们的司、局长同志们的贡献非常大！整个参与中长期科技发展纲要的同志加在一起有2000人，但是整个组织过程中，真正核心的就只有几十个人。这几十位同志殚精竭虑，尽职尽责，尽心尽力。我今天要表达一句话：这些同志对制定中长期科技发展规划功不可没。

访谈人：这些核心人员是科技部的人员吗？还是其他部委也有？或者研究机构也有？我想这一段时间您一定留下了最深刻的、不可磨灭的记忆。我记得有一次您谈到这个问题的时候，非常激动。能说说您当时为什么激动吗？

徐冠华：人员各个部门的都有，但主要是科技部。我们那个时候，是真有一种精神。我确实在这里面体会到我们这些政府的干部、科技人员为国家繁荣富强奋斗的精神。当时的情况非常艰苦！

我讲一个例子。我们启动"ITER 计划"——可控核聚变计划。这是一个很重大的国际合作计划。这个计划的目标是在 21 世纪 50 年代要实现热核反应堆的产业化。就是说要在 21 世纪的中叶，要从根本上解决能源问题。这个热核计划的主要燃料是重水、重氢。实际上重水、重氢在海水里面比比皆是。所以可控核聚变计划如果成功实施，那么人类的能源就取之不竭，可以从根本上解决能源问题。

我们国家从 2003 年就加入了国际可控核聚变计划——"ITER 计划"。这个计划原来我们是进不去的。因为美国坚决阻挠我们。但是后来美国认为这个"ITER 计划"没有前景，美国就退出了。美国放弃了，就给我们创造了一个条件。我们争取加入"ITER 计划"的要求得到了欧盟的支持，俄罗斯也是支持我们加入"ITER 计划"的。经过漫长的谈判，我们最后成了"ITER 计划"的一员。

但是这个事情并不是一帆风顺的。我们提出来加入"ITER 计划"以后，我们国内意见不一，争论非常激烈。我们起草了一个报告给国务院，报告中国准备作为 7 个成员国之一参加"ITER 计划"。所谓成员国，就是拥有全部知识产权的国家。国内有一些科学家就提出不同意见，表示反对。其中有七八名院士联名给国务院总理温家宝写了一封信。温家宝总理批示，科技部要认真听取专家的意见。因为提意见的都是一些物理学家和核科学家，所以我们就感觉到压力很大。

访谈人：我可不可以这么理解，这些反对的意见是站在所处专业的角度来看待和思考"ITER 计划"？

徐冠华：有的人可能是没有从根本上去了解可控核聚变和相关计划；有的人是对可控核聚变有顾虑。可控核聚变有两种方式：一种是磁约束；一种是激光约束。它的温度大概是 1000 多万度，很高，没有办法给它装起来，只用磁或者激光。"ITER 计划"主要是基于磁约束来实现连续的核聚变，也就是"托卡马克装置"。我们国内的一些科学家是从事激光约束的，所以这里面也涉及专业的不同。经过慎重的研究讨论，我们给中央回了一封信。讲清了为什么要加入"ITER 计划"。阐述清楚这一计划对解决人类能源需求的重要性，是解决未来能源的关键性计划。另外我们在参与实施这个"ITER 计划"过程中，可以把中国的一些高技术、高技术产品的应用也发展起来，意义非常重大！

因为"ITER 计划"是一个很大的实验堆，我们通过参与"ITER 计划"工程，比如加工材料就可以把我们的材料科学和加工技术发展起来，参与工程，中国的很多高技术产品和产业发展就能很快地发展。我们给中央的回信中说，我们认为参加"ITER 计划"是对的，是对未来科技发展具有战略性的一个行为。但是又有一批专家站出来表示反对，这次人数更多，差不多快 20 位了吧，而且基本上都是院士。这些专家又写信到党中央和国务院，表示反对中国参加"ITER 计划"。我们再度审慎研究以后觉得，从国家利益出发，中国必须参加"ITER 计划"。这个机会决不能失去！

说实话，在参加"ITER 计划"这个事情上我们是冒了很大风险的。因为反对者都是院士专家，他们有很重的话语权。但是我们组织多方面的专家，大家一起研究和分析，大家都一致认为，中国作为一个大国，应该是一个有作为的大国。一些过去反对的专家也开始支持中国参与"ITER 计划"了。所以我们又第二次回信给中央，反复说我们经过了深入的调查研究，现在大家都认为这个项目应当做。然后呢，就出现了第三封反对信。而这次专家们是直接写给胡锦涛和温家宝两位同志的。我记得有 30 位院士联名表示反对。试想一想，我们感受到的压力有多大！

实际上这个背后，我觉得是代表一些部门的不同意见。也不仅仅是这些科学家的不同意见。我当时确实思想斗争很激烈，因为我们是站在国家利益的角度来考虑这件事的，但没想到承受的压力会如此巨大！当时我甚至做好了一旦争取失败就辞职的准备。如果中央最后不支持，那我这个部长就不干了！

我记得那时候我家里挤满了人。我们科技部的一些司局长和一些专家都在我家里拥着。我们给中央写报告写到夜里十二点、一点。我老伴呢，就给大家做西红柿鸡蛋面。第三次，再次，我们跟中央说，我们坚持要干，我们觉得这个是应当做的！这个事情的争论非常激烈，几十个院士强烈反对，压力之大可以想象。两方争执不下，中央就征求各个部门的意见——国家工业部门、科学院、工程院、自然基金委、国防科工委，各个方面吧。中央综合了各方面的意见，最后中央做出了决策：中国参加国际可控核聚变计划"ITER 计划"！

我觉得这对我们来说是一个很大的激励，也是一个鼓励和鞭策。事实上，这也是中国第一个参加的最大国际科技合作计划。投入多少钱呢？每年 10 亿人民币。作为成员国，中国出钱是义务也是责任。我记得每年 10 亿人民币，在这个计划中占 8%。这个投资在当时是很大的。是国际科技合作中最大的一笔。在 2003 年、2004 年这个时期，这笔费用就是一笔大钱。但是我们觉得值。非常值！不仅仅是国际科技事务的影响吧。我们是大国，大国就要有大国的作为。重要的是，中国与其他成员国一起共同拥有这项计划的全部知识产权！我们感到高兴的是，现在"ITER 计划"的进展很好。我记得我们曾有一个"ITER 计划"十周年的纪念活动，更坚定了我们对"ITER 计划"的信心。

现在回顾中国为什么参加国际热核聚变实验堆计划？我想有几个问题是值得说清楚的。

第一，我们要知道什么是国际热核聚变实验堆计划（ITER）。

国际热核聚变实验堆（ITER）计划是 1985 年由美苏首脑倡议提出的，1988 年开始设计，2001 年完成 ITER《工程设计最终报告》

后，有关国家开始筹备 ITER 计划谈判。现 ITER 计划七方为中国、欧盟、印度、日本、韩国、俄罗斯和美国。中国和美国于 2003 年 5 月加入 ITER 计划谈判、韩国于 2003 年 6 月加入，而印度于 2005 年 12 月最后一次政府间谈判会议上加入。印度积极加入再一次证明 ITER 计划作为当今世界最大的多边国际科技合作项目之一，对解决未来能源问题有重要意义和它在国际合作中的重要地位。

2006 年 11 月 21 日，经国务院授权，我代表中国政府在法国巴黎总统府爱丽舍宫与包括欧洲原子能共同体在内的其他六方共同签署了 ITER 计划《联合实施协定》，法国总统希拉克和欧盟委员会主席巴罗佐出席了签字仪式。根据已签署的协定规定，ITER 计划将历时 35 年，其中建造阶段 10 年，预计耗资 46 亿美元；ITER 运行与开发利用阶段 20 年，预计费用约 40 亿美元；最后是去活化和退役阶段，费用分别为 2.81 亿欧元和 5.3 亿欧元。

ITER 计划的目标是验证和平利用核聚变能的科学和技术可行性，这是实现磁约束核聚变能商业应用不可逾越的步骤。ITER 集成了当今国际受控磁约束核聚变研究的主要科学和技术成果，国际上对 ITER 计划的主流看法是：建造和运行 ITER 的科学和工程技术基础已经具备，成功的把握较大，再经过示范堆、原型堆核电站阶段，聚变能商业应用可望在 21 世纪中叶实现。

从总体能源看，核能包括裂变能和聚变能。裂变能核电技术已走向成熟，它没有导致温室效应和酸雨等危害环境的释放物，但资源有限，而且产生难以处理的高放射性核废料。核聚变是把氢的同位素（氘[D]和氚[T]）混合加热到数亿度高温，使其原子核能够聚合，产生巨大能量。核聚变的原材料是地球上的锂（可生产氚）和海水中氘，氘的含量可谓"取之不尽"。核聚变反应不污染环境，不产生高放射性核废料，是人类理想的洁净能源，安全性更有保障。因此，受控热核聚变的实现将为人类提供几乎取之不尽的理想洁净能源。ITER 计划是人类探索利用磁约束方式实现核聚变能源，解决人类面临的能源问题、环境问题和社会可持续发展问题的实验反应堆。

第二，那就是我国为什么参加 ITER 计划？

一是开发聚变能是中国实现可持续发展的战略需要。经过 50 多年的持续努力，核聚变能已成为当今世界最有可能从根本上解决人类能源问题的途径之一，被认为是人类的理想能源。能源问题将一直是我国经济持续高速发展的瓶颈，从这种意义上讲，参加 ITER 计划，大规模开发聚变能，对我国长期可持续发展具有更为重要的意义。目前我国已是第二大能源消费国。我国能源危急状况会比其他国家提前来临。我国二氧化硫和二氧化碳排放量目前已分别居世界第一位和第二位。能源资源不足和生态环境破坏的双重压力，使我国能源形势异常严峻，能源安全问题日益成为心腹之患。实现受控核聚变反应需要长期的科学和技术的积累、大量的人力财力投入和多种高技术及基础工业的支持。所以，广泛的国际合作已成为当今世界开发聚变能的成功模式。参加 ITER 计划为我国聚变能开发能够与世界同步提供了可能。我国的磁约束聚变研究已有较好的基础，通过参加 ITER 的建造和运行，全面掌握相关的知识和技术，有可能用十几年的时间，使我国磁约束聚变研究赶上世界先进水平，大大加快我国聚变能开发的进程。目前，我国刚投入运行的、中科院等离子体物理所自主建造的全超导托卡马克装置 EAST 和已经运行四年多的成都西南物理研究院的环流器二号 A（HL-2A）装置是我们进行相关国内研究的基础和优势。

二是表达中国参与解决全球变化问题和应对能源挑战的坚定决心。中国参加 ITER 计划将显示我国应对全球气候变化和能源挑战，为人类可持续发展做出的重大努力，将加强我国核大国及和平利用核能的形象和地位。中国在最低承诺基础上，参加谈判并发挥了积极作用，在政治和外交方面赢得了主动。参加 ITER 计划有利于我国在国际事务中发挥积极作用，体现中国是一个负责任、有能力为人类社会发展做出贡献的国家。

三是历史证明，大科学工程将衍生一系列重大科技成果。现代科技发展史证明，在大科学工程实施和发展中，常常会有许多意想不到的产物，甚至会有重大原创性成果或思想的迸发，这也是科学技术发展的内在规律。比如，曼哈顿计划孕育了第三次能源革命，星球大战计划造就了当今的网络革命。大量优秀科学家集体智慧的凝结，大量前沿高新技术的综合集成，预示着新的科学技术及产业革命的前奏。因此，参加 ITER 这样的重大国际科学工程，参与的过程和其结果同样重要。

四是积极参与国际科技合作的标志性事件。参加 ITER 计划是我国有能力、有信心、有选择参加重大国际科技合作的标志性事件。中国不能长期被排挤在一些事关国家战略利益的国际高科技俱乐部之外，更不能由于自身原因，错失良机。

利用 ITER 计划谈判这一舞台，中国在国际政治和外交关系中充分发挥了积极推动作用。ITER 谈判中，各方就确定建造场址展开了长达一年半的角逐。各方基于自身的国家利益，台前幕后展开了一系列外交斡旋活动。在若干重要外交场合，参与 ITER 谈判各方领导人与我国领导人会面时都谈到 ITER 场址问题，寻求中国的支持。欧盟委员会主席、法国总统和总理、日本两位前首相（中曾根康弘、小泉纯一郎）、日本外务大臣、文部科学大臣等与我国相关领导会谈时均通过书信、特使和会谈等方式表达了希望我国支持场址的意向。在整个谈判过程中，中方坚定贯彻了我国政治外交战略方针，选择法国场址，进一步密切了中欧、中法全面战略伙伴关系。2005 年印度加入谈判前积极寻求中方支持，胡锦涛主席高瞻远瞩，表示支持印度加入谈判，进一步推动中印外交关系的发展。

第三，我国为什么这么晚才参加 ITER 计划呢？

不是我们不想早参加，在 21 世纪 90 年代我们曾先后两次申请加入，但都因为某些国家的反对而未能如愿，直到 2003 年前夕，我们分别与当时的 ITER 四方欧盟、日本、俄罗斯和加拿大会谈后，才最终得以加入。随后美国也重返了 ITER 计划。

我们参加 ITER 计划的道路也是曲折的，国内也曾经有一部分人对我们参加这样的国际大科技合作计划持保留态度，我们在参加过程中虚心听取了各方面意见，把各方面意见落实在 ITER 计划的谈判中和将来 ITER 计划的执行中。

参与 ITER 计划四年的谈判，我们的收获是很大的。首先，参加 ITER 计划是实现我国科技强国战略目标的需要，是我国未来能源可持续发展的战略举措，机遇难得。国务院的及时决策有效地保障了我国有机会平等参加 ITER 计划各项规则和政策的制定。我国参加 ITER 计划具有重要的战略意义。

第四，我国参加 ITER 计划有什么权益和义务。

ITER 计划是规模仅次于国际空间站的一项重大的多边大科学国际合作计划，也是迄今我国有机会参加的最大的国际科技合作计划。2003 年 1 月国务院授权科技部牵头参与 ITER 计划谈判后，科技部、外交部、科工委、中科院、中核集团公司等有关单位组成中国谈判代表团参加了所有谈判会议并在我国成功主办了两次政府间谈判会议，扩大了我国在国际科技界和聚变界的影响。根据国务院要求，按照权利和义务相对等的原则，经过谈判在刚刚签署的相关协定中规定了我方的基本权利和义务：

首先，我们了解一下中国参加 ITER 计划的主要权利。在未来 ITER 国际聚变能组织管理结构中，我国与其他各方一样可选派四名理事、一名副总干事，可按出资比例选派 ITER 管理人员和科研、工程及实验人员，从而确立了我国在未来 ITER 组织中的发言权或话语权；

在知识产权方面，中国有权使用 ITER 计划工程设计阶段的文献和技术，对 ITER 计划以后产生的知识产权，我方平等享有获得许可使用的权利；

在承担制造任务方面，中国得到了有利于我方集中人力、物力、财力掌握 ITER 计划核心技术的采购包共计 12 个（ITER 采购包总计 96 个），包括超导线材和线圈、直接面对上亿度高温等离子体的第一壁模件及包层模块、大功率脉冲电源系统部件、远程控制遥控车、等离子体诊断部件等的制造任务。

这些任务的完成将有利于促进科技界与工业界在核技术、国防重工业稀有金属材料技术、超导技术、高温材料技术、复杂系统控制技术、机器人及遥感技术、大功率微波技术、大功率脉冲电源技术、真空技术、高能离子束技术等众多领域的研究开发能力的提高；在承诺义务方面，我国谈判代表团一直坚持以平等伙伴的最低门槛出资参加 ITER 计划。2005 年 12 月印度加入后，经过谈判，我国在 ITER 建造阶段出资比例由 10％下降到 9.1％，另 0.9％作为我国向 ITER 组织承诺的必要时可以使用的不可预见资金，预留在国内；我国建造阶段出资额的 80％为实物贡献，即按 ITER 组织的设计预算计价、国内加工制造的零部件以及向 ITER 组织派遣借调人员。这部分用于国内的投入可以促进我国制造业和其他高技术产业的发展，使一批科研院所和企业走向国际市场，提高国际竞争力和自主创新水平。

其次，我们了解一下 ITER 计划在国内配套工作的开展。以参加 ITER 计划为契机，全面消化、吸收和掌握计划执行过程中产生的技术、知识和经验；建立健全热核聚变堆方面的安全法规和技术标准；学习国外大科学工程计划项目的先进管理模式；培养一批高水平管理和技术人才，为今后我国加入或牵头组织多边国际科技合作计划积累经验。同时，我国只承担 ITER 采购任务的 10％，还应注重国内的研发，需要适当在国内投入以消化、吸收拿来的 ITER 计划产生的 100％知识产权，也就是说必须要有相应的国内配套，为我国下一步自主开发聚变能源奠定基础。这也是我们参加这样的国际大科技合作项目的根本所在。国际上对聚变能源的普遍时间表是 2037 年左右建成聚变示范堆，2050 年左右实现聚变能的商业应用。

再次，ITER 计划对人才的培养。加强国内与 ITER 计划相关的聚变能技术研究和创新，建设和完善国家聚变能研发体系和平台，培养并形成一支稳定的高水平聚变研发队伍和聚变堆设计队伍，使我国在 2020 年形成自主研发设计制造聚变示范堆的能力，跨入世界核聚变能研究开发先进行列。在 ITER 计划 35 年期间，我国将有几百人次参与 ITER 工作、访问和交流。同期在国际组织的人维持在 40 人以上的水平。这些人员的参与不但是我国参加 ITER 计划的权益和义务，也是我国参加 ITER 计划和在国内开展相关方面研究和开发的宝贵财富。

访谈人：我们在"ITER 计划"上将产生怎样的成果呢？

徐冠华："ITER 计划"的成果需要到 2025 年后才能逐渐出现。因为按照计划进度，2025 年才能把这个堆建成。这是一个非常大的实验堆。目前正在工程当中。值得一提的是，这些年以来，我们获得的加工份额已经远远超过了我国投入的资金额度。这么说吧，我们自己又把这笔钱给赚回来了。

访谈人：我感觉应该还远远不止于此吧！我感觉，"ITER 计划"是中国一个在科学上的站位，是创新制高点的站位。您说是不是？

徐冠华：那当然。原来那些反对中国参加"ITER 计划"的主要理由之一就是，我们参加这个计划光花钱，是"赔钱计划"。事实上，现在，我们已经开始收获。当然首先是科学的收获，其次是高技术产品，比如，我们做了很多超导、超导线的东西等，我们国家都做得非常成功，促进了中国高端产业的发展。另外培养了一大批专家，我们现在有一大批人就在法国参加这个实验堆的建设。而且这个计划促进了中国和欧洲的发展。如果不出意外，至 2025 年，这个实验堆就能投入运行。

　　这是一个历史事件。因为你让我谈我印象最深刻的事件。这段往事，是对我本人、对全体参与的科学家们、对国家科技发展都是很重要的事件。

　　访谈人：这段过往的确是鲜为人知。

　　徐冠华：我过去确实还没有讲过。这确实是很大的事件。讲这些亲身经历的事情还是比较好讲的。

　　访谈人："ITER 计划"的具体时间是从什么时候开始？有具体执行机构吗？

　　徐冠华：启动组织工作是 2004 年。2006 年我到法国代表中国政府签的这个协议。2006 年中国正式参加这个计划。有一个独立的事业法人机构"ITER 中心"在负责具体事务。

　　访谈人：我有几个问题还是想直截了当地问您。参加"ITER 计划"，在科学技术方面，我们都获得了哪些方面的成就？就是"ITER 计划"给我们带来了什么？知识上的东西？创新制高点的问题？我们高技术产业的发展问题？在这些方面您能不能跟我们详细的再讲讲？

　　徐冠华：我还是不多讲了吧。还是这个老问题，可以简单跟你说一下：2006 年我签的字；这个事儿定下来了就开始了，2007 年我就卸任科技部部长了。然后 2017 年，他们（指中国可控核聚变计划执行中心。——编者注）邀请我参加"ITER 中心"成立十周年的纪念活动时，我是比较激动的。所以如果你想采访，可以专门采访相关单位。这个事情是我国科技领域的一个重大事件。而且，我一直觉得宣传得不够。

访谈人：我们科技发展到今天这样的水平，需要有一种文化氛围。事实上，科技已经形成了一种文化，那么在这个方面您怎么看待科技对文化的发展贡献？

徐冠华：我觉得我们中国要发展起来，很重要的是一个包容性的问题。所谓包容性的文化呢，其实是看到我们自己文化的优势，我们有对我们自己文化的自信，同时，我们要包容西方的文化。特别是科学文化。因为科学文化是极其重要的。

科学文化要求的是实事求是，真理面前人人平等、宽容。没有这样一种氛围，那么要想创新我觉得就很困难。实际上一个国家和民族要发展起来，我觉得有两个方面是要竞争的。第一个竞争就是效率的竞争。管理效率的竞争。如果你的管理效率不高，你落在人家后面，你这个国家，你这个民族就没有竞争力，你就会落后。另外一个就是如果没有创造能力，你可能也面临同样的问题。所以这里面，创新的能力，管理的效率，是两个非常重要的因素。文化在这当中起了很重要的作用。而文化的问题，我认为对于中国来讲，最重要的问题，就是包容的问题。我们对于一些新奇的想法应该要给予更多的理解，更多的宽容，否则科技发展不起来。回忆一下历史，科技就是在巨大的争议中发展起来的。在中世纪时期，科学被视为异端邪说，布鲁诺就是因为他的"太阳中心说"被烧死的。当然在争议过程中，有些就被现实淘汰了，而更多的就被现实接受了，所以我们应该给这些东西更大的空间，让它们能够发展起来。当然我们要注意，一方面是支持，采取宽容的态度，另一方面我觉得我们这几十年对科技进步的认识确实深化了。以前我当学生的时候，认为科技进步一切都是好的，都是正面的，但是通过实践，我们认识到科技实际上是一把双刃剑，它有积极的一面也有负面的影响。

比如，我们早上睡醒了以后要上卫生间，要洗脸要刷牙，这些基本都是近代文化的结果，或者说都是从西方学来的。出门要坐车，出远门要坐飞机，也都是西方技术发展我们拿来用的。再进一步，各种工厂也好，各种生活设施也好，我觉得我们从世界各国的先进文化中学到了很多，当然我们也给人家很多，我们的历史、文字、火药等，我们也做了很多贡献，但是这些终究还是都变成了我们生活的一部分。所以我觉得我们必须要包容，包括我们的思想都是马克思主义，都是西方来的。所以一谈"中学为本，西学为用"，这可能就不行了。中学和西学我觉得应当融合起来。

当代科学内在发展的趋势是学科间不断交叉、综合和相互渗透。这种趋势不断产生一些新的学科、新的领域。这些新的学科领域正是创新的前沿阵地，也是竞争最激烈、最能带动经济和社会发展的领域。在这种情形下，建立一个更加开放的科学文化环境对科技的发展极为重要。未来一个时期，解决开放的问题在国家创新体系建设中将占有十分重要的位置。我们要努力减少或消除各种不必要的行政壁垒，摒弃"山头主义"式的管理构架；在科研机构实施聘任制，建立公正、公平和透明的选聘机制，真正面向全国，面向世界选拔尖子人才；制定鼓励政策，以加强和促进科技系统内部的开放，包括研究人员之间的开放，专业领域之间的开放，研究机构之间的开放，以及行业之间、区域之间的开放。要大幅度加强科技对外开放，积极参与国际重大科技计划和科学工程；欢迎国外科学家参与中国的科技计划；鼓励科学家到国际学术组织当中担任职务，鼓励把国际学术机构的办事机构设在中国。

访谈人：您可以再和我们讲讲其他的"背后故事"吗？

徐冠华：可以讲一讲大飞机。关于大飞机，我们一直能听到各个方面的声音，我们都有一个梦想，希望中国的民航机能够升上天空。当时我们开始推动、研究这个事情，又产生了比较大的分歧。有的领导同志持不同意见，他们认为我们归根结底还是需要买美国的飞机。今日回顾来看大型飞机项目，我觉得有两个观点是要明确的：

一、大型飞机的立项和实施是解放思想，立足改革，科学论证，果断决策的结果。

首先就是解放思想。发展大型飞机是中国几代人的愿望。从70年代运十飞机的研制和试飞开始，屡经挫折，走了一条十分曲折的发展道路。中国要不要发展大型飞机？能不能发展大型飞机？怎样发展大型飞机？长期以来，争论持续不断，一直延续到新世纪。党中央、国务院着眼于中国未来发展，不怕分歧，把发展大飞机问题放在重大专项中论证，这是解放思想的体现。专项成立了一个跨行业跨部门的高层次论证委员会。这是一支由科技、产业、用户、政策研究等方面专家组成的论证委员会，又是一个体现国家意志，有代表性、能够全面反映各方面意见，对国家民族有高度责任感，有开创精神和战略眼光的团队。专家团队解放思想，总结了历史经验，听取了各种不同意见，经过充分讨论，统一了思想，最终形成了现有的方案，这个方案经受了时间的检验。

其次是创新体制机制。论证方案提出整合改革原有航空工业体系，组建新公司，采用"主制造商—供应商"模式，以我为主，利用全球资源，军民融合协调发展的改革思路是非常正确的。2008年中国商飞公司成立以来，所取得的成就充分证明了这一点。中航工业集团重组后，采取了一系列大刀阔斧的改革措施，取得了很好成效，有力地保障了军用运输机和大型客机研制顺利推进。组建新公司发展民机，当时也有一些同志担心这样会分散国家本来就很薄弱的研发力量。现在看来，我国航空工业的整体力量不但没有分散，实际上是更强大了，越来越多的企业和人才已经或者将要投身到我国航空事业中来。

再次是果断决策。基于专家的方案论证意见，党中央、国务院果断决策，决定启动实施大型飞机重大专项。国务院领导亲自担任领导小组组长，组织推动并且为新组建的商飞公司选定了懂专业、懂管理、识大局的优秀领导核心，保证了专项的顺利实施。

大型飞机专项几年来发展所取得的成就充分说明，党中央、国务院做出的自主发展我国大型飞机的决策是英明和正确的。

二、大型飞机专项的顺利实施为我国在市场经济条件下集中力量办大事积累了宝贵的经验。

大型飞机是中长期科技发展规划纲要制定过程中最先启动论证的重大专项。科技部当时基本的考虑：一是面向 21 世纪越来越激烈的国际竞争，一定要发挥社会主义制度的优势，集中力量办几件大事；二是中国的市场资源是最重要的战略资源。我国幅员辽阔，人口众多，经济持续高度增长，人民生活水平不断提高，蕴藏着巨大的市场需求。需求拉动是我们选择大型飞机作为加强自主创新，建设创新型国家，提升我国制造业整体能力的切入点的重要因素。

大型飞机项目顺利进展，为我国在市场经济条件下发挥社会主义集中力量办大事方面提供了宝贵的经验：

一是坚定信心，打造新型航空产业。大型飞机专项不是仅仅着眼于研制出一架或几架大型飞机，而是要实现我国航空技术的跨越和建设航空产业体系，逐步占据产业链高端市场，形成有市场竞争力的大型飞机产业。这样做是基于对国家和民族的信心，运十飞机在"文化大革命"期间那么艰苦的条件下都能够上天，更何况当今的综合国力、人力资源、技术和产业基础都有了翻天覆地的变化。

有了信心和决心，怎么能不成功？

二是辐射带动发展战略性新兴产业。大飞机是复杂的高端装备，涉及科学技术门类多，具有多学科交叉融合的特点，体现了高新技术的高度集成，被誉为现代制造业的明珠。航空工业产业链长、辐射面宽，对工业基础的依赖性强，因而产业连带效益巨大。从这个意义上讲，大型飞机也是我国发展战略性新兴产业、发展高端装备制造业的代表性产品。中国大飞机产业一定能够在发展过程中，不断沿途下蛋，发展一批高新技术，带动新兴产业发展和传统产业改造。

三是坚持自主创新，加强国际合作。经过这几年的努力，我们都看到，一旦我国下决心要干大飞机，而且以我为主干，国际合作的环境就会发生巨大的变化。中国商飞公司成立三年来，不仅在总体设计、技术攻关等方面取得重要进展，而且在适航取证、客户服务等方面严格按照国际通行的生产组织和服务模式开展工作，取得了阶段性的成绩，开拓了国际合作的新局面。通过国际合作，一批拥有掌控力的合资公司相继组建。航空工业集团还走出国门，收购了国外先进的复合材料公司。这是我国必须要坚持的发展方向。

四是坚持军民结合，协同发展。大型客机在国际合作和引进方面快速打开局面。这些合作将在未来为军机以及其他种类型飞机的发展提供很好的支持。从长远看，这种支持将会更加全面，更加有力。

其实我们也不是反对买美国的飞机，只是我们必须有一个研发的过程，最终具备自己生产飞机的能力。这个是从一个国家的竞争力来考虑的。因为一个飞机所代表的不仅仅是生产飞机的能力，它能够带动一大批产业的发展，比如发动机的制造、通信的管理、整个系统的管理等。我们把这个现象称为"沿途下蛋"，这些"蛋"更重要。另外是从国家安全的角度去考虑的。制造飞机比航空火箭难，因为火箭只需要起飞一次，降落了就可以了，但是飞机需要不断地在天上飞，一旦掉下来，后果就非常严重。另外是出于价格的考虑，比如，一架飞机设置多少个座位，在飞行过程中需要消耗多少油料，这些都需要计算清楚，这是一个竞争的起点，否则我们的飞机生产出来没有人愿意购买，机票价格很高也没有人愿意乘坐。所以"大飞机"是一个非常重要的产业，它也带动了一大批高技术产业的发展。

但是当时针对这个情况，大家的意见不一致。甚至有些反对意见，你们听了，也觉得很难理解。比如当时我们的飞机研制部门，他们对这件事情就持不同意见。至于原因，我认为主要是因为我们的"飞机"经历过一段非常艰苦的探索过程。我们最初做了"运十"，后来先后和法国"空客"、美国"麦道"合作生产，其间我们还做了其他生产，但是最终都流产了。我国与"麦道"合作只生产了两架飞机，后来"麦道"公司就解体了。经历过这些事情，我们当中的很多人都不是很自信，认为我们没有办法靠自己生产飞机。所以在启动这件事的过程当中，阻力很大，这件事在最初也暂时搁置了，后来我们才逐渐明确，我们要做自己的"大飞机"。

这其中涉及几个问题。第一个，中国要不要搞大型飞机？这是一场很重要的争论。第二个，中国要不要搞大型民用客机，还是只搞军用机就可以了？这个问题争论得也非常激烈。我们的意见是，要搞民用机。为什么民用机的难度远远高于军用机？从它使用的可重复性、安全性、成本、市场竞争力，不搞民用机是不行的。所以经过讨论，大家慢慢统一了意见。但是当时搞军用机的同志还是固执己见，后来我们也考虑做了一定的调和，军用飞机和民用飞机一起做，都能够得到中央政府的财政支持，这件事就解决了。第三个，用什么样的体制搞？有的同志坚持要在原有国防工业的体制内做这件事。这一点我们坚持我们的意见。我们认为必须让面向市场的企业、独立的企业参与到市场竞争中来，尤其应当让有国际市场竞争能力的企业来做，所以我们成立了"919"大飞机公司。这三个问题解决以后，我们的"大飞机"产业才算上了路。这个过程真的非常艰难曲折。

访谈人：当时启动"大飞机"工程用的时间长吗？

徐冠华：前后一共用了几年的时间。"大飞机"用时是最长的。这件事实际上在国家中长期发展规划前就已经开始做了，另外科技部和中央调研室一直有很紧密的合作，大家的意见都比较一致，认为我们一定要把这件事情做起来，我们当中的很多专家在这里面也发挥了很大的作用。包括电动汽车也如此，每一件事情背后，都有一个故事。

访谈人：电动汽车是在什么时候开始启动的？

徐冠华：电动汽车很早就开始了。大概是在 1996 年、1997 年，当时我们国家科委由工业科技司负责启动了"清洁汽车计划"。包括降低油耗、降低排放等，做了大量的工作。同时，"电动汽车"也启动了。"电动汽车"启动，首先我们的汽车工业提出了反对。这个也不奇怪，因为"电动汽车"和传统汽车相比，完全是一个战略性、根本性、颠覆性的改变，这就意味着生产方式、管理方式，甚至学习、技术，都要重新开始。所以当时我们的很多研究项目分给一些企业，这些企业并没有真做，他们从日本买一些专利就算给我们交差了。当时产业界就是这种态度。而且当时还存在着"技术路线之争"——比如，当时我们讨论，是搞纯电动车还是油电混合车呢？燃料电池要不要发展？也存在很大的分歧。我记得有一位很著名的经济学家和我讲，你们这样做是错误的。这件事情要看市场的选择，你们为什么要做燃料电池汽车呢？我和他说，老先生，您不了解，燃料电池汽车能体现人类对能源使用的一个发展过程，从木头，到煤，到石油，到天然气，实际上是一个加氢减碳的过程，所以对于氢的利用是一个必然的方向，最后我们要用储氢来作为能源。这位老先生是很不赞同我的意见的。我们当时也是面临很大的压力的，因为当时美国的相关项目也停了。美国一停，给我们的压力更大！后来日本的丰田造出了燃料电池车。当时我们造出的燃料电池车是一辆中巴，电池要占据很大的空间，当然现在燃料电池也轻量化了。包括电动车的发展，也非常艰难，面对很多不同意见。但是我认为任何一个创新型的技术都是如此，有不同的意见都是必然的。如果大家都一致，那可能没有太多的市场潜力。真正有潜力的技术，最初都是意见不一致的，关键在于主持者是什么态度，如果态度是正确的，最终就会成功，否则会很难。所以我一直认为，担当很重要，如果主持者缺乏担当意识，面对争议时搁置了，就不会有结果了。

访谈人：金融和科技结合也是非常关键的。

徐冠华：是的。记得有一段时间，有一个"胡晖现象"。2002年6月，留美博士胡晖在中关村投资15万美元创办海纳维盛公司，开发出国际领先的远程医疗诊断系统，多方开拓国内市场却无人问津。2004年2月，濒临倒闭的海纳维盛被在纳斯达克上市的美国威泰尔公司以1800万美元收购，两年内增值120倍，创造了国内企业高增长的奇迹，一时间被称为"胡晖现象"。这件本该令人欣喜的事情却引起了中关村和社会各界的反思：明明是世界尖端的高科技产品，在国内没人要，国外企业却以千万美元追着买。中关村养的"鸡"，"金蛋"为何流往国外？海归企业为何融资难？这是令人反思的。

访谈人：企业是自主创新的主体，但是我们企业在创新的过程当中，由于我们的技术是后发企业，在跑道上追赶别人的时候，别人已经在跑道上垒上墙了，你必须绕着走，但是你要翻这座墙的时候，别人说你犯规了。您遇到和了解到的这样的事情和案例多不多？

徐冠华：我认为保护知识产权对于中国未来的发展极为重要，首先要保护我们自己的知识产权，也只有这样才能够促进中国高技术产业的发展，当然，我们同时也要保护国外的知识产权。因为你一旦容许我们的企业对国外的知识产权侵权，我们自己的还能够保护吗？这是一个问题。如果我们在这个问题上认识一致了，大家就会采取一个最强有力的措施来切实保护我们国家的知识产权。最近几年，随着中国高技术产业的发展，这种类似的诉讼越来越多，而且我可以预测，今后还会更多。我想这里面有一个很重要的问题，就是我们对于高技术产业发展的特点要有一个清醒的认识。第一个就是知识产权壁垒，它在研发的核心技术周围注册、抢注大量的专利，如果你想接触到它的核心技术，必然侵权，所以你不得不另辟新路，这就是我们现在一再强调，为什么中国要自主创新，不能采取跟随战略的原因。第二个就是侵权诉讼，这个是一般性的，并不是英特尔一家公司所采取的，而是普遍采取的。为什么这样做？第一，这些小公司在成长阶段禁不起这种法律诉讼的折磨。在市场声誉上把你搞垮，在法律诉讼的经费上把你拖垮，是一些国际跨国企业常常使用的手段。因此一场诉讼只要拖个两三年，这个企业拥有的新产品很短的开发成长周期基本上就被破坏了。就算你再做，即使你打赢了官司，但那个时候的企业已经处于一个非常困难的境地。

访谈人：我们注意到，除了自主创新之外还有一个是科普工作。您怎么看待在国家中长期科技发展规划当中所提到科普和自主创新

关系问题?

徐冠华:我们需要制定一些引导科普发展的政策。政府做什么?政府就是要靠政策来引导,比如我们很多科普作家就反映,我们做了科普以后,连职称都评不上,没人注意,你写这个玩意儿有什么用?专家、教授的大论文一写,那是世界水平,科普就是老百姓水平。但是他们忘了爱因斯坦曾经讲过,他说最崇拜的那个人是谁呢?是写相对论导引的一位科普作家。爱因斯坦说,我对他最为钦佩,因为他不仅仅理解了我的思想,而且把我的思想用一般人能够理解的角度表达出来,我认为我是做不到这一点的。科普本身是一个学问,是一个艺术,是学问和艺术的结合,光是科学家写不出来,光是作家理解不了科学思想,所以我觉得科普作家是非常难得、非常可贵的,但是我们过去真是重视不够,所以现在我们已经把科普作为科学技术奖的一部分,要给他发奖。当然还有很多问题,职称什么的这些问题都要解决。我们一方面有专业队伍,我们还要鼓励科学家也要写科普书籍,也要有相应的激励措施。另一方面,从政府的角度上来看,它的商业价值不太多,特别是在开始的阶段,但是发展起来,科普的作品弄起来,再加上广告,也是蛮吸引人的,但是它有一个过程,在起步阶段,政府要支持,要让它走过这个起步的路以后,它就可以在良性循环的道路上发展,有很多事情我们是有很多的工作要做的。比如以下几个方面的工作:

一个是正确处理科技普及与科技创新的关系。科技普及与科技创新,是科技进步的两个基本体现,是科技工作的一体两翼。正像人的两条腿、车子的两个轮子,不可或缺。"创新"就是在科技前沿不断突破;"普及"就是让公众尽快尽可能地理解"创新"的成果,不断提高科技素质,使科技创新真正进入社会,成为大众的财富,成为全社会的力量。"创新"为"普及"明确方向,丰富内容;没有创新,将无所普及。"普及"是"创新"的基础和目的;没有广泛的普及，民众对科技将失去兴趣，创新将得不到社会的支持，创新成果也没有去处。两者相互促进、相互制约，是辩证统一的关系。因此，科技发展必须做到"创新"与"普及"并举。

过去，我们的科技发展工作比较重视科技创新、产业化，对科技普及这同样重要的另一条腿、另一个轮子重视不够。归结原因，主要是我们认识上不到位，没有真正把握科技发展的内在规律，没有全面确立科技发展始终体现人民利益的宗旨，没有切实把人民群众对科技普及的需求作为科技发展的动力。我们要打破旧的观念，提高认识，统一思想；确实认识到加强科技普及，对于充分发挥科技第一生产力的作用、实施科教兴国和可持续发展战略、全面建设小康社会的重要性；确实认识到通过迈开两条腿、推动两个轮子，才能加快科技、经济、社会协调发展；确实认识到只有加强科技普及，才能使科技发展真正体现人民的根本利益。我们必须在这个问题上，实现认识上的飞跃。

整个科技界都要十分明确地把科技普及作为自己的重要使命和职责。我们要努力破除公众对科学技术的迷信，撕破披在科学技术上的神秘面纱，使科学技术走出象牙塔、走下神坛、走进民众、走向社会。广大科技工作者要努力与公众保持良好的沟通，促进公众理解科学，争取全社会的广泛支持，把科技前沿的不断突破与公众科技素养的提高有机结合起来，把科技发展与让更多的人民群众享受现代科技文明的好处结合起来，只有这样，才能保证科学技术沿着正确的轨道发展。广大科技工作者要认识到，我们有责任确保公共科技资源的投入产出效率，只有将我们的创新成果尽快地向社会扩散、向公众传播，才有真正的效率可言；只有将我们的创新过程始终向公众展示，才能赢得人们的信任。因此，准确把握新时期公众对科技的需求，向公众传播科学知识，在全社会弘扬科学精神，是时代赋予我国科技界的一项神圣而庄严的使命，是每一位科技活动者、每一个科技单位、每一个科技管理部门义不容辞的历史责任。各级政府部门要进一步提高科普工作的地位。政府的科技规划、科技计划、科技政策的制定和实施过程，要体现对科普的要求和责任，每一个环节都要向社会信息公开，真正使我们的科技工作，与广大人民群众的日常生产生活息息相关。

总之，正确处理好科技普及与科技创新的关系，使科技普及与科技创新相伴相随、始终如一，把科技发展与大多数人民的根本利益紧紧结合起来，这是今后科技工作必须遵守的重要原则。

第二个是科普事业要做实。

我认为，首先是科技普及工作要适应全面建设小康社会的需求。科普工作要做到与时俱进，就必须在理论和实践方面体现时代性、把握规律性、富于创造性。在过去一个较长时期里，我国的"科普"是指"科学技术普及与推广"，其基本含义是"普及科学知识，推广科学技术，提高公众的科技文化素质"。由科学家和工程师将深奥的科技知识用通俗易懂的方式向公众进行传播，这是适应当时我国经济社会发展和国民素质的实际情况提出的科普思路，实践证明是有效的。今后仍然要坚持不懈地做下去。

但是，我们要看到，全面建设小康社会，意味着在基本解决了温饱问题之后，开始着眼于提高大多数人的物质和精神生活质量。随着科技的迅猛发展和国民素质的提高，越来越多的人们已经不满足于掌握一般的科技知识，开始关注科技发展对经济和社会的巨大影响，关注科技的社会责任。克隆动物、转基因作物、食品安全、环境污染、药物副作用、高科技犯罪、全球变暖问题等，都与人们生活质量和身心健康密切相关，也都是公众日益关注的焦点。人们需要了解国家关于这些问题的政策，想要知道科学家们在做些什么工作，近期会有什么样的结果等。如果公众不了解最新的科技动态，那么科技就无法更好地服务于社会，无法得到社会的认同，也无法最大限度地减少科技的负面影响。此外，随着人民的物质生活日益富足，闲暇时间越来越多，广大人民群众对提高自己的科学文化水平，建立科学、健康、文明的生活方式的愿望将日益普遍。

当代科技的迅猛发展，不仅在改变人们的生产、生活方式，也越来越多地影响人们的伦理道德和价值观念，科学的社会功能、科学与人文的关系都发生了很大的变化。而且，科学技术在今天已经发展成为一种庞大的社会建制，调动了大量的社会宝贵资源；公众有权知道，这些资源的使用产生的效益如何，特别是公共科技财政为公众带来了什么切身利益。

这些新问题、新趋势都是新时期科普工作需要重视的。这要求我们的科普事业要继往开来，不断创新。要求科普工作促进公众对科学的理解。在继续做好科技界向受众单向传授科技知识的同时，要推动科学家与公众之间的双向互动，强调科学家从事科学研究的社会责任。

近年来，世界各国的科学普及事业经历了一个广义化、全面化和系统化的过程，从"科学普及"阶段（popularization of science）到"公众理解科学"（public understanding of science）阶段再到现在的"科学传播"（science communication）这一新的阶段。科学传播学研究如何有效地传播科学知识、科学方法、科学精神、科学思想；科普工作者应该具备什么样的素质；政府应该如何引导和投入科普事业；政府、科学界、教育界、新闻媒体、企业界之间如何进行统一协调，良性互动，以有效提高国民的科学文化素质等。我国的科普事业要积极地适应这一发展趋势，我们科普工作的理念、理论要跟上发展的潮流；要重新审视计划经济体制下沿袭下来的科普工作的观念、做法和体制机制，其中不符合社会主义市场经济条件下开展科普工作要求的，不适应新时期新任务、新目标的，要敢于打破、革除。要在借鉴国外理论和成功经验基础上，大胆创新，揭开我国科普事业发展的新篇章,走出一条适合我国全面建设小康社会要求的科普事业发展新路子。

其次是要根据不同社会需求,突出重点,有针对性地开展科普工作。

科普工作的对象是全体民众,他们之间既有共同的需求,也有各自不同的需求。就整个社会而言,普及一般性的科技知识,特别是弘扬科学精神,是共同的需求。针对具体对象的多样化需求,则要求科普工作的内容、手段、方法的多样化,不能简而化之地都采用一套模式。

就我们国家现实情况来看,青少年、农民和城市社区居民,是目前以及今后相当长一段时期内科普工作对象的重点群体。就世界范围来看,青少年始终是科普工作关注的重点对象,是世界各国构筑未来竞争优势的希望。发达国家大量的科普活动、设施和作品都是针对青少年的。我们作为发展中国家,要后来居上,更要目光长远,加强对青少年的科普,使他们对科学产生向往和热爱,掌握正确的学习方法,培养创新精神,成长为身心健康、具有高素质的全面发展的新人。因此,针对青少年的科普工作要作为重中之重。

我国有 9 亿多农民,农民素质的提高是我国全民族素质提高的关键所在。加强农村科普工作,提高广大农民科技文化素质,是从根本上解决农业、农村和农民问题的关键措施之一。结合农村经济发展和提高农民收入,引导广大农民逐步形成科学的生产方式和文明的生活方式,是农村科普教育的一个重要落脚点。

全球化和信息传播技术的发展,加快了科技知识的传播速度,带来了知识资源在不同群体之间、不同地区之间以及不同国家之间的分配相差悬殊,产生了"知识鸿沟""数字鸿沟"等问题。这些也要通过针对性的科普和教育来解决。总之,要通过针对性的开展科普工作，提高不同群体适应全面建设小康社会所必需的各种素质和能力。

再就是要通过深化改革，推动科普事业发展。

科普事业是公益性事业。长期以来，我们在计划经济体制下形成了科普事业发展的体制机制；如何建立市场经济体制下科普事业发展的体制机制，仍然是一项重要任务。今后，要加快科普工作体制机制转轨的步伐，通过制度创新，探索一条调动各方面力量办科普事业的新路子。这方面市场经济发达国家有许多好的经验，我们要认真学习借鉴。

当前，要把科普工作的改革与科技改革结合起来，纳入整个科技改革工作中统一部署。要结合社会公益事业的特点，探索建立非营利性科普机构、科普场馆的管理体制和运行机制；要通过体制机制创新，使科普工作的劳动成果得到应有的承认，使科普工作者得到应有待遇，以稳定一支高水平的科普队伍。要通过政策引导，调动企业和民间资本投入公益科普机构建设，参与管理。要引入市场激励机制，鼓励民间社会力量自筹资金，兴办兴建营利性科普机构或设施，发展科普产业。

访谈人：您曾经提出了一个很有意思的"蘑菇理论"，认为蘑菇不是种出来的，而是在适宜的环境中自发产生的，那么您如何评价我国目前的科技环境？

徐冠华：我在科技部工作的时候提出了"蘑菇理论"，也是当作比喻的。我的意思是，如果我们要做创新的工作，政府首先要转变职能，不要把自己工作的重心放在管理项目上，而是要致力于建立一个创新的生态环境。

一个良好的创新环境与自然界中的生态环境有着共同的规律，是孕育创新、培育企业必要的空气、阳光、水分和土壤。只要环境适宜，企业就如同森林中的蘑菇，会成片地自然生长起来。高新技术产业发展面对的是竞争开放的市场，任何一项新技术的价值都只有在市场竞争中才能得到体现，任何一个企业都必须在市场竞争中实现优胜劣汰，市场这只无形的手最终决定了技术的价值和企业的生存。在市场经济条件下，政府的作用主要体现在制度的供给上，为高新技术产业营造适宜的制度环境，包括良好的创新环境、创新服务和创新文化，形成这种"长蘑菇"的生态环境。从世界范围内科技园区发展的经验和教训来看，创新环境是决定科技园区成败的关键。例如，美国的硅谷之所以获得巨大成功，主要是因为拥有鼓励创新创业的环境。研究硅谷的学者总结硅谷创新环境的优势有八个方面，包括：有利的竞争规则、很高的知识密集度、员工的高素质和高流动性、鼓励冒险和宽容失败的氛围、开放的经营环境、与工业界密切结合的研究型大学、高质量的生活和专业化的商业基础设施，包括金融、律师、会计师、猎头公司、市场营销，以及租赁公司、设备制造商、零售商等。这些因素使得硅谷成为一个人文、科技、生态比较适宜的栖息地，就像高科技的热带雨林，而不是普通的培植单一作物的"种植园"，因此能够非常灵活地适应外部环境的变化，保持可持续发展。

长期以来，我国处于从计划经济向市场经济过渡的阶段，硬环境和软环境还不能够完全适应高新技术产业发展的苛刻要求，行政管理体制不能够完全适应像高技术企业这样更高度依赖市场竞争的企业的发展。在计划经济体制下，我们往往是通过科技项目支持企业研发，但是项目能够支持的企业数量是有限的，项目能够发挥作用的时效也是有限的。而长期起作用的是创新环境，也只有良好的政策、良好的文化氛围形成的创新环境才能真正调动千千万万的企业投入创新活动。

所以我们需要的是，第一个方面，我觉得要在管理上下功夫，要放权，不要管得太多。特别是对于科技人员，别把他管死，这样的话，科研人员才可以发挥自己的才智，才能够有积极性。当然其他方面也如此，科技成果转化也需要这样的一个思维。另外，就是要破除政策的障碍，也就是说要打破限制。因为现在有相当一部分政策因为有些部门考虑到自己的利益、地方利益，所以设置了一些障碍，因此上面的政策不能够有效地执行。我觉得这方面，一定要大力地做好工作。我感觉科技创新是目标，体制机制创新是保证。我长期做科技管理工作，最深的体会是，如果没有体制机制创新，就不能调动科技人员的积极性，也不能调动企业的积极性，更不要说调动全社会的积极性，这样科技创新是不能落实的，就变成了一句空话，所以两者之间是紧密联系的。还有一个，当前我们一定要提倡敢于负责、敢于担当，这在某种程度上是更为重要的一点。因为改革是一项非常重大的任务，而且涉及调整各个方面的利益关系，所以在这方面，如果没有敢于负责、敢于担当的精神，就很难面对和解决这些困难问题。目前中国经济社会发展正经历新阶段、呈现出新特征，科技创新和技术市场的发展更需要进一步转变观念、加强引导、突出重点、优化配置创新资源，营造良好科技创新环境。具体来说要进行三大体系建设，第一，要加强和完善政策和法律保障体系建设，将科技创新和技术成果转化市场交易行为规范化，为国家创新体系建设提供有力保障；第二，要建立有效的监管体系，促进科技创新工作向形态更高级、分工更精细、结构更合理的方向发展；第三，要建立健全完善的中介服务体系，切实做好科技与经济的"连通器"，实现经济保持中高速增长和产业迈向中高端水平的"双目标"。

延伸阅读

徐冠华科技成就一览

徐冠华，中国科学院院士。1995 年起任国家科委副主任，2001 年 2 月—2007 年 4 月任国家科学技术部部长。

徐冠华在国家科技事业领导岗位上工作了 12 年，这是中国科技改革和发展取得重要进展的 12 年。

——1999 年，推动应用开发类研究院所向企业化转制和社公益类研究院所的分类改革。

——2001 年，提出国家高新区"二次创业"，推动国家高新区发展方式的"五个转变"。

——2002 年，实施人才、专利和技术标准三大战略，启动信息、生物、现代交通、现代农业等领域的 12 个重大专项。

——2003 年，组织编制《国家中长期科学和技术发展规划纲要（2006—2020 年)》，提出了今后 15 年中国科学技术发展的指导思想和方针、战略目标、重点部署和相关配套保障措施，并于 2006 年由国务院发布。

——2006 年，党中央、国务院召开了进入新世纪的第一次全国科技大会，自主创新和建设创新型国家成为国家战略，中国科技事业奏响了自主创断的主旋律，迎来了建设创新型国家的新时代。

——2006 年，为落实《规划纲要》，国务院发布实施若干配套政策，从财税、金融、产业、政府采购、引进消化吸收、知识产权等 10 个方面提出 60 条政策措施。

2008 年，徐冠华任第十一届全国政协常委、教科文卫体委员会主任，支持和推动成立致力于我国创新战略与政策研究的高层国际论坛——"浦江创断论坛"，担任论坛主席。

峥嵘岁月　科技情怀

——十三届全国政协副主席、科技部部长万钢纪实

个人简介

万钢，男，出生于 1952 年 8 月，上海市人，致公党成员。1969 年 4 月参加工作，德国克劳斯塔尔工业大学机械系毕业，研究生学历，工学博士学位，教授。现任十三届全国政协副主席，致公党中央主席，中国科学技术协会主席。

2018 年 12 月，入选"中国改革开放海归 40 年 40 人"榜单。

1969 年至 1975 年，吉林省延吉县三道公社知青；

1975 年至 1978 年，东北林业大学道桥系学习；

1978 年至 1979 年，东北林业大学基础部物理教研室教师；

1979 年至 1981 年，同济大学结构理论研究所实验力学专业硕士研究生；

1981 年至 1985 年，同济大学数力系光测力学研究室教师；

1985 年至 1991 年，德国克劳斯塔尔工业大学机械系博士研究生；

1991 年至 2001 年，德国奥迪汽车公司技术开发部工程师，生产部、总体规划部技术经理；

2001 年至 2004 年，同济大学新能源汽车工程中心主任，同济大学校长助理、汽车学院院长，副校长（主持工作）；

2004 年至 2006 年，同济大学校长（副部长级）；

2006 年至 2007 年，致公党中央副主席，同济大学校长；

2007 年至 2007 年，科学技术部部长，致公党中央副主席；

2007 年至 2008 年，致公党中央主席，科学技术部部长；

2008 年至 2013 年，十一届全国政协副主席，致公党中央主席，科学技术部部长；

2013 年至 2016 年，十二届全国政协副主席，致公党中央主席，科学技术部部长；

2016 年至 2018 年，十二届全国政协副主席，致公党中央主席，科学技术部部长，中国科学技术协会主席；2018 年至今，十三届全国政协副主席，致公党中央主席。

访谈人：很荣幸能有机会和万主席这样面对面的访谈。

您从 2007 年 4 月任科技部部长，到 2018 年 3 月，正好 11 年。您任职的这 11 年，可以说横跨了"十一五""十二五""十三五"三个五年规划。我想请您谈一谈在您领导科技部这 11 年间，我国科技发展的谋篇布局。

万钢：你这一个题啊，足够讲两个小时的了。题目很大啊！那咱们就一点一点地回顾吧。

先谈一谈中国科技发展，特别是新中国成立以来的科技发展。这是一个连续的过程。1949 年刚刚解放没过多少时间，毛泽东主席就向全国发出了"向科学进军"的号令，周恩来总理亲自制定科技发展的 12 年规划。这是中国有史以来的第一个全面的科技规划，而且这个规划实施过程当中，虽然非常的曲折和艰苦，但是为中国的科技创新打下了坚定的基础，也是为中华民族真正的站起来打下了坚实的基础。"两弹一星"在那么艰苦的条件下能够实施下来，使民族的脊梁硬起来，使中国人民真正的站起来。所以这一段历史我们一定要很好地去总结。

改革开放 40 多年来，实际上是中国科技快速发展的过程。中国科技到今天这样的程度，我们不能忘记邓小平。实际上我们现在讲三中全会是改革开放的起点，但是这个起点前面是有序曲的，这个起点当中的序曲给人们最深刻的印象就是邓小平召开全国科学技术大会。时至今日，我们的科学家都一致认为，1978 年确实是"科学的春天"到来了。邓小平亲自谋划，亲自深入调研，亲自推动拨乱反正，为科技人员平反，为科技人员恢复名誉，调动他们工作的积极性。"文化大革命"后恢复高考也为青年人打开了迈向新时代的大门。在总结改革开放 40 年的时候，大家不约而同地提到了两件大事，一个是科技大会，大家说这是"科学的春天"；一个就是恢复高考，为青年人打开了一个新的天地。恢复高考和科学技术大会，是改革开放的标志性起点，或者也可以说这是改革开放的序幕。正是这个标志性的起点，为中国经济、为中国科技打下了很好的基石。咱们仔细回顾一下，之后的每一届领导人，都坚持把科技发展放在极其重要的位置——邓小平亲自提出来科技要和经济结合，要发展高科技，实现产业化；江泽民提出"科教兴国，人才强国"的战略。这些都是我们国家科学技术前进发展的不竭动力。因此，我们完全有必要认真地去回顾、去总结。在这个时间段，我们尊敬的宋健主任是改革开放的亲历者、推动者，应该也是谋划者之一。我们的前辈做了大量的工作，我们后来者实际上都是凭借了上一辈领导同志们所创造的良好条件，我们是后继者。所以，我们庆祝新中国成立70周年、总结改革开放40周年，自己首先要记住这些。

我也是改革开放的受益者。我是1979年作为恢复高考后第一批研究生，从东北林业大学考到上海同济大学的。研究生毕业以后，正好国家选送一大批学生、学者、青年教师到国外去学习，我也成为这些出国留学的学子之一。这对我而言确实是一个很难得的机遇。同时也是改革开放的一个缩影。回顾这一段，我感触很深。所以，我觉得你们通过访谈老同志，挖掘、总结科技发展过程很有必要。因为这一段历史，是我们新中国成立后阔步走向新世纪的一个最有说服力的事实。我认为，没有前辈人的努力，我们这一辈人是做不出什么事来的。这一点是肯定要认真地去总结，认真地去挖掘，找出它中间的内在关系和内在的联系，来推动中国科技不断创新发展。

我所感受到的新世纪刚刚开始的时候，党中央国务院推动了一件我觉得应该写入历史里程碑的一件大事，那就是应用型科研院所的改革。这个做法就是把隶属于各部门的应用型研究院所明确了走企业化道路的改革方向，要求这些科研院所要走市场化的道路，目的旨在推动科技与经济的紧密结合。记得当时归属中央部门的大概是 258 所，后来又增加了一些院所，前后加在一起大约 300 所；而涉及地方的有 3000 多所。时隔多年，这一段历史许多人现在似乎有点遗忘了，但是我想这一段历史是很难得的。我曾经让当时中国科学技术信息研究所做了一个很详细的分析报告。我看了这个分析报告，深刻感受到当时那段路确实走得并不那么平顺，但是今天来看，走得却相当的成功！回过头来看，应用型科研院所的改革实际上前 5 年发展可以用"步履蹒跚"来形容，改革过程院所也确实是很不容易。但是后 5 年就不一样了，发展就变得快速了。当年的一些院所许多现在都成了骨干型科技企业。比如十大军工企业，还有那些能源领域的企业，都有了他们领域里具有核心竞争能力的科研开发尖兵队伍。我虽然没有机会参与到那场改革里面去，但是当我看到这些成功改制为高新技术企业的科研院所，我心里是非常感慨的。还有就是这个过程中培育出了一批企业骨干。比如华为、中兴。包括志刚同志过去曾经任职的中国电子科技集团也是这样，就是这场改革的产物，是改革的一个重要成果。我曾经和志刚同志就这个改革多次交流过心得感受。我们都感到当年的那场改革艰苦之处，确实为改革成功感到备受鼓舞，也从中得到了很大的启示。所以，当你们提出让我讲一讲的时候，我觉得这段历史的确是值得我们科技部去认真总结的。

　　当然我所亲身经历的，实际上从 2003 年开始启动的中长期科技发展规划的编制。中长期规划的编制实际上又一次调动了科技人员的积极性，是上千名科技界各领域专家呕心沥血的智慧结晶。我当时已经是同济大学的校长。后来进入中长期规划编制专家组参与研究。我是第六组负责交通科技领域的副组长。当时的铁道部部长傅志寰担任组长。在我的记忆中，所有参与研究中国交通科学技术未来发展的专家们非常投入，非常敬业，思想也非常活跃，思考的方向和编制的规划内容非常具有前瞻性。后来我又参加了总体组的讨论。我记得这个过程当中，也就是 2004 年年底，我和孙鸿烈院士有幸为中央政治局集体学习做讲解。当时，中央经过深思熟虑的讨论，已经形成了科技发展规划。2006 年 1 月，中央召开了新时期的国家科技创新大会，正式发布了面向 2020 年的《国家中长期科学和技术发展规划纲要》，明确了国家科技发展"自主创新，重点跨越，支撑发展，引领未来"的 16 字方针。党和国家领导人胡锦涛、温家宝都做了重要讲话。这一段历史也是弥足珍贵。现在回想起来，那个时候，我们很多同志，包括上至中央最高层领导，下至普通科技人员，都能够把这 16 个字记得滚瓜烂熟、耳熟能详。

这之后，中央又提出了"创新驱动发展"的战略。我恰巧也在这一时期走到了科技部的领导岗位。坦率地说，能够担负起参与国家科技发展规划的工作，成为推动者、执行者、谋划者，这是我这一生当中最大的幸事。实话实说，一开始我对能不能当好这个部长有点如履薄冰、心怀忐忑的。能不能胜任部长这个工作，还是要依靠党中央国务院的重视和支持，依靠科技人员的共同努力。因此，我必须竭尽全力做好工作，并且调整好心态，全力以赴开展工作。

回顾这些年，我觉得中国科技能够得到这么快速的发展，能够逐步地符合经济发展的需求、人民生活改善的向往，其中一个至关重要的因素，就是发挥了我们的中国特色社会主义的制度优势。这个制度优势可以集中力量办大事。我觉得科技部实施国家重大科技专项就是一个最好的诠释。实际上实施重大科技专项，在当时的情况下，还是有不同观点和争论的。那时候也是有一种否定的声音的，认为"我们现在是市场经济了，我们还要不要像过去搞'两弹一星'时候那样的举国体制？"质问我们"能不能搞国际化，去跟随学习？"我记得那个时候周光召同志给中央写了一封信。他说他亲历了"两弹一星"，他提出的观点就是在当前我们的制度优势仍然在实行举国体制，我们应该实施重大专项。刘延东同志受党中央国务院委托来直接组织论证和领导实施重大科技专项。当时刘延东同志多次和我探讨、商量。我记得当时光是刘延东同志办公室我就跑了大概四五趟。无论是与刘延东同志商榷还是请教周光召同志，最终明确了我们实施重大科技专项是历史赋予我们的使命，是国家利益的最直接体现。我们现在确实是市场经济，但是，我们是社会主义的市场经济，我们这个国家仍然是具有中国特色的社会主义，我们就是举全国之力，以举国体制来实施重大专项。这就是具有中国特色的社会主义市场经济体制下的新型举国体制。一方面，要发挥我们的制度优势；另一方面，瞄准市场的需求，瞄准国家的发展，瞄准人民生活的改善，来推动我们国家的一些重点领域和一些急需发展的关键技术，满足国家重大建设的需求，经济发展的需求，更多的是社会发展的需求，以此来推动科技的发展。我 2007 年到任科技部后，立刻就抓紧时间，把科技部所承担的所有的民口重大专项一个一个进行了详细的论证。延东同志特别重视这项工作，她要求一个个地听汇报、一个一个地编制实施规划，之后又一个一个地往前推动。我们那时候工作强度很大。我记得后来美国还在一个调研报告里质询我们的创新政策，其中有一条就是披露"万钢在一个月当中听了十几次重大专项"汇报。后来在中美创新对话的时候，我就这个质疑做了解释。我说，我们也请美国朋友们回忆回忆，你们的曼哈顿计划、信息高速公路是怎么实施的？每个国家有每个国家的国家利益，中美之间科技合作要互相加深了解、增进信任。所以我觉得我们最大的特点还是集中了我们的力量。说实在话，中美之间差距还是很大的。所以，我们要发挥好我们的优势，在每一个领域都集中最优秀的人才、最强势的单位，包括大学院所、企业一起来实施。还是那句话：我们集中力量办大事！所以今天你再回忆，从载人航天、探月、北斗、高分、核高基、超级计算芯片、信息装备、移动通讯，一个一个算起，你就会发现，我们是：二代为零，三代跟踪，四代追齐，五代领先了，这都是实施重大专项的成果。在制造业方面，重大装备、数控机床、大飞机这些专项的启动；在涉及人民生活方面，特别是农业方面的基因工程，卫生健康方面的新药创制，还有一个就是传染病防治。你比如：在 SARS 的期间，我们全国各族人民就是"守望相助"，在中央的领导下取得了全面胜利。但是这其中也暴露了我们很多问题，有点手足无措。但是实施重大专项以后，建立了 CT（28：03）预防制度，建立了实验室的研究制度，建立了医药联盟，然后把预防、治疗、药品的开发就形成了一条链，至于在 H1N1、H7N9，后来到埃博拉的时候，我们就外出了，一方面帮助我们的兄弟国家，另一方面也及早地获得了预防的资料。所以中国是唯一一个这么大人口流量却是没有一起埃博拉病毒感染者的国家。美国方面严防死守，还是漏进去了几起埃博拉病毒患者，而我们中国，由于严防死守，一例病患都没有出现过。实际上我们这个制度优势体现在方方面面，可以举很多例子，包括国家能源方面的油气田，海外油气田的开发等。我觉得国家重大科技专项的实施，实际上是我们国家，应该说充分发挥我们中国特色社会主义的举国体制优势，又遵循市场化的发展规律，同时能够动员全社会的力量——首先是科技界的力量，然后是企业界的力量，还有各地方的力量、人民大众的力量，来实施这些战略必争、经济急需、社会需求这样一些重大项目，这为我们国家这方面的发展奠定了很好的基础。

还有一些当时没有被列入重大科技专项的，但是也是按照重大科技专项的实施（的项目），其实最典型的就是高铁。我记得 2007 年的时候，我刚当部长，第一次陪陈至立国务委员去天津，就是坐的刚刚建完的动车组，铁道部当时的负责人也一起同行。至立同志就提出来科技部与铁道部要共同合作，不能满足于今天的引进，要着力于未来的创新。我说这个不能定格，我们必须要更加努力。当时正好国务院也正在规划京沪高速铁路，当时就确定了 380 公里时速的目标。后来，我们科技部和铁道部共同启动了"中国高铁行动计划"。

访谈人：这是独立于重大专项之外的项目吗？

万钢：对。

"中国高铁行动计划"最大的特点就在，我们第一次从科技部的角度，第一次从基础研究的"973"计划和核心技术的"863"计划以及支撑发展的支撑计划当中，我们聚集了所有的力量和可能的资金，科技部投入 10 个亿（人民币），铁道部是每个车 2000 万元，一共一百辆车，总共投了 30 个亿。30 亿，实际上对这么大一个高铁项目来说，真的是微不足道的小数目，但是它对于科技人员来说，是一个巨大的数目。它最重要的就是动员了产、学、研各方的力量，我记得有 25 所大学，15 个研究院所参加；动员了全国 50 多个国家重点实验室和国家工程中心，聚集了 70 多位院士、500 多位高层的正高级科技人员；铁道部的三大主机厂、七大配套厂以及 500 多家配套企业，形成了一个综合的团体，用了三年多的时间，2010 年高铁正式运行。这个机制之后得到了持续，接下来就搞了高铁的谱系化，使高铁形成了中国高铁的标准，然后获得发展，这也是一个很激动人心的例子。其他还有比如说深海号、蛟龙号的发展，它从"863"起步，然后得到支撑计划的支持，在行业领域里面还有其他的包括中国海洋局的共同努力，从深潜一步步下潜到 7600 多米，突破了世界载人深潜的纪录，也为深海装备、为我们国家的船舶制造业提供了核心、关键的技术。更重要的是，我觉得我们国家这些重大的研发体现了一个重要的事实，就是在我们中国特色社会主义的制度下，各方面都能够主动地来聚集一些力量，做一些重大的事情。

所以那个时候，作为科技部部长，我感到十分高兴的就是我们能够充分地在我们国家制度的特色下，形成快速的发展，能够动员所有的力量。在这当中我也无数次地为我们科技人员的奋斗精神所感动，绝不亚于冲锋陷阵，无论是在大飞机，还是在高铁，还是在深海……涌现出一大批科技人员，不光是我们老一代的科技人员，更多的是青年一代的骨干，都起来了。这是一件绝对值得我们认真地去总结、发扬光大的史实性科技案例。

今天我们迈出了一个新的步伐，我们可能还要认真地考虑未来发展的社会需求，所以我觉得下一步启动的重大专项还是要监督。重大专项之后的我们的两级专项，现在在国际上产生影响的新一代人工智能的战略规划、实施，这些都是我们后面的发展所必须认真重视的，包括像以后的脑科学、量子科技等这些方面，都值得我们认真地去重视。所以对于重大专项这一点，还是我们国家科技创新的利器，我们必须坚持我们的战略。

访谈人：我认为，重大专项是中国科技准确及时的占位。

万钢："准确及时的占位"，我觉得这个提法很好。这个提法不光是占位，还有前瞻。我想还有一个重要的历史节点，就是在十七大和十八大过程当中，2012年，国家召开了第二次科技创新大会，制定了深化科技体制改革，加快创新体系建设，成立了跨部门的领导小组来一步一步实施"创新驱动发展"战略。这里面可以着重讲一讲：我们在十八大召开的前期，"创新驱动发展"战略得到了全党和全社会的共识，成为中国十八大以后唯一的一个发展战略。创新驱动发展当中，我记得习近平总书记第一次找科技部领导，我们在汇报工作的时候，特别明确了我们的一个战略判断，也就是说从21世纪初一直到2012年这一段过程在中央的领导下所付出的努力，使我们国家从一个全面的科技的跟踪走向了领跑的过程。今天我要表扬我们那个时候的老计划司。是他们进行技术预测，并需要一个一个地去研究，1200多个技术方向，分了十几个领域，每一个领域进行认真分析，得到的是很厚的一本书。你们现在去查还能查到这本书。我记得当时我们就列出了17个领域。

百分之三十几的项目上面，我们具有领先的潜能。同时我们还有50％左右还处于跟踪阶段。当时这个判断，我觉得很科学，也得到中央领导同志的认同。我记得那一次中央政治局学习历史上第一次走到了红墙之外，在中关村现场学习。后来，习近平同志还在总结当中特别提出：实施创新驱动发展战略，决定着中华民族的前途命运。所以全党全社会都要充分认识到科技创新的巨大作用，再敏锐地把握好世界科技发展的前沿，来推动实施创新驱动。

我要谈的第二点，实际上是科技和经济的结合，企业作为技术创新的主体。这一点也值得我们认真地去做。

访谈人：我记得关于建设以企业为主体的国家创新体系建设，您当时提出来的时候，在社会各界也还是有一定争议的。

万钢：争议是我们科技界最好的一个特点。对任何提出来的东西都要进行质疑、讨论，然后再去理解。这就是科学态度。是中国科技界最宝贵的一点。所以说你为什么提出来总有点争议，我说没有争议就不是科技了，科学家最重要的就是理性思维，当他给你提出不同的看法的时候，他是一定有依据的。

所以你一定要认真地去考虑，我们作为科技管理部门，一定要保持这种谦虚谨慎的态度，一定要认真去研究科学家提出来的观点，一定要认真地去吸收他们的意见，才能得到共识。科技和经济的结合实际上是社会发展的一个大势，现在看起来越来越清晰。其实科技和经济结合在改革开放初期就提出来了。人们就一直在进行这方面的尝试。最典型的是中关村，所以当提出"科教兴国""人才强国"的时候，也特别强调科技和经济的结合。但是我觉得中长期规划和创新驱动发展战略提出的"企业作为技术创新的主体"，企业的地位就显得特别突出了，它主要是按照市场导向，来进行以企业为主体的产学研结合，来推动经济的发展。

企业作为技术创新的主体，这一步也来之不易。我刚才说了21世纪最初的那场改革，实际上把面向技术创新的这些科研院所，真正的推到我们国家的科技大产业集团当中去了，使他们担负起了这些产业集团科技创新的任务。方向是对的，道路就越走越宽广。因为我觉得企业作为技术创新主体是很重要的。但是企业作为技术创新的主体，你实施的政策策略，组织的方式，都是和过去我们常规的部属科研院所的研究不同的。首先一个要明确方向，也就是说经济发展的方向，市场发展方向，都要遵循国家发展的导向。这是大前提。

访谈人：这是大方向。

万钢：对！都要遵循国家发展的导向。这是大前提。我记得那一阶段就提出了战略性新兴产业，我记得那个时候党中央国务院就特别强调，企业要在重大事务上发挥作用。所以企业在这个里边首先一个就是正规化，这是国家战略性新型产业所确定的。所以当时明确了战略性新兴产业的方向。而且在重点方向的一些重大专项，包括科技计划，企业作为创新主体，并不是说企业单打独斗，它必须是产学研的紧密结合，它不能孤立存在，大学和研究所，仍然是这里边的生力军，甚至于它的科技的动员，他们要把基础研究、关键技术研究能不能输送到企业里面去。但是它一个重要的方面就是企业作为主体，它按照市场化来进行。所以它是一个市场导向。

后来十八届三中全会特别强调了市场配置资源的决定性的作用。所以它就能够使科技发挥第一生产力的作用。习近平总书记后来提出了创新，是发展的第一动力，所以这个事情还是十分重要的，企业作为创新的主体。这里边有很多例子，你们可以去采访，但是企业作为创新的主体，我觉得第一个是国家战略的导向，第二个市场发展的需求的导向，第三个产学研紧密结合。那么还有一点，创新政策的服务。说实在的，它不是光靠国家科研投入的这些，而是它要更多地从自身的能力上面提出来，所以我们当时企业要作为投入的主体，作为组织的主体实施的主体和产业结合的主体有什么？所以从这个角度上，让他解决一个重要的问题，就是把研发的终端转化为市场的终端。

访谈人：华为企业是技术创新的杰出代表。

万钢："以企业为主体的国家技术创新体系"涌现出了一批骨干企业。今天的华为在纷繁复杂的国际环境中，面临种种陷阱，其所承受的压力也是巨大的。一方面是其技术创新能力引起竞争对手的忌惮，另一方面表明企业通过技术创新获得了长足的发展，令整个华人世界都为之自豪，当然会赢得举国上下的支持。

当然还有很多的产业、很多的企业发展也非常不错。因为时间问题，我就不在这儿一个一个列举了。不然一个下午都说不完。这说明什么？说明我们企业自主创新意识在迅速增强，主动意识在增强。而且，我们企业的创新能力会对整个产业产生新的动能，具有带动性和示范性。你看看我们的高铁，是不是只是少数的国企、央企在做？它是一个大的全产业链！大企业发挥的是牵头、引领、示范作用，还有一大批配套企业都在跟着一起上。你大企业承担了大订单，我小企业就跟着你跑，跟随你大企业创新。结果你就不难发现，环绕我们高铁的产业，处处都是创新成就，处处都有自己的"绝活"。我觉得这就很好啊！特别好！所以我说，我们还应该更多地培养小企业，培养初创企业，培养创新企业市场。

还有一个数字就是高新技术企业。2017年，李克强总理来视察火炬中心。我向总理汇报说，全国科技型企业总数已经超过30多万家，有108000家被认定为高新技术企业。我跟总理说，我这说的可不是统计数字，是由全国各地的科技部门实打实一家一家认定的。这些认定的高新技术企业都可以享受到企业研发费用加计扣除和高新技术企业的所得税减免政策等。我记得我跟李克强总理讲，我跟您汇报的是2016年的数据。我们所有的创新政策都在为这10.8万家高新技术企业提供最有力的支持，光是高新技术企业的减免税就是2000亿元人民币。我跟总理说，我们虽然减免了2000亿元人民币，但是这些企业投入了1万多亿的研发资金，2016年缴纳的税金超过1.3万亿元，创造22万亿元的营业收入，而且这些高新技术企业保持了10%的增长。总理非常认真，问了很多企业创新能力方面的问题。

你看看，这就是国家投入所撬动的效益。国家支持企业创新，企业经济效益就明显地提升。总理视察后，我们经过研究，又决定把中小企业的研发费用加计扣除额提到175%。这个举措很有效。企业研发投入的积极性越来越高、研发费用投入越来越多。从科技管理的角度上说，我们也要从提升以企业为主体的角度，来分门别类地实施不同的政策。它不光是财政资金的投入，很多是税收的投入，还有一些可以更多地是所相应的推动市场政策的投入，这就是政策激励作用，这种激励就会发挥巨大效应。

所以从这个角度上说起来，我觉得企业作为创新主体也要把握好它的规律。

再一个我认为可圈可点的是区域创新中心。我们国家非常大，差异也很大。各地的差异，东西部的差异，一南一北的差异。因此我们所遇到问题都是不一样的。就说大气污染吧。我这有一张很典型的图，2013年的一张图，就是很典型的从黑河到腾冲的这条45度线，这条线的上面部分全是蓝的，而下面部分就色彩斑斓了！温度、湿度、可吸入颗粒物、化合物等，数值不同，它可不就是色彩斑斓嘛。它实际上就是污染严重的地区。但是它实际上又和经济发展是有密切相关的内在关系的。这也就是说，社会的快速发展付出了环境的代价！

访谈人：是不是在于区域的产业政策？

万钢：不是，我还是跟你说说重大专项，从这儿你可以分析得出结论。我记得重大专项刚刚论证完以后没几天，温家宝总理就带着我们去了中关村。也就是 2008 年的 12 月。国务院常务会议刚论证完重大专项，温总理就带着我们考察中关村。我记得这是他第二次考察中关村。第一次好像是 1988 年。那时他作为中办副主任的时候，曾经带队考察了中关村。当时中关村是有争议的，很多人把中关村电子一条街叫成"骗子一条街"。很多人谈起中关村就摇头，但是又离不开中关村电子街。因为那里有社会需要的东西。家宝同志经过深入的调研，得出了结论。家宝同志这次调研的路上就跟我们同行的各部门领导讲第一次是怎么调研的，还特别回忆了当时的一些细节。家宝同志第二次考察中关村，看到中关村的巨大变化，他是很高兴的。他就跟我们讲，中关村从试验区走到今天，大方向是对的。中关村科技资源很好，高新技术发展基础好，要建设中关村自主创新示范区。

我们说区域创新的发展，实际上是我们多少年来在高新技术发展基础上，特别是国家高新区发展的基础上，形成了一个自主创新能力的集中区。科技走出了大院大所，走到了市场，带动了经济的发展特别是区域经济的增长。在这个基础上，设立国家自主创新示范区，是对小平同志所提出的"发展高科技，实现产业化"的一个延伸、一个持续不断的推动和深入。我认为，自主创新示范区贡献很大，功劳很大。我这里只说中关村，你们应该要去采访，一定要去。我记得是建立了自主创新示范区之后，仅仅几年时间，中关村的产值就已经占了北京的四分之一。有一次北京市的领导同志跟我说，这几年房子限购，汽车限购，会议经济的减少，实际上对北京的压力很大。但是好在自主创新示范区的快速发展，弥补了这一块。他说，你看北京是污染严重的一个地方，房地产不搞了；一些传统产业都是制造业；汽车限购……产业结构这一调整，北京市经济一下子就差不多降了 4 个百分点。还好中关村一下子把这掉下去的 4 个点给抬起来了，给补回来了。

这说明什么？说明自主创新示范区创新驱动发展的能力比较强。后来的武汉东湖、上海张江、深圳包括广东以广州为核心的自主创新示范区，等等，一系列的自主创新示范区，确实都为经济的发展发挥了重要的力量。包括前些时候去河南省开会的时候，他们也跟我谈以郑州为核心的"郑洛新自主创新区"的建设。我觉得这些自主创新区域都值得我们认真去总结。它最重要的就是有效地发掘了我们各地方的自主创新的能力，把它的资源禀赋、产业优势、创新能力、市场特色都发掘出来，所以成为各地创新和经济发展的重要核心。"创新驱动发展"战略深得各地区、各省市的高度重视。我说高新区和自主创新区功不可没。自主创新示范区一般都建在省级层面上，而高新区大都在市级层面，甚至于有一些百强县里边的一些县都设立了自主创新示范区，而且他们发挥的作用相当大。区域创新还有一个很重要的功能就是"双创"，创新创业。科技人员的创新创业是一个自觉行为，他们研发的那些适合产业化的成果，促使他们产生了很强的创业愿望。这些年来我们看到科技人员的创新创业非常有活力。在我们经济下行压力的时候，在我们产业结构调整的中间，这些雨后春笋冒出来的创业者，能够逐步地走上产业发展道路，我觉得这对中国创新驱动发展是一个很好的诠释。

　　我觉得这个也是科技创新当中要特别重视和鼓励的一点。首先一个就是我们的大学毕业生包括本科生、硕士、博士，也包括一些青年教师，他们走出"象牙塔"来创新创业，这是一支重要的力量。还有那些从企业里面走出来的创业人员，还有一些国有大企业鼓励职工创新创业搞的一些创业园，都是创新创业的有生力量。这里面最典型的就是海尔了。海尔就把它的组织形式都变了、把上下级领导关系也变了。变成了什么呢？变成了业主和创业者之间的合作关系。包括我们这些央企培养的一些产业园。

　　说到这，我得跟你讲讲"双创周"。"双创周"今年已经第五届了。我很看好"双创周"。从 2016 年我担任科协主席以后，就更加重视"双创周"。"双创周"我每届都去。每次看到的、听到的都很让人激动。比方说大连的"海创周"，是一大批海外留学生回来创业的。还有一些在海外的企业工作的，带着创投的基金回到了中国来支持创新创业。这是一批有着国际视野和国际市场经验的，在国内创新创业也做了很多的工作。所以我认为，区域创新体系上一定要支持"双创"，"双创"可以推动区域经济发展，也是区域创新的一个有力支撑，可以增强发展区域的活力。典型的就是安徽合肥了。大家知道，合肥实际上是国家科技资源投入很大的一个地方。但是怎么样把这些科技资源和区域经济发展结合起来呢？中国科技大学还有中科院的一些重要研究所都在那儿。我考察合肥的时候，曾经跟安徽的同志们说，实际上你们有很多的宝贝！这些宝贝都可以产业化，都可以拿到市场上去。你看这些年，合肥已经出现了一大批的"中科系"创业者。

　　区域创新还有很重要的一点，就是针对区域社会发展的需求，解决问题。比如说雾霾，它可不光是北京一个地方的问题。刚才我说了 45 度线以下色彩斑斓的那一块。前几年，科技部牵头搞了一个"蓝天工程"，这是一个跨部门的国家重点研发计划的项目。它重点研究雾霾的成因、雾霾的扩散形式、雾霾的防御方式，研究和解决治理雾霾的方法，等等，从基础研究到应用技术，到推广使用，形成一个全链条的一体化的部署方案，这是对人类的重要贡献。我记得我们当时在规划"蓝天工程"的时候，也是从国家支撑计划里边抽出来的一个。当时还大多数都在末端，也就是检测设备，后来实施国家重点研发计划，就延伸到前端了，从最基础的雾霾的成因到二次雾霾的形成、大气污染的区域流通的规律，甚至于这方面对全国的影响，长三角地区、珠三角地区的联合防御等，使人们认识雾霾的成因和区域影响。这就不光是雾霾防控了！这个计划还对推动区域经济结构的调整发挥了很大的作用。同时，我们在雾霾防控的过程当中，也加强了对气候变化的研究。比如我们对世界第三极青藏高原的初始研究部署，原先是基础研究方面的一个部署，主要是研究冰山变化、冰川退化。后来进一步加大了冰川退化对草原灾害以及对现存的道路路基、路面的侵蚀等方面的研究与防治支持力度，包括冰川退化后加快高原生态修复等。这些鲜为人知的项目实际上对经济建设的贡献是不能用绝对数字来看待的。如果没有类似的提前介入研究，可能青藏铁路建设就会困难更多。曾经有位铁道部的领导就跟我说过："如果没有当年中国科技界对于高山冻土的研究，青藏铁路是建不起来的。"这样的基础性研究，需要埋头苦干十几年甚至几十年。

访谈人：科技的发展也是科技资源长期积累的结果。

万钢：对，长期的。这就是科技资源的长期积累以及对于长期性、基础性研究，使我们对包括气候变化在内的许多不可预见但有可能突发的应急事件有了应对的办法。这里面比较典型的除了青藏高原冰川退化研究，还有库布奇种草治沙有效地抵御风沙进一步侵袭等，这些工作一个是需要决策者的远见，另一个是需要我们有一大批耐得住寂寞、忍受得了艰苦的科技人员献身其中。科技部历史上就很重视这类基础性研究。仅我在任职部长的 11 年里，在社会领域的投入就超过了 40％。除了大气雾霾防治应对气候变化，在医疗健康的领域也做了大量的工作，支持和扶植了一批大健康企业。

　　科技部虽然是一个科技管理部门，但是在涉及民生、涉及支持老少边穷这方面，科技部从来都是放在一个很重要的位置。比如说精准扶贫这个工作，科技部几任领导都把科技扶贫当作一件大事来抓。科技扶贫成了科技部引领贫困地区人们脱贫致富的一项重要任务。你们多了解一下，就可以清楚看到科技部在科技扶贫、科技脱贫方面的确比其他机关部门走得早很多，而且在井冈山、大别山等地的科技扶贫也产生了非常不错的效果。

　　访谈人：进入 21 世纪以来，以信息技术为核心的产业变革风起云涌，很多行业、产业出现跨界、融合甚至是行业性颠覆。您怎么看待这场悄然而至的时代变革？

　　万钢：我把这种颠覆性的变革称为"科技革命"。现在，我们已经很难听到"革命"这个词了。因为很多人对这个词比较敏感。但是革命本身就是一种进步。我们过去的一些很不错的产业可能就在很短的时间内就被现实所淘汰了。科技的革命是不可回避的。很多行业的变革主要就是信息技术在其中所起的作用。所以，科技革命是一种趋势，不可避免。科技革命对经济发展、对社会发展所起到的推动作用不可估量。在技术进步面前，你必须保持你的革命性，保持你的锐气。历史上我们经历了三次工业革命，实际上这一轮就是第四次工业革命。它最大的特点是什么？就是以信息技术为引领的各个领域的融合。它是一个赋能。而且信息技术的本身发展又特别快，不由自主地社会就进入了一个智能发展的时代。将来必然还会不断发展。这种发展覆盖了全部的产业，而最大的特点就是多学科的交叉。这就是学科综合发展所产生出来的爆发式效应。如果我们看不到这一点，我们作为一个科技管理者，就会有问题。

科技革命不可逆转地带来"研产突破"。它表现在基础研究、应用研究、技术创新和市场推广等各方面。"研产突破"就是研究开发与产业的结合。所以过去我们分门别类的那些管理，现在突然就融合在一起了，你无法再很明确地分类。我记得 2008 年左右，我与周光召同志经常坐在一起谈一谈。一个沙发、一杯矿泉水，我们经常要谈好长时间。周光召有一次说，"973"计划组织实施得很好，各方面都做得非常好。但是有一点可能要注意。因为我们这种分学科领域的单一的投入是越来越不适应基础研究了。信息技术它也需要变革。

所以后来我们在编制 973 计划当中就启动了六大科学计划。

这六大科学计划，首先是基础研究的基础性，是一个主流；其次它带动很多其他的领域；再次是它没有限制，只要研究在继续，它就可以往前推动。这里面最典型的就是纳米技术领域；然后生命科学一些领域。大家看到有很多刚刚从实验室里发现，突然就变成有用，必然就变成产业了。现在的重点研发计划，就是建立在 973、863 和支撑计划的成功实施的基础上。我刚才说了，实际上我们也是经过长期的试点。重大科学计划，它延伸了基础的前沿。同时在基础研究系统里多学科进行结合，然后一直推动它。就拿雾霾治理来说，它是各个阶段的研究基础的大集合，谁都可以进来；到最后实施，就是企业进来了，向产业方向发展。包括高铁的后续发展、包括新能源汽车一系列的试点，都是适应新形势的要求，吸收历年所进行的科技计划的优势来实施。比如说基础研究，我刚才讲了，大科学计划变成了重点研发专项。雾霾的研究治理就变成了重点研发计划，重点就是大气污染防控；再比如高铁的持续发展成为一个重点研发计划，中车集团自己出了 75% 以上的资金。从这个角度上讲，就是要集中科技力量办大事，从基础研究到关键技术再到市场推广的一体化。为什么后来一些不列入计划了呢？也是在实施的过程当中，它就已经一体化了。

这个经验告诉我们，在新时期的时候，我们必须顺应新的发展，要继承我们在"973""863"支撑计划当中的一系列的重要的管理经验。这个经验弥足珍贵。我们应该为"973""863"支撑计划树碑立传，一定要把它的经验提炼出来。

2018年国务院颁布了《关于全面加强基础科学研究的若干意见》。我们这些年来从攻关计划开始，特别是"973"计划，科技部在这方面的积淀很深厚。我们把"973"计划进行了认真的分析，发现当时是分段的，因为"973"这个阶段是不好提产业化的。就是说你不提产业化，人家就不提产业化，他就申请一个"973"、再弄"863"，然后再去支撑。实际上都是那些科技人员在那里做。这个方面我是有体验的。我那时候在大学里，"973"拿过，"863"也拿过，最后我在研发新能源汽车的时候，我就把它统一起来了。这有点典型性。我觉得很需要去改变我们的状态。我们所面临的一个错综复杂的科技革命和产业变革，应该把它结合起来考虑，也就是说当你在做实验室的时候，你就应该考虑到它未来对人类社会发展、为经济社会的发展做什么。这应该是从事研究最起码的初衷。

我记得我们还专门研究过重大项目在攻关的核心技术补短板这方面的作用。过去都是找几个领域来进行，结果它前后不搭界。为了做出成效，结果就出了很多个计划。但这样投入渠道就分散了。在下面搞过科研的都知道，反正哪块都能申请。我觉得改革是一个很艰难的事情，走出这一步要下很大决心。但是我们一定要做这个事情，一定要总结。

科技要往前发展，还有一个重大的改革，就是科技成果的转化。科技成果转化是中央提出来的，一直在推广。几十年积累下来的政策很多，方向是对的，但是描述不一样。所以我们着力去推动《科技成果转化法》，要促进成果转化。特别是解决了一些科技人员一直盼望的怎样把成果转化为生产力的问题。

访谈人：我知道这个阶段有很重大的突破。

万钢：对。所以我们可以总结一下。科技成果转化推动了科技产业发展。科技成果转化一个很重要的标志，就是科技大市场的技术交易。这些年，我们的技术交易市场建设得到了很大的加强，技术交易合同增长非常快，并且还进一步明确了专门的税收优惠政策。

中国技术市场的建设是个很重要的问题，首先是保护知识产权，要先审查你知识产权的所有权；第二个就是技术交易合同。实际上这是一个技术定价。他是尊重市场的优势，同时在定价之后，他的合同具有税收的优惠特点，在 500 万以下全免，500 万以上减半所得税；然后对于合作的一方也有优惠政策。这几年看技术交易曲线，工作报告差不多每年我都会提出要求和意见。

我们千万不要认为，我们写了个专利，然后把这个专利卖了，就叫成果转化了。这不是完全的成果。成果转化是要把科学技术的成果变成社会发展的生产力。所以它这个形式是多样化的。单单说专利或者说转让了多少专利，这都是不完整的。专利的最大特点是知识产权的保护。授权的专利首要原则是知识产权人对自己的保护。我说成果转化的标志性，或者至少它的标志之一是还要继续转化成生产力。

我觉得还需要努力的方向就是基础研究。在某种意义上，我们现在的基础研究在发展当中取决于一些关键技术的短板和卡脖子的问题。但问题大概有三，第一，是我们基础研究欠缺。比如说信息产业，说起来 1＋1 的框架结构，指令集，但是你拿出每一条指令，并不是科技含量。在学校方面，实际上基础研究的语言。第二，是基础研究和应用研究的结合。这个上面又是把基础研究的知识变成关键技术的技术，这一点，我特别强调基础于自然科学基础研究和应用基础研究的，这也是一个短板。还有一点，实际上卡脖子的东西是当年对国际化的判断，对自主可控的认识，这是一个很重要的，要认识到。这也是一个问题。第三，要用这个成果真的去解决问题，就需要我们在基础研究上下更大的功夫。前些日子，我在中国科学研究年会上和大学生谈话，我说从我个人的理解上说起来，我从事科学研究实际上是年轻的时候出于兴趣、出于好奇心去追求的。这是一种兴趣。我讲了我的经历。当你走上工作岗位，作为科技人员，它就是一个责任，你必须要面对它，要解决问题，而且这还是你自己应该肩负的责任。当你走上更高的学术和科技岗位的时候，你就真正懂了我说这些话的含义。所以不能简单地讲"我的兴趣"，我觉得要承担自己的责任。你看看我们那些科技的楷模，他们哪一个不是自觉自愿地承担他们肩负的责任。你看看我们的袁隆平老先生，快 90 岁的老科学家了，还是"不忘初心，牢记使命"。他最大的"兴趣"还是一头扎到稻田里搞研究，他到现在还在把研究和推广高级稻、高产稻作为对中国和全人类粮食安全作为自己的历史使命。

　　所以从这个角度上说起来，回头来看科学技术发展，还是要把握基础研究的规律，特别在新时代的规律，加强基础研究。实际上最后就是落到我们每一个科技人员身上，为国家创新驱动谋发展。所以这一点我觉得我们还得深入地研究。还有一个科技人才，人力资源的发展。最近遇到新情况，需要我们认真的去应对。很多地方使出了浑身解数"抢人才"。但我觉得科技人力资源是要规划的，它不能靠"抢人"来实现。引进人才需要一个政策环境、科研环境的建设，发挥人才的作用，满足青年科技人才的科研兴趣，发挥人们的科技特长，使他能够担负起发展责任，这也是"刚需"。所以，第一，人才这篇文章还得好好做，也要持续地做。当科技创新走上了一个新台阶的时候，我说的这些实际上都是永恒的话题。但是在每一个阶段都有它的新的需求，都有它的新的规律。你作为科技管理人员，你怎样去发现这个规律，来推动这个规律的快速发展。所以这是我们必须要认真地去研究的。我在考虑这个问题的时候，我觉得就是要有一个人力资源盘，要做好。

我看你可能最后想谈谈新能源汽车，是吧？

访谈人：我想听您讲讲。这是一个很多人都关注的问题，那就是中国新能源汽车它应该会走向一个什么样的态势，这是一个。第二，当前能源结构已经多样化了，不仅仅是纯电动，还有燃料电池等这些。而您在这个方面，有数十年的研究心得。有媒体说，不仅是您主导了这场新能源汽车的革命，而且引发了全球性的新能源汽车潮流。这里面有一个很有趣的现象，就是过去很多人对于买电动汽车，他是徘徊观望的，但是现在却都在抢购，那么一些地方现在只好控制总量。这个现象不仅仅是汽油车限行的城市，在汽油车目前不受限的城市也有很多人购买电动汽车。

万钢：他们的初衷其实也很简单。首先现在的电动汽车都比较好开；其次电动汽车它不容易坏。还有很重要的是它的燃料费是我们现有的内燃机汽车的五分之一。还有一点就是用户的自觉性确实是增强了。对，很多家庭是孩子们动员家长买新能源汽车，鼓励家长去买。这里面的两个主要因素其实还是由市场决定的：一个是经济性，一个是舒适性。

我不知道你开不开电动汽车？电动汽车的静音效果是内燃发动机无法达到的。现在研发人员还在琢磨着说要不要加点音乐？他们说这车太安静了，安静到车来了都不知道！我有一次无意中看到一个报道，是哪个国家还提出了一个方案，说速度在多少公里内要加一个噪声。我说说我的认识。我是在汽车工业工作了十多年以后，在德国留学期间感受到未来汽车的发展必定会顺应时代的发展。1999年，教育部组织一批留学生回国考察，由我带队考察中国汽车产业的发展。当时，我们国家正处于加入WTO前夕。当时的大气污染情况也已经初步显露出来。我记得当时也是通过一些口传渠道，得知当时国务院主管科技工作的常务副总理李岚清同志设立了一个有关清洁能源方面的奖项。这样我就启动了清洁汽车行动计划，当时还是以燃气汽车为主。当时汽车还没有像今天这样进入家庭，但我确定随着中国经济的发展和国家确立的进入小康社会的目标，汽车也会像欧美国家一样走进寻常百姓家。因为进入小康社会需要汽车，这是小康社会的标志之一。汽车的产业链很长，就会有一系列重要的未来任务需要考虑。首先就是燃料结构。1999年，中国的石油消耗量一亿吨，其中就有30%多需要进口。消耗量达到2亿吨的时候，我们将有60%以上依赖进口。当我们的总需求达到6亿吨的时候，压力将是非常大的！历史上发生的两次世界大战都是对资源的争夺战，现在世界各地的局部战争、国与国之间的博弈，以及各种商战，也都是对资源的争夺。所以，中国要发展汽车产业，能源安全是大事。其次，我们国家最大的特点是城市人口越来越密集，城市面积比不是很科学，表现出来的就是高楼林立。汽车进入家庭就不可避免地带来一个问题——尾气污染。最后就是资源。我们国家现在的这些城市形态，迫使我们要去走一条资源共享的道路。一个城市人口密度太大，包括道路交通，都会带来很多问题。你回过头去查一下，你就知道我们科技部很早就做了布局。这一点，无论是宋健主任，还是朱丽兰部长，徐冠华部长，他们都做了布局，清洁能源问题很早就列入了国家科技计划。我得说这是一个英明的决定。我记得当时"863"计划重点项目就是汽车清洁能源方面的。这个你们可以查到的。所以说，发展清洁能源、发展清洁能源汽车是我们科技部从国家科委时期以来的初心。最近，彭博社采访时，我跟他特别讲这是我们的初心。我们初心不会变。这些年来，科技部是根据发展的需要来制定的这个清洁能源汽车规划。而这个规划是一张蓝图，就是我们按照未来发展的需求和我们的能源供应的特点，以及我们城市大气污染以及产业转型，确定了三种新能源汽车的车型：纯电动汽车、氢燃料汽车、燃料电池汽车。它们之间的特点、长处以及当前亟待解决的问题，都会随着技术的不断进步成熟、发展，最终它的优势就会凸显出来。

这三个类型的新能源汽车，要研发的东西是很多的。它实际上是三大关键核心技术群。简单地说，就是电池、电机、监控。这三种不同的车型都可以共用核心关键技术。哪个方面都有共用，就是说你做一个电机，你可以给纯电动车用，你也可以给混合动力用，还可以给燃料电池用。对，混合动力。这个布局是与时俱进的。尤其在控制这方面，现在重点在向人工智能这个方向发展。

制定这个规划是花了大力气的。包括各部门之间的协调，各方面意见的统一，都是花了很大力气的。所幸的是各部门都有一个共识，都很支持。当然我们也是要面对公众考试的。尤其是专家的拷问。记得有一次论证会，专家毫不客气地问了我们一个下午！这个事情我印象太深刻了！当时冠华部长也在。冠华部长给了我们大力的支持和指导！他是用科学家的眼光、战略发展的眼光、决策者的眼光来看待这个问题的。我觉得我很幸运！而且这条路线得到了中央的支持。

当然发展新能源汽车也与当时的国际经济形势有关。我们应对金融危机时提出"十城千辆"战略就是从公共交通系统着手的。为什么考虑公交系统？因为它首先是一个公共交通，既有城市公交车，又有出租车。就是公交系统先行。事实上，这种公交汽车对大气污染的"贡献率"也是很高的。

其实我觉得我们要认识到新能源汽车进入市场的规律。它需要应用环境的支撑。电动汽车之所以发展，首先是电网普及全国，这就给安装充电设施提供了条件。其次是我们的氢气来源比较丰富。大量的工业副产氢气为我们提供了原料来源。而且这一块如果不用起来就被放空烧掉了，非常可惜。所以，我说我们的资源非常丰富。这是发展新能源汽车的最有利条件。

事实上，20 年前我们在研究、推广天然气作为清洁能源的时候，当年的天然气也不是完全作为能源管理的。后来才明确列入国家能源管理目录。

解决一个大国的交通能源问题，不仅是政策问题，还有技术问题，还有公众认知问题。但是这个方向是正确的。你看 2018 年内燃机汽车销售量第一次下降，但新能源汽车销量却增加了 60％。据说北京市的新能源车购车指标排队都排到 2027 年了；你刚才也提到了很多不限行汽油车的城市也有很多人购买新能源车。这不就说明问题了吗？所以，随着智能汽车时代的到来，新能源汽车优势将更加明显地发挥起来。

这次世界新能源汽车大会，习近平主席也写了贺信；王勇国务委员代表国务院做了讲话。18 个国家、40 多个跨国企业、1500 人参加了这次会议，论坛也是场场爆满了。这说明，未来发展新能源汽车，必定大势所趋。

我就用一句话结束我们今天的采访吧。

永远牢记初心和使命，实施"创新驱动发展"战略，坚定不移地走具有中国特色的社会主义自主创新的发展道路。

华夏改革路　碧血鉴丹心

——科技部原副部长惠永正访谈录

个人简介

　　惠永正，汉族，江苏苏州人，1939 年 12 月出生。1962 年 7 月，毕业于北京大学化学系；1962 年 9 月，进入中科院上海有机化学研究所从事研究工作，历任副所长、所长；1990 年至 1998 年 3 月，任国家科委副主任；1998 年 4 月至 2000 年 3 月，任科技部副部长。

　　早期从事物理有机化学研究，系统地研究了糖淀粉及其衍生物作为宿主体系的宿主——客体化学和微环境效应研究，随后研究领域扩展到计算机化学、微泡体化学和糖化学。卸任科技部副部长后主要从事中药现代化研究，主持中药信息库建设并投入应用，开展中药活性化合物，特别是皂苷的研究，开发出若干人参皂苷、红景天皂苷的产业化合成方法。主编出版了大型工具书《中药天然产物大全》。著有并发表学术文章 71 篇。先后培养硕士研究生 7 名，博士研究生 6 名，合作培养博士生 8 名。曾获全国科学大会奖（1978 年），中科院科学进步一等奖（1986 年），国家自然科学三等奖（1988 年），中科院发明一等奖（1997 年），发展中国家科学院院士。

145

华夏改革路　碧血鉴丹心

　　访谈人：据我们了解，您在调任国家科委之前在学术研究方面卓有成就。而在 1990 年担任国家科委副主任后您分管国际科技合作工作。这段时光已过去了二十几年，但至今还有许多此期间从事国家科技合作的老同志津津乐道国家科委在此期间对独联体和欧洲的"快进式"科技外交。我们想请您谈谈这段科技外交过程和当时影响我国科技发展的科技外交佳话。

　　惠永正：我是在 1990 年到 2000 年这 10 年的时间里负责我们的科技外交工作。10 年中我学习了很多，也提高了不少。现在回顾一下觉得还是有很多值得总结、值得我们思考的体会。

　　第一，科技外事工作是我们对外工作的重要组成部分，这是一定不能忘记的。在这里我想举一些例子，比如我上任不久恰逢苏联解体，当时各方面的思想都有，但中央很明确，那就是我们决不当头！那么又如何面对解体后的苏联呢？是否应该抓住时机迅速布局呢？在中央领导下国家科委积极行动，1992 年正是那些国家刚刚独立不久，我受命率团旋风式地访问这些国家，俄罗斯，然后是波罗的海的几个国家，白俄罗斯、乌克兰和哈萨克斯坦，接着是分别和这些国家签订了科技合作协定。如果我没记错的话，我们国家应该是与他们最早签订合作协定的国家，在这件事上我们抓住了先机。应该说，在当时复杂多变的情况下，我们没有停滞观望，而是积极行动，从而与这些新独立国家建立了最初的联系，历史证明这样做是正确的。

　　1996 年，因为"李登辉访美"事件引发中美摩擦造成的问题，给两国之间的正常交流制造了很大的困难。我记得当时中央领导同志在北戴河会议的时候指示，要求外交战线的同志能主动地、积极

147

地走出去，去打开局面。但如何去贯彻中央指示做好工作，也不是容易的。1997年年初，我到巴西去访问，返国途中经停纽约，当时我们驻美使馆的科技参赞专门跑到纽约来和我说，美方也在想通过一些渠道来缓和、打破与中国目前僵硬的关系，他说美国副总统安全助理希望和我在白宫见个面，探讨一下两国在环境问题上的合作。由于当时我驻美大使在国内，也没有时间请示国内了，经商量以后我改变行程到华盛顿特区，在白宫与美国副总统安全助理见面讨论。回国后立即向钱其琛副总理和宋健国务委员汇报了美方借讨论环境合作而进行高层接触的意图。经中央协调后马上就由我带队，率有关部委部门领导同志在美国国务院与美国的相关部门举行对口会议。

我那时候压力挺大的，美国那边基本上是半天换一拨人。比如今天上午参加会议的是国务卿，下午就是白宫科技顾问办公室，第二天上午是美国商务部的，下午是能源部的。总之，他们的人员是轮换的，一拨又一拨。而我们参加会议的很多同志原来都不接触这些议题，因此压在我身上的担子很重。中午不休息，吃点三明治后连轴转，连续几天都在那里周旋。会议还是取得很多进展，戈尔副总统不但参加了开幕式，还在白宫接见了我和大使，应该讲这也反映了美方的重视和迫切程度。第二年，戈尔副总统访问我国，翌年朱总理回访美国，完成了副总统和总理的互访。从此，中美两国的高层接触又恢复到正常轨道。当然，两国领导人的会议议题肯定是超越科技合作的更大范围，我们并未与会，但科技外交工作确实起了重要作用。从这两件事就可以看出，科技外事工作有它自身的特性，相比于其他渠道更容易打开僵局开拓局面。

第二，科技外事工作是人际交流的一个重要渠道。通过科技外事交流，促进了或者说推动了一大批中美、中国和欧洲其他国家的科学技术合作，包括现在仍在进行的"ITER计划"，也包括曾经参与的"伽利略计划"，通过这些合作扩大了国际朋友圈。

第三，我认为科技外事工作可以为国家的经济建设服务。在这里我也想举些例子。在科技部的分工中，我除了负责科技外事工作外，还参与协调、领导一些科技专项，因此我非常关注这些企业，基本上每年都要去他们那里调研，知道他们面临的一个问题是海外市场渠道不畅。为此，在参加双边科技交流时特意带上企业的人，帮助他们打开联络渠道，后来国务院领导出访时也这样做了。我们也请一些退休的同志一起来推动这件事，因为他们对原驻在国的情况比较熟悉。现在古巴的生物医药技术与我国的合作十分活跃，但溯源可至 20 年前。当时我率团去古巴参加两国科技联委会，了解到古巴这方面的优势，从而推动了双方合作，促进建立了中古首个生物医药合资企业。我们使领馆的科技外交官历年来介绍了很多可以开展合作的项目，如以色列的节水农业。但总的来讲工作做得还不太好，主要是国内要有一个渠道去对接，否则就失去了很多合作机会。我认为生产力促进中心应该可以做这项工作。

回顾这 10 年的科技外事生涯，悟出一点经验就是要密切加强与外事主管部门的联系，多汇报，多协调。当时我们和外交部的关系非常好，经常去外交部请示、汇报，与历任外交部的主管部门领导及外交部的主要负责同志建立了很好的工作关系，开展科技外事工作得到他们很多帮助和指导。

访谈人：您认为我们国家科技事业在 20 世纪 90 年代的积淀对后面 20 年的发展做了哪些铺垫？

惠永正：我认为 20 世纪 90 年代国家科委、科技部工作的积淀还是起着很好的作用的。从"科技兴农"到"科技兴市"，再到"科教兴国"，一直发展到现在的"创新驱动"战略，是一个不断发展的过程。从"高新技术开发区"到现在的京津冀、长三角、粤港澳，是由小到大、由点到面，不断深入提高的发展过程。国家科委从 20

世纪 80 年代就开展"科技扶贫"到现在打响"全国科技扶贫攻坚战",这二者之间都有着紧密的联系。当时对欧亚大陆桥及澜沧江和湄公河地区合作的前期研究,对"丝绸之路"及中国和东盟之间的合作,都起着重要的先导作用。回顾历史、把握现在、展望未来,很重要的一点是前瞻性。因此,我们的工作,特别是科技部的工作,就是要有前瞻性。

当时科委、科技部经费很紧张,但软科学的研究或者战略性的研究非常活跃。如今经费不像当初那样紧张了,我希望我们也能把战略研究这方面更加重视起来。中央的大政方针已定,路线图亦已明晰,但具体运作还是要提前思考和布局,这样能为今后国家 10 年乃至 30 年的发展打下一个很好的基础。因为科技的布局永远是我们国家发展布局的前提。

访谈人:您一进入国家科委就担任领导工作,您能和我们谈谈您在科技部工作时的其他经历和感受吗?

惠永正:我最初在中科院有机所任所长。出国之前,我的职务就是课题组长,管两个人。出国做访问学者,1983 年年底回国后本想好好做研究,但党委书记三次登门拜访非要让我当计划处处长。没办法,还是听从组织的安排,干了管理工作,后来任副所长、所长。也许是初生牛犊不怕虎,担任管理工作后面临困难阻力也很多,但也没有什么包袱,冲在前面搞改革。

1985 年,中科院决定由我率专家组与深圳市人民政府商议筹建深圳工业园。当时特区刚刚建立,不知道该朝哪个方向发展。那时深圳的同志开玩笑说,深圳的发展大概有 3 条路,第一条是发展房地产;第二条是发展股票市场;第三条是把深圳转成香港的一部分。这当然只是一个玩笑,但也说明那个时候深圳的目标、方向还并不明确。最后,深圳通过科技创新走上了一条正确的道路。可以说深圳现在能取得这样的发展，离不开科技创新，而深圳工业园的建立是深圳高科技产业的起步。

我从科技部退休以后有几个基本考虑。第一点，不参与科技部的事情，不打扰大家工作。第二点，虽然回到原来的研究所，但不影响年轻人的工作。我到科技部后还保留了研究组，当时宋健同志和我说，"我在清华也带研究生，你带研究生也没问题"。经过十年从政，年轻学者已成长起来了。所以，我将原来保留的课题组和多余经费，都交给青年同志接手，这样使他们的成长更顺畅。

在 21 世纪初，我接受了上海和浦东新区领导的邀请，在科技部的支持下在上海浦东张江组建了"上海中药创新研究中心"，在我的领导下主要完成了中药信息库和皂苷合成两项重点任务。回想起来，我涉足中药现代化起源于 20 世纪 90 年代初，我和原外经贸部副部长吴仪同志（后任国务院副总理。编者注）协助宋健国务委员与美国进行知识产权谈判，当时的焦点在专利法，达成协议后的新专利法对原创药物的保护更严格。为此，中央政府认为要加强对新药的研究以满足人民的需要。由此成立了部际的新药促进领导小组，由我任组长。我们经研究后认为，推动中药现代化，发展创新中药，可以为我国的健康事业做出很大贡献，并在 1996 年推出"中药现代化行动"。20 余年的经历使我与中药事业结下不解之缘，从"宏观"起步，"微观"收官，在我卸下上海中药创新研究中心的工作后，由衷感到轻松和满意，从此可以安心退休。顺祝科技部各位同志们，十分感谢我在部里工作十年，大家对我工作的大力帮助和支持。

科技支撑中国农业 关乎国计民生

——国务院参事、科技部原副部长刘燕华访谈录

个 人 简 介

刘燕华，2001 年 11 月起，任科学技术部副部长、党组成员。2009 年 11 月受聘为国务院参事，国际欧亚科学院院士。

河北邯郸市人，1950 年 4 月 18 日出生。中共党员。1976 年毕业于北京师范大学。1977 年在北京市农科院土肥所工作。1981年进入中国科学院地理研究所，历任研究实习员、助理研究员、副研究员、研究员，博士生导师；享受国务院特殊津贴。历任研究室副主任、主任。1995 年 9 月—1997 年 5 月，历任地理所所长、国家科委社会发展科技司副司长（正司级）、科学技术部农村与社会发展司司长。

刘燕华同志长期从事资源环境方面（土地、脆弱生态、资源环境的研究，青藏高原、横断山区的考察）的科研、分管及国际科技合作，是我国资源环境、气候变化领域科技方面具有较大影响的专家之一。并从事创新方法、资源环境、绿色发展、金融风险管理和可持续发展等领域的研究和科技管理工作。拥有专著、编著 30 余部，在国内外核心学术期刊发表论文 150 余篇。现任创新方法研究会理事长、国家气候变化专家委员会主任、中国可持续发展研究会常务理事、国际风险管理理事会（IRGC）顾问、当代绿色经济研究中心科技顾问等。

访谈人：我们知道，您曾是中国科学院资源环境学家，调任国家科委（科技部）不久后主要从事农业农村科技管理工作，随后您主持和参与了《中国农业科技发展纲要》的组织和制定工作。您能为我们详细介绍一下当时的背景和制定的过程吗？

刘燕华：改革开放 40 年，中国的科技事业取得了突飞猛进的发展。我是 1978 年恢复研究生考试、招考的第一批研究生，是改革开放 40 年科技方面的见证者。

研究生毕业之后就分配到了中国科学院地理研究所工作，在一线搞的是资源环境生态建设这方面的研究。1997 年，国家科委说需要一些科技人员参与到科技管理中去。那时国家科委就和中国科学院商量，希望中国科学院派一些学术兼管理型干部到国家科委工作。这样我就从中国科学院被派到了国家科委，我也从科学研究的岗位转岗到了科技管理工作岗位。我当时也比较犹豫，我搞研究已经轻车熟路了，搞管理还是比较生疏的。尽管如此，我还是服从了组织的安排，作为科学院的派遣干部到国家科委工作。从 1997 年到国家科委，到 2009 年年底离开国家科技部（国家科委于 1998 年 3 月撤委设部改为国家科技部——编者注）的工作岗位、领导岗位，我在科技部前后工作了 13 年。这 13 年，我经历了多次科技制度改革和管理体制改革。今天，我只谈谈 1997—2009 年我在科技部工作期间，所经历的关于国家科技体制改革的几件大事。这些事件每一件都关乎国家科技的发展，关乎国计民生，对我一生都有重大的影响。

前面提到了，我是 1997 年由中国科学院调到科技部工作的。1998 年，我担任农村与社会发展司（以下简称农社司）司长。承担农村科技、社会可持续发展相关方面的科技管理工作。那段时期，我们承担了一项重要任务，就是由科技部组织制定《中国农业科技发展纲要》。因为在 20 世纪 90 年代中后期，中国农业的发展已经出现了转型。当时农村实行的土地承包制虽然还在发挥作用，但是发展到一定阶段之后，再想上一个台阶，就已经出现了困难，有些地方的农业生产开始出现下滑。而这个时候已经有很多农民进城务工，农村出现的一些土地撂荒的情况也频频曝光。同时还有一个原因是，由于农民对科学技术掌握得普遍较少，能掌握的科学技术也非常有限，在这种情况下，农村经济发展遇到了一个"瓶颈期"，发展开始出现了困难。中国农业发展亟待转型。农村经济转型靠什么来支撑？靠科技。只有科技才能真正支撑起农村经济的发展。

我记得随同科技部当时主管农社司的邓楠副部长参加了一次国务院常务会议。相关部委的一些司局长也参加了这次会议。这次会议是时任副总理的温家宝同志主持的。温家宝同志在会上与我们着重探讨了农业下一步发展方向的问题。邓楠同志就重点从科技发展的角度谈了对农村发展的思路，包括如何通过科技推动农业上一个台阶，如机械化、规模化。还有一个就是通过科学技术提升我国农业在育种、品种改良方面的整体水平。而在调整农业结构方面，邓楠同志也谈了很多具体思路。温家宝同志非常赞赏邓楠同志的意见。他对邓楠同志说："你是科技部的，农业科技的工作要求科技部和农业部等各个部门共同来抓。你要考虑一下，农业科技应该朝哪个方向走。在这个转型的关键时期，我们必须要走对路。"温家宝同志在这个会议上布置了明确的任务，他对邓楠同志说："你们科技部要把这个问题抓好。具体任务就是科技如何为农业发展做出贡献？如何推动农业发展？"邓楠同志回来之后，很快就部署了相关调查研究工作，安排了大量的人员进行调研，重点研究在我国农业转型的关键时期，我们到底应该怎么做？

科技部门和专家讨论后一致认为，新的时期应该有一个《中国农业科技发展纲要》，以这个纲要作为农业科技发展统领。确切地说就是要做好一个整体规划，提出农业科技发展的基本方向和框架。这个基本方向和框架经过若干次调整，一次次地去伪存真、去粗取精，最后明确为《中国农业科技发展纲要》。科技部为此专门召开了党组会议。部党组明确指出，《中国农业科技发展纲要》绝对不能由科技部内部来做，应该动员全社会的力量，共同讨论下一步的农业发展方向。既要有大政策的协调，也要有国内和国际的全面考虑，同时重在落地。也就是说，《中国农业科技发展纲要》决不能是纸上谈兵，而是要把这些纲要的思想、行动，落到实处，能够落地，能够真正带动农业的发展。于是科技部就广泛征求各方面意见，包括国家有关的部委、地方、农业高等院校、农口的大院大所等。当时这个覆盖面之大，涉及面之多，应该说涉农的各行各业、方方面面，能参与的都参与了。

这个纲要的制定也是改革开放后第二轮农业改革部署。第一轮就是 20 世纪 80 年代实行的土地承包制。那时是以农民自我经营为主。那么第二次的这个改革，就是从小农经营的模式逐渐向规模化、集约化经营这个新的生产方式去转换。当时我们也召集了有关部委部门的同志一同来讨论。各个部门的同志都很兴奋，他们认为中国作为一个大国，必须要确保粮食安全。大家有一个共识：任何一个大国，它都有两个基本要素不能丢，一个是农业，决不能丢，不能放在别人手里；一个是制造业，这是一个大国存在的根本。当时我们正在做的农业部分就是这"两个根本"之一，我们也觉得特别有使命感。于是我们就开始组织调研，向各个部门征求意见，问大家有什么想法？当时邓楠同志也明确指示，要求我们的做法要有所转变。不能盲目地去设定一个方向，而是应该先总结现在存在的问题，再从问题着手。邓楠同志还指示我们要广泛开展调研。后来我们就开始向各有关部委（主要是农业部、林业局等）、有关大学教授、中国农业科学院的研究员进行了深入的调研。当时我们到地方调研，就只谈一件事，你们有什么困难，有什么问题，有什么想法？这样的调研整整进行了有半年之久。

调研阶段结束后，我们把所有问题进行了梳理。邓楠同志的思想是，我们把存在的问题和困难解决了，就是朝前迈进了一步。我们把问题梳理完之后，大家就开始进行分析，如何解决好这些困难和障碍？有些需要从技术上解决，有些需要从管理上解决，有些需要从体制机制上解决。于是我们就做了一个《中国农业科技发展纲要》的提纲。这个提纲做完之后，我们就提交到部委会去汇报、讨论。邓楠副部长就这个问题也专门谈了她的一些想法和思路。党组听取了我们的汇报后，认为时机已基本成熟，决定正式启动"农业科技发展纲要"编制工作。

在《中国农业科技发展纲要》启动过程中，我们仍然继续深入调查研究。当时的确也遇到了很多问题。例如，条块的关系问题，有些事情由农业部主管，有些部分由林业局主管，还有的涉及海洋、环保等，都各有各的职能。如何把各种各样的职能融在一起，都放进纲要里，这就产生很多争论。有的部门希望在《中国农业科技发展纲要》里增加它的职能，有的部门则可能想把增加的新内容转到他的部门。这样又有了很多争论。这个事情可不能和稀泥，必须积极协调，使各有关部门充分理解最终达成一致性意见。但不管怎样，我们当时坚持一个整体的原则，这就是邓楠同志指示我们的一个原则。这个原则就是要形成系统合力，形成一个大系统，站在国家大纲要的角度考虑问题。因为国家就是一个大系统，只有各个元素都发挥作用，才能实现系统有效、系统最优。假如过分强调部门的作用，过分强调个体要素的张扬，那可能会对整个系统产生消极影响。我们按照这种思想，每当出现矛盾的时候，我们就用"系统思想"去跟大家解释，最后大家之间形成一种默契，许多问题不争执就能解决。

原则、方向定好了，就可以共同来推动了。我们在推动过程中就开始组织撰写整体纲要。当时我们组成了一个很强大的班子来做。在做纲要的时候，我们的工作环境是相对封闭的。白天讨论，晚上修改，连轴转。几乎是每天一稿，工作量非常大。集中工作一段时间后，大家再回到各自的岗位上，回去考虑一段时间，继续分工编写，写完之后再集中讨论。就这样，集中、分散，分散、集中，反复研究，这才完成了初稿。

《中国农业科技发展纲要》初稿完成后，我们认为不能只考虑专家写作组的意见，还要进一步征求中央有关部委的意见。所以我们把初稿送到各个部门，初稿中也列上了撰稿人和参与专家的名字。因为专家成员中也有来自各部委的同志，也可以反映出他所在部门的一些想法。我们就通过这种形式，逐一地、反复地征求了各个部门的意见，最后根据征求到的意见再进行修改。《中国农业科技发展纲要》就是在这样的反反复复、紧锣密鼓中完成的，大家神经都绷得很紧。前后用了一年的时间，《中国农业科技发展纲要》终于定稿了。

《中国农业科技发展纲要》制定后，就要在全国部署。纲要制定既然是各个部门的共识，那就要通过各个部门、通过会议的形式再继续深化。2001年1月15日，中央召开了第二次全国农业科技大会。这是中国改革开放以来召开的第一次农业科技大会。中央各部门都参加了这次会议。时任国务院副总理温家宝出席大会并做了讲话。《中国农业科技发展纲要》由此正式推行。

全国农业科技大会召开之后，科技部又组织了一次世界农业科技大会。当时几十个国家的农业科技部部长都来参会，大批国外各个领域的农业专家来参加。应该说，这次大会是世界农业科技领域的一次盛会。会议主要讨论了世界农业发展的大趋势和世界农产品贸易等问题，也同时谈到中国农业科技发展的问题。

在这两个大会召开完之后，科技部也开始根据《中国农业科技发展纲要》全面促进我国农业的转型。这里面包括几项具体的工作。

一是加强农业科技。农业科技包括种子、土壤改良、施肥灌溉、农药化肥等，这些都是在当时的纲要里提出来的。二是解决环境污染问题，当时之所以提出这些问题，为的就是加强科技力量，希望能够通过科技进步，提高农业生产水平。三是进行集约化经营。在我的印象里，这是《中国农业科技发展纲要》比较突出的一个方面。因为中国的农民数量很大，土地有限。土地承包制之后，在一定时间内调动了农民的积极性，这是很好的一件事情。但是你想再往下推动，那就需要规模化经营。当时就提出了"农业生产合作社"这个理念，让许多农民能够联合在一起，通过良种选育、合理分工，减少劳动量，提高生产效率，这是我们通常说的集约化经营。当时我们认为，农业的合作，可以大幅度提高生产力，解放生产力，可以使一部分农民从田头里解放出来，有机会到城市打工，得到另外的收入。

访谈人：请您谈谈我国早期"农业科技园"建设的相关情况。

刘燕华："农业科技园"在今天看来是很正常的事情，但在当时却是一件大事。我们回顾这段历史就会发现，在当时提出"农业科技园"的概念，在很多人看来几乎不可想象。因为那时我国农业基本都是以小农经济为主。而"农业科技园"是大规模的，它需要政府来协调，土地也要重新整合。而且土地承包制这种产权制度不能变，以后的土地所有权、经营权和管理权要分离，科技部要做这个事，就打破了我们20世纪80年代以来形成的那种体制和机制。

"农业科技园"的建设道路是很艰难的。当时我是农社司的司长。我们第一次向部党组汇报如何推动"农业科技园"的相关情况就没有成功。党组领导说："你们的这个方案根本实施不了，整个措施不力。"我们虽然心情很沉重，但并没有气馁。回到农社司后马上就商议此事如何实施，聚集各方面的专家进行研究，并主动联络其他部委商榷此事。

"农业科技园"是我国农业发展的一个长远方向。在当时的历史条件下，马上推行"农业科技园"可能不太现实。"农业科技园"作为今后10年、20年持续发挥作用的产物，如何用当下的语言、当下的形式来诠释"农业科技园"10年、20年后的模式呢？我们当时也很困惑。但是，如果方案不成熟，就不能拿到部务会上讨论。在这种情况下，我们就把"农业科技园"工作停滞了一段时间来寻求答案。

我们认真领会党组意见，反复研究"农业科技园"具体方案的可行性，参考国外的做法和经验。我们突然想起在做《中国农业科技发展纲要》时，邓楠同志说过的一席话："做纲要之前要先找问题，把问题找清楚了，纲要就可以有的放矢"。我们顿时豁然开朗："农业科技园"计划陷入停滞状态，不也是要先找出问题症结吗？所以我们变换思路，第一步先确定"农业科技园"的性质：这个"农业科技园"既不是小型的合作社，也不是美国那样的大农场。先否定，再肯定。这样我们就可以给"农业科技园"下定义了。

方向对了，思路就越来越清晰。中国的"农业科技园"应该是什么？是中国新型农业现代化、集约化，是科技能够充分发挥作用的一个基地、一个群体，具有典型的中国特色。"农业科技园"不改变现有性质，但是要改变管理方式，在运作的体制机制上要有所调整。这是中国实现规模化生产，实现粮食自给，调动农民积极性的新模式。

第二次汇报，得到了部务会的肯定。

接下来就是如何去推动。我们也考虑到，"农业科技园"仅由科技部一家推动是不够的。因为"农业科技园"不只是科技部一家的事情。我们一方面反复研究，一方面积极与各个部委商榷，农业部、林业局、海洋局反应也很热烈，都表示愿意与科技部联合起来推动现代农业的进程，并为此成立了农业科技园推动办公室，着手在全国部署"农业科技园"。

我们还考虑到，推动"农业科技园"，不能仅由中央各个部门来决定，还应调动地方政府的积极性。哪些地方有这个积极性？哪些地方能够落实监控、协调、组织？当然地方政府首先要认同这种体制机制，并且愿意根据当地的实际情况去组织、建立这种新模式。我们当时与各地讨论时感觉这个思想很受地方政府欢迎，他们非常愿意去尝试这种方式。所以后来我们就选择了那些比较有积极性的地方开始运作第一批"农业科技园"。

建立第一批"农业科技园"之后我们也去进行了实地调研考察。我们在很多地方都看到成片成片、一望无际的温室大棚，园区的农业种植结构全都改变了，农业经济得到了很大拉动。

随着第二批、第三批"农业科技园"的建立，现在我们到农村去，经常都能看到醒目的"农业科技园"的标志，有的标明是国家级的，也有的标明是省级的，还有的标明是地市级的。事实表明，"农业科技园"有效地显示出了农业规模化、集约化经营的"两个效应"，区域农业科技总体水平迅速提高，生产效率和土地亩产出率迅速提升到了较发达水平，为有效地推动农业经济的发展起到了很好的示范和带动作用。

"农业科技园"的发展表明，一方面，国家科技体制改革是一项长期的任务；另一方面，国家是一个整体系统，与各个部委之间的通力合作密不可分。中国是一个人口大国，农业是我们国家与民族发展的根基，而农业科技则是这个根基的最有力保障。

访谈人：在您担任科技部领导期间，开创性地建立了农村"科技特派员"制度。经过十几年的发展，"科技特派员"成为服务农业的一支生力军，为推动农业现代化发展建立了不可磨灭的功勋。请

您介绍一下"科技特派员"的相关情况好吗？

刘燕华：："科技特派员"制度其实并不是科技部"发明"的，是由基层产生的一种农业科技服务体制机制的创新。最早是由福建省的南平市率先建立的。为什么说这是一种体制和机制的创新呢？这事儿还得从2003年时任南平市市委书记的李川说起。当时的南平市农村和全国大部分地区一样，也还是农村土地承包制，农民分散经营。由于当地农民外出务工经商的多，出现了很多土地撂荒的现象。生产水平也上不去，甚至一些农村地区还出现了返贫现象。针对这种情况，时任南平市市委书记的李川（后升任福建省副省长）就决定让部分科技人员、国家工作人员到基层去服务，解决基层的实际问题。当时，这件事情只是南平市在本地区实施，我们也不知道具体情况。

2003年春，全国科技大会即将在北京召开，会上需要选择一些地方典型代表发言。在选择典型发言的时候，科技部就发现了这个事情，最后确定由南平市市委书记李川同志在全国科技大会上介绍南平"科技特派员"的情况。这是农村"科技特派员"制度第一次在全国浮出水面。

我也参加了这次会议。听完他的发言之后我非常激动：这是农业科技体制改革的又一进步啊！而且地方党委和政府的实践表明，农村"科技特派员"工作是一个很好的农村科技服务机制。科技部应该推动这项工作，并力促形成农村"科技特派员"制度。为此，科技部很快就展开了调查研究。如何来推动"科技特派员"制度呢？毕竟是个新事物，科技部要推动这个新机制，难免会遇到一些问题。

首先，"科技特派员"制度与农业体系现存的"七站八所"在业务上是有冲突的。我们让科技人员到基层为农业和农村服务，但县市区农业局已经有了种子站、农机站、农技站等与农业相关的"七站八所"，这些都隶属于农业部门的垂直体系。农业部在这个体系中已部署了很多人。那么我们的"科技特派员"制度和他们是什么关系?"科技特派员"不能抢人家的饭碗啊!

其次,"科技特派员"凭什么到基层去?"科技特派员"有着自己的工作岗位,有的是高等院校的教学人员,有的是研究院所的研究人员,还有一些是企事业单位人员,如果直接下沉到基层,一是可能耽误了他的时间;二是他的技术也要转移到农村去。他要写文章、做研究。我们怎么调动他们的积极性?这个问题一时也不好解决。

所以,"科技特派员"一出现就遇到了这两个突出问题。

我们首先分析了当时农业部门部署的"七站八所"的实际状况。我们要把这个问题分析清楚,再通过"科技特派员"制度补充它的不足。这是我们推行"科技特派员"制度的一个基本原则。调研结果显示,有一些地区的"七站八所"基层体系维持得还算不错,但是对于大部分地区而言,在土地承包制之后,农村基层科技体系已经逐渐淡出人们视野,很多地方的这些机构实际上处于瘫痪状态,"七站八所"人员流失现象严重;而有的机构人员技术水平有限,无法满足当地农村发展的需要,已经成为当地政府的一个财政负担。那么这个问题就有意思了:既然那么多"七站八所"基本功能都已经失去了,我们的"科技特派员"制度就在某种程度上有它存在的合理性。

但是这个事情被第二个问题困扰,就是"科技特派员"到基层去为农业服务,可不可以合理取酬?这个事情很快也有了答案:劳动付出就应有相应的回报。我们提倡"雷锋精神",但是不能用"雷锋精神"来要求所有人变成"雷锋"。"科技特派员"付出了辛劳,是应该得到一些市场回报的。这属于正常的劳动所得。我们认为福建省南平市的经验就很好,南平市的"科技特派员"下乡之后,可以停薪留职。事实上,"科技特派员"直接深入农村,帮助农民和农业企业解决问题，农民和企业是愿意付给合理报酬的。还有一种模式是通过入股农村合作社的形式获得相应的回报。我们最后得出一个结论，在市场经济条件下，科技服务作为劳动的组成部分，可以得到正当的市场回报。

这也是我们通过"科技特派员"制度实现的两个突破。一是有效地补充了当时农村服务体系弱化的情况；二是科技特派员通过劳动可以得到一定的市场回报。这两个关键的环节，也就是我们体制机制的突破。

经过深入研究之后，因为我们要从科技部进行推动，所以第一步要向科技部党组汇报。在向党组汇报的时候，也是有一定争议的。第一个争议是认为"科技特派员"这个名称太土了。但是我们认为，福建省南平市的实践证明，"科技特派员"在农村深入人心，而且它还有一种特殊含义，那就是政府支持企业把党的关怀送到农村基层、送到农民的手里。

第二个争议是关于"体制机制"问题，还有收入问题。当时还有一种意见是，"科技特派员"这种体制虽然有所突破，但是不宜推广。南平市这么做是可以的，但是作为国家部委，这么宣传是不太符合现行规定的。我们向党组做了解释，并说明第一步还只是做试点，取得经验后再来推广。就这样，经科技部党组授权，科技部就着手推动"科技特派员"工作，并以南平市作为试点市。

当时，部党组成员、科技日报社原社长张景安同志还在担任科技部体制改革与政策法规司司长。张景安同志认为"科技特派员"制度是科技体制改革的一个典型事件，比较具有代表性。于是，景安同志就组织了政策体改司的同志调研了南平市"科技特派员"工作，并为"科技特派员"工作的可行性和合理性提供了更多的佐证，积极主张推动"科技特派员"制度。

许多省市自治区科技厅厅长也到南平市实地调研"科技特派员"

工作。看到活跃在田间地头的"科技特派员"的工作实效，厅长们坐不住了。他们说，"科技特派员"这种体制和机制，非常值得探索和总结。很快，"科技特派员"制度在很多省区迅速建立起来。随着这项工作的不断深入，许多省区将"科技特派员"纳入了科技厅、科技局工作计划，在项目上给予支持，在经费上给予扶持，使"科技特派员"这一制度自觉地落到了实处。

"科技特派员"在科技部受到了密切关注和大力支持。我记得有一次我们总结西北"科技特派员"经验，邓楠同志听了以后就对我说："你的'科技特派员'制度是不是也可以在西南地区做个试点啊?"当时按照分工，邓楠同志负责西南片区，而我负责西北片区。邓楠同志看到西北地区"科技特派员"工作有声有色，成效不错，于是主动跟我提出了这个要求。

后来有一次在云南召开科技工作会议，邓楠同志让我也去参加。我当时想，只有我去还不行，很多细节了解得还不够，不如把南平市委书记还有西北地区参与"科技特派员"工作试点的省科技厅厅长都一起请到会上"现身说法"。果然，西南片区的几位科技厅厅长也坐不住了，一个个摩拳擦掌、跃跃欲试，很快，"科技特派员"试点工作在包括广西壮族自治区在内的西南各省也展开了。

这一制度在我国西南地区顺利推广后，我和邓楠同志一起向时任部长的徐冠华同志汇报了具体情况。徐冠华同志听完汇报后当即做出决定，批准"科技特派员"制度在全国范围内展开。为此，科技部还专门出台了在全国范围内推动"科技特派员"制度的通知，国务院还转发了这个文件。至此，"科技特派员"制度正式确立。

访谈人：10 多年前，我国参与"国际热核聚变实验堆（ITER）计划"成为科技界热议的一个话题。大家都感到很振奋，很多人都非常关心这个事件。据我们了解，您当时作为科技部领导全程主持

并参与了这项工作。请您谈谈这方面的相关情况。

刘燕华：我在科技部工作期间，的确也曾经参与过国际科技合作的相关工作。2001—2004年，我负责联系国际合作司。当时国家交给国际合作司一项任务：参与到国际的重大科学项目中去。"ITER计划"就是其中一项。

"ITER计划"是当时有关国际核聚变的一个大科学计划。

我们都知道核技术有两个大类。一大类是裂变，是以铀为基础材料产生能量。现在我国的核裂变、核发电技术都已经成熟了。核技术的另一大类是核聚变，它是以氘和氚为基础原料来进行能源生产。裂变用的材料铀辐射很强，而聚变所用的氘和氚的辐射则相对较低。而且氘和氚在地球上的储存量非常多，可以说是取之不尽、用之不竭。在核聚变的相关研究里，国际上做过很多工作。当然核聚变的研究不是那么简单的，它需要长期的积累，需要研究，需要不断地实验，由于当时国际上已经有研究人员做了一些小型的实验堆，在微秒级或者秒级的点火已经实践成功了，因此，国际上认为核聚变技术已经成熟了，认为核聚变是可以研究的，可以作为未来科学来考虑了。在早期的这项国际大科学计划里，以美国、日本及欧盟的一些国家为主，没有中国。在研究过程中，因为研究周期非常长，在短期内看不到成效，有一段时间美国就退出了"ITER计划"。中国在改革开放20年后，国家经济实力和科研实力显著提高。因此，欧盟和日本与中国协商，邀请中国参与到"ITER计划"里来。

当时科技部组织专家针对这个情况进行分析，研究中国在这个时候是否应邀加入"ITER计划"。这个时期，我国实际上也有了一些相关的研究基础：中国科学院等离子研究所已经牵头做了一些相关方面的基础实验。关于这个问题，在当时国内也是有着很大争议的。很多人怀疑欧美、日本的动机，质疑我们是不是有加入"ITER

计划"的必要——中国最初想加入"ITER 计划"是遭到以美国为代表的西方国家强烈反对的。为什么现在却又来邀请中国参与到国际核聚变的研究中去?

争论的还有另外 3 个点,一是因为当时我国的核裂变反应堆技术已经相对成熟,我们有不少研究核裂变的专家,但是研究聚变的专家相对比较少。二是因为当时的科技经费比较紧张,有些专家担心我们参加了核聚变的相关研究,会减少核裂变的相关资金。三是有一种意见认为,核聚变的研究遥遥无期,可能 50 年甚至 100 年都不一定能获得成功。我们国家参与到这种国家科技计划里,纯粹就是往里面砸钱!所以有不少人士反对中国参加"ITER 计划"。当时各方面的争论也非常激烈,在报刊上也经常可以看到一些争论的文章,甚至在一些公开场合,不同领导之间都在发表不同意见。

中国是不是参与国际核聚变研究的推动工作?中国科学院院士、科技部部长徐冠华同志态度坚决。徐冠华同志指出,中国不但是应该参加,而且是必须参加国际大科学研究。这关系到中国的大国地位问题,更主要的是科技占位问题。国际科技也是国际政治的组成部分。我们参加"ITER 计划",不仅仅是参加一个国际大科技计划那么简单,也不能只关注什么时候可以看到成效,我们应当通过这个计划重视中国科学技术的储备。他说:"我们不能只看眼前,科学技术眼光要远一点。"当时他还说过一句名言:"经济是今天,科技是明天,教育是后天。"徐冠华同志在关于我国是否参加"ITER 计划"的问题上是坚决的主张派,因此,他在当时也受到了许多攻击,承受了巨大的压力。但他在这个时候的坚决态度对我们参与这项工作的所有人都是巨大的鼓舞!

这次争论已经不再是专家意见的异同,甚至在有关部门之间也出现了。而就在各方之间都争执不下的时候,国务院为此召开了一次会议。我个人认为这是一个特别提振我们主张派精神的会议。那次会议是由温家宝同志主持召开的，核心重点就是讨论中国是否要参加这个国际大科技计划。

因为当时部里分工，我主管国际合作司，因此，我也参加了那次会议。会上，温家宝同志首先请相关专家介绍了核聚变研究的基本背景和国际核聚变研究的发展历程。介绍完毕之后，让各个小组充分讨论。因为这件事情涉及国际合作，所以当时的外交部也针对这个问题进行了发言。我记得当时外交部一位领导发表了一个非常重要的观点。他说，参加这个国际科学计划是用钱买不来的。这句话说得掷地有声，在场的所有人都很震动。这句话表明，参加国家大科学计划，首先这不是钱的事，更不是简单加入一个国际组织机构的事，而是代表一种用钱买不到的国家利益。我们应当从外交的角度来思考这个问题在外交方面的战略意义。那次会议后，原来持反对意见的许多同志包括一些领导地位很高的同志也不再坚持反对了。很多部门也表示给予支持。国务院终于做出决定：中国要参与到"ITER 计划"当中去。这个前后持续争论了一年的问题，最后在各部委之间、各领域专家之间终于达成了共识，确实不容易！

有意思的事情是，当中国参加"ITER 计划"后，美国又变脸了，又要求恢复参加这个计划。

在徐冠华同志的大力支持下，科技部组织有关人员全力以赴投入"ITER 计划"之中。我们加入"ITER 计划"后，首先要参与谈判。当时我们成立了一个由有关专家和科技部、外交部、中科院组成的谈判团队，高频率地与"ITER 计划"组织进行谈判。一年里的相关谈判就多达 8 次，每次都谈得很辛苦。而且美国人再次加入"ITER 计划"之后，美国商务部每次谈判都带着律师，利用《国际法》和国际合作规则，故意给我们层层设卡。这就使整个谈判进程变得异常艰苦！

说实话，每次谈判我的神经都绷得紧紧的！现在回顾起来，谈判过程中有 3 个问题纠缠得非常厉害。第一个问题是"ITER 计划"里成员国需要承担的份额和权力，也就是各个国家需要出多少钱。当时"ITER 计划"需要的资金数字非常庞大，这个资金到底要怎么分摊？每个国家分摊多少？欧盟和日本同意出钱，那么其他的参与国也都必须出钱，包括中国、美国、韩国，谁也不能例外。这就涉及分摊比例的问题。出资太多，我们的压力就会过大；出资少了，我们在这个计划里的发言权就会不足。这是外交的博弈，更是国与国之间国家智慧的博弈。谈判的最后结果是，欧盟和日本两个合起来承担 40％，60％由其他几个国家平分。谈判的第一个回合，"钱"的问题终于谈完了。

第二个要解决的就是分包问题。既然"ITER 计划"是一个大科学工程，就需要各种各样的器件。这些器件都是特殊器件，该怎么处理？该如何分包？有些器件是核心部件，有些是辅助性的部件，中国将来在这个计划工程里分担哪些部分？这个分包也是一项技术活，假如我们只做一个简单的外壳制造，那我们就等于白参加了。这个时候中科院霍裕平院士就充分分析了中国已经掌握的技术、中国未掌握的技术和中国需要参与的技术。霍裕平院士的分析发挥了很大的作用。我们的团队掌握了核心要点后在谈判过程中就更加有理有据，谈判的天平也在一点点地向着有利于我们国家的方向平衡，最终确定了中国所应承担的责任和权益。这是第二个问题。

第三个问题的谈判过程也很艰苦，主要涉及"ITER 计划"今后的组织架构问题。按照构想，"ITER 计划"将来要建一个大的实验基地，这个实验基地选址在哪儿？放在欧盟？放在日本？各参与国谁都想把这个实验基地放在自己的国家。既然欧盟和日本在资金上出了大头，按照规则，这个实验基地不是放在欧盟就是放在日本了。所以欧盟和日本之间就展开了一场实验基地"争夺战"。这个时候，中国的态度就直接决定了实验基地"花落谁家"。平心而论，我们在地理位置与日本是近邻，而且当时的中日关系相对也还比较平稳。但是欧盟对于我们来说也是一个重要合作伙伴，在进入"ITER计划"的时候，欧盟就对中国表现出了友好。这个时候，美国支持日本，因此，欧盟的票数就相对较少。于是欧盟就来争取中国的支持。选址的谈判进行了许多次。我记得当时在韩国的济州岛那次谈判也是非常辛苦。当时我们根据霍裕平院士技术团队的建议，从技术角度阐述了中国不支持选择日本的理由是日本地震频繁。中方指出，如果将实验基地建在日本，一旦出现地震，情况就会非常危险，并且从技术角度阐述了在欧盟设立实验基地的可行性。最终投了欧盟一票。

参加"ITER计划"谈判，使我非常感慨。我深深地体会到，既然我受命担任谈判团团长，就责无旁贷，必须竭尽全力地维护国家利益，在关键时刻必须依靠身边的同志，与谈判对手斗智斗勇，确保国家利益最大化。我很庆幸，我身边有一个阵容强大的团队，这些参加谈判工作的专家和有关部委的副司长、处长，成为整个谈判工作中所向披靡的坚强战士。

从2006年算起，我国参加"ITER计划"已经12年了。虽然我离开了科技部的领导工作岗位，但时至今日，"ITER计划"时常牵动着我的神经。据我了解，目前"ITER计划"的整体进展较为顺利；中国在"ITER计划"中所分包的器件和技术，完成的质量也优于其他国家。其中，最关键的隔热层技术研究成为"ITER计划"里的"独门绝技"，其他国家在这方面也只能是"望洋兴叹"。当然，任何一个国家都不能够包揽所有的技术，这就是现在国际上比较倡导的新型分工。可以说，在核聚变研究的问题上，中国在一些关键技术上实现了突破，技术水平处于国际领先地位。这是令国人骄傲和自豪的。

访谈人：请您为我们讲述一下我国科技"共享平台"的设立和推动的相关情况。

刘燕华：我在科技部工作期间，有一段时间负责分管当时的条件财务司。这个部门主要负责管理财务问题和科研条件建设。在这个过程中，我有一个非常深刻的感受：科学研究必须依靠科学仪器设备来进行。当时我们国家进口了很多国外先进的仪器、设备。可是这些仪器、设备被买来之后，有些还没有开封就被搁置了，有些是被单位购买之后封闭起来，只允许单位自己使用。这也是一种浪费。与其这样，不如国家采取一些措施，使所有已经购买的高级仪器、设备实现共享。也就是说，自己单位不用的时候，能够把这些仪器及时让别人使用，别人可以支付一定的经费，从而减少资源的浪费。"共享平台"刚开始就从这种"仪器设备共享"开始做起来。当时是由条件财务司负责推动这个机制。推行了一段时间之后，科技界也就慢慢形成了一种机制，任何单位购买的大型科学仪器、设备，必须实现共享。例如，单位购买仪器之后，国家也会给予这个单位一定的支持。购买单位虽然拥有仪器的管理权，但是一定要实现仪器共享。只有达成了这个目的，这个仪器、设备才能发挥出更大的作用和价值。就这样，我们开始在全国推动这个机制。后来许多的大院大所都开始实现仪器共享，这样一来也节省了很多经费。

后来，"仪器设备共享"又扩展了外延。当时，我们有很多的数据、资料、文献是不能共享的。在当今的信息化社会，有很多信息可以通过电子手段来传递，但是在当时并没有这个条件。当时的各个部门都根据自己所掌握的信息建立了相应的数据库，并把这些数据库变成私有财产保护起来，导致了很多信息孤岛的产生。这不但是一种资源浪费，还导致了工作效率低下，甚至有些重要资料不全。当时我们就提出了"要想实现科学的发展，就必须要开放，只有实现开放共享，才能够实现科学向高水平迈进，才能站在巨人的肩膀上，去实现我们的创新突破"的观点。

第二步，开始着力推动我国的科技信息文献共享。当时在实际的推动过程中也遇到了很多困难，也有很多单位把持着自己的信息不撒手。例如，有些单位掌握着很多数据，他们就用这些数据去获取利益。我们觉得这种现象不应该存在，原有的规则应该被打破。在推动这件事情的时候，我们和有关单位进行了沟通。有些单位提出，之前这些资料由他们独家控制，他们可以利用这些资料获得一定的收入，但是实现信息共享后，原有的收入没有了，他们该怎么办？我们当时只能和他们谈："你们这个方面每年的收入是多少？你们需要多少资金来维持你们日常的开支？我们把这些行政开支通过科技经费的形式给你们补足，作为你们的工作经费。"我提出，这部分资金作为有关单位维持信息共享的经费，只有保证部门的工作经费，才能使他们更好地将独家资料进行数据开放，数据开放后也能产生更多的成果。就这样，我们与一个一个单位、一个一个部门进行商榷，使原来的那些封闭型单位的数据也实现了开放共享。

第三步，全面合作，强调的是跨学科融合。现在许多的重大产品的实现，并不能仅仅依靠一个专业来支持。跨学科融合，就是要搭建一个跨学科的研发平台，这也是"共享平台"更进一步的发展。这个研发平台既要有各个学科的实验设备，也要有学科交叉的设备，同时又要有测试平台。有了这些，才能建立起各个学科在一起共同去进行创新的体系。同时，在这个平台上，既要有研究人员，也要有企业，又要有市场，这个平台应该是全功能、全方位的。在推进第三期平台的整体建设过程中，当时有两位关键性的泰斗人物给予了我们大力的支持。一位是科学院院士、国家科技奖获得者师昌绪；另外一位是原科学院的副院长、中科院的院士胡启恒。他们在这个过程中对我们鼎力相助。尤其是我们在研究讨论或者要解决一些问题的过程中，遇到了很多的阻力，都是他们来帮助处理化解的。同时，他们还为我们整个平台的建设出谋划策。在先后召开的几次会议上，他们都出面讲话，鼓励协同，鼓励合作。他们说，"中国的创新要是没有合作精神，也就是科学精神，中国的创新是很难走过去的老路。要想像'两弹一星'那样，中国真正实现突破，关键就在于这个共享平台的打造。"他们当时还提出了一个思想，"必须把国家公共资源二次分配的科技经费用在共享平台的建设上，有了共享平台，就能够使我们所有人的力量聚集到一起。而共享平台就是一个舞台，能够让各种各样的优秀人才在舞台上表演"。

当时还有一些人提出，推行"共享平台"运行机制的难度太大，很难推行下去。当时科技部党组下了死命令：再难也要办！因为这是我们未来发展的一个基本方向。当时徐冠华部长和我说："这件事情我放手，让你刘燕华全权去推动，有困难找我。"这些话使我有了底气，也觉得成功的概率更大了。所以我就开始与各个部门联合，特别是依靠我们科技部的这些默默工作、乐于奉献的工作人员的力量，和大家共同合作，最终把这件事情推动起来。科技部又将"共享平台"这项工作和财政部进行沟通，取得了财政部相关领导的大力支持，他们也认为这是科技发展的一个重要方向，所以在经费问题上进行了调整。科技部为此还专门成立了一个单位，叫科技平台中心，并且得到了一定的平台建设经费，全国各个方面平台建设的相关工作也正式开始启动。

据我从侧面了解到的信息，科技平台中心目前运行得还不错。这个平台也代表了全国科技工作者的一个心愿，更引发了全国各地的"追捧"，特别是发达地区，在高新区的建设、企业孵化器的建设等方面，都在开始打造新的平台。因为平台是集成科技创新力量、实现重大突破的一个重要的舞台，也带动了许多政府职能的转变。因此我认为，科技平台的建设，应该作为我们改革开放 40 年来，科技体制改革的重要内容来看待。

2015 年我看到过一篇文章，这篇文章的作者是时任科技部党组书记，现任科技部部长、党组书记王志刚。他这篇文章的题目是《从科技管理到创新服务的转变》。这其实是一种非常强烈的信号。这种信号体现了政府职能的转变，也说明了中国的创新进程、中国创新的方式方法和手段，将会实现新的突破。

访谈人：请您为我们介绍一下"创新方法"工作的开展和成果。

刘燕华：实际上在科学技术研究中，"创新方法"工作是我们一直都在推动的。我们都知道，科学大师都是方法学大师，他们所总结的经验和规律，是留给后世的瑰宝。所以科学技术研究的本质是方法学。

当时我们在科技部研究"创新方法"。创新既包括硬实力，也包括软实力。我们说，科学发现很重要，科学方法就属于创新的软实力。如果这种软实力没有在科技的项目经费中得以体现，我们很多的方法和手段，我们的技巧、经验，就丢掉了。研究创新方法是时任科技部部长的徐冠华同志提出来的；万钢同志担任科技部部长后也非常重视科学方法的使用。这或许得益于他本身就是从实践中来的。万钢同志为此还提出，科技部是不是能在科技软实力上下功夫？为了解决这个问题，科技部专门组织力量，研究分析国际上在"创新方法"工作中的主要经验，中国曾经做过哪些"创新方法"的工作，要求把这些都总结一下，通过"创新方法"的推广使我国科技发展更上一个台阶。

"创新方法"是什么？方法就是利器。用中国的一句老话来说，就是"工欲善其事，必先利其器"。没有创新的方法，就没有我们今后的未来。整体调研结束后，我们将所有的发现写成了一篇文章。这篇文章当时是由科技部 21 世纪议程管理中心副主任黄晶同志执笔完成的，他依据大家的讨论，总结了一篇非常精辟的文章，并以此来诠释什么是"创新方法"。

科技部推行"创新方法"后，先后联络了教育部、中科院、工程院，还有知识产权局和标准委，共同成立了一个推动"创新方法"的联合工作小组。当时大家的情绪非常高涨，我能够参与到这项工作中感到十分激动。我记得在那个时候，大家专门集中在一起，针对"创新方法"进行整体的框架设计。设计完之后，就由科技部来推动"创新方法"工作的具体进行。为了确保这套方法的科学性和实用性，我们在正式推行前请教了叶笃正、刘东生、王大珩这3位科技界泰斗。当时这几位专家还都在世，他们听完之后非常激动，说我们目前做的这件事就是他们长期想做，但是一直没有机会推动的事情。叶笃正、刘东生、王大珩就在"创新方法"工作报告上联合签署了自己的名字，并给温家宝同志写了一封信来肯定这件事。因为得到了广泛的社会关注和领导的指示，科技部用文件形式发了文，报到了国务院。刘延东同志还专门做了推动这项工作的批示。后来我们还专门在国务院小礼堂里召开了一次会议，邀请各个部门、地方的领导都来参加会议，以此推动"创新方法"。国务委员陈至立同志主持了那次会议。会后，"创新方法"的推广工作很快就在全国范围内铺开了。现在我虽然离开了科技部领导岗位，但仍然时常牵挂着"创新方法"的应用，真心期待着"创新方法"在实施过程中进一步完善，为实现"中国梦"做出最大贡献。

人生幸逢春晖路　我以我心荐轩辕

——中国科协原副主席、党组副书记、
书记处书记齐让访谈录

个人简介

齐让，汉族，山西朔州市人，1950 年 10 月出生，中共党员。1969 年 6 月参加工作；1975 年 12 月毕业于清华大学化工系无机非金属材料专业；1990 年 7 月毕业于中科院研究生院管理科学专业研究生班，工程师。

1981 年 11 月至 1985 年 3 月，任国家科委二局、新技术局、工业局干部；

1985 年 3 月至 1986 年 6 月，任国家科委办公厅秘书；

1986 年 6 月至 1987 年 3 月，任国家科委工业技术局综合处副处长；

1987 年 3 月至 1992 年 12 月，任国家科委工业技术局（工业科技司）综合处、新材料处处长；

1992 年 12 月至 1995 年 9 月，任国家科委工业科技司副司长；

1995 年 9 月至 1998 年 8 月，任国家科委条件财务司司长；

1998 年 8 月至 1999 年 6 月，任科技部发展计划司副司长（正司级）；

1999 年 6 月至 2001 年 12 月，任科技部发展计划司司长；

2001 年 12 月至 2004 年 1 月，任科技部办公厅主任；

2004 年 1 月至 2005 年 2 月，任科技日报社社长，科技部党组成员；

2005 年 2 月至 2006 年 5 月，任中国科学技术协会书记处书记、党组副书记；

2006 年 5 月至 2011 年 6 月，任中国科协副主席、书记处书记、党组副书记；

2008 年 3 月至 2013 年 3 月，任第十一届全国政协常委；

2011 年 5 月，被授予中国科协荣誉委员；

2013 年 3 月，任第十二届全国政协人口资源环境委员会副主任，第十一届全国政协常委。

访谈人：齐主席好！我们了解到您在改革开放不久就进入国家科委工作，在国家科委（科技部）工作长达 **23** 年之久。其中，您曾先后担任国家科委工业科技司副司长、条件财务司和科技部发展计划司司长，是国家科技经费管理部门的负责人。我们想请您谈谈这方面的情况。

齐让：今年是改革开放 40 年。1978 年的 3 月 18 日对科技界来讲是一个值得纪念的日子，中央召开了科学技术大会。在这次大会上，邓小平同志发表了重要的讲话，提出科学技术是生产力，知识分子是工人阶级的一部分，号召实现"四个现代化"。到今天 40 年过去了，我们从"科学的春天""科教兴国"到现在提出要建设创新型国家，不论是对科技来讲，还是对经济社会发展来讲，我认为这里面包含了几个依靠关系，"科技依靠创新、创新依靠人才、人才依靠环境、环境依靠发展"，我觉得这是一个正循环。

我是 1981 年调入国家科委二局新材料办，1982 年年初正式到国家科委工作。我刚刚到国家科委的时候，我们新材料办的任务，主要是给国防军工配套，当时是国家科委负责新材料的研制。军方提出所需型号后，从常规兵器一直到航空航天所需要的所有新材料都需要靠我们自己来解决，这些新材料是很难从国外引进的。我们负责小批量的研制，国家计委、经委国防司负责大批量的生产。国家科委、国家经贸委、国家计委，我们 3 个部门联合起来落实这项工作，共同满足国防工程的需要。

当然，在这个过程中我们也遇到了很多困难。当时，亟待解决的问题还是科研经费和研究所需的仪器、设备。毫不夸张地说，我在清华大学进行科研工作的时候，我们的部分仪表，我们需要的工艺装备，好多都是从以前废旧的仪器里找出来又重新组装的。这样简陋的条件对于当时而言，我们并没有其他苛求。一心想的就是把上级交办的任务完成好。那个时候，我们总喜欢说的一句话就是：办法总比困难多。也正是靠着这种精神，虽然遇到了那么多的困难，但是我们的科研人员还是想方设法地克服了种种困难，一次又一次地完成了上级交办的各种任务。所以我认为，无论是中国科技也好，还是其他领域也好，我们都是靠着这样的精神，一点一点成长、壮大起来的。

我从最初的二局到工业技术局，再到条件财务司、计划司，这些年，主要参与了有关科技项目、计划规划和科研经费的相关工作。1995年，我任国家科委条件财务司司长；1999年，又改任计划司司长。在这两个综合业务司任职前后6年的时间里，我们国家的经费情况，总体都比较紧张。当然，从当时的客观条件来看，我们国家的科研经费一直都很紧缺。国家经济基础总体就差，谁都知道穷家难当。不可能拿出太多的钱来支撑科研开发。改革开放初期，我们全国的科研经费全部算下来也就只有53亿元。而且这53亿元全部来源于中央财政拨款。当时，企业和市场还根本无法在科研经费安排上发挥作用。因为在改革开放初期，有利润的企业都是要上缴国库的，自身资金也非常紧张。相当于我们当年只能用53亿元来支撑我国这么大的一个"R&D"（research and development，指在科学技术领域，为增加知识总量，以及运用这些知识去创造新的应用进行的系统的创造性的活动，包括基础研究、应用研究、试验发展3类活动——编者注）投入。

鉴于现实情况，科研投入长期不足的情况一直持续了20多年。这种情况的转折点确切地说应该在2000年。此前我国"R&D"投入一直在GDP总值的0.5%～0.7%徘徊。在2000年的时候，这个比重上升到1%。1%在当时相当于896亿元。我觉得从投入上来讲，这是一个历史性的突破。当时我已经调任计划司工作。在做"十五规划"前期研究时，科技部组织力量对"R&D"投入情况做了清查，也就在"十五规划"中，科技投入第一次被列入科技规划的目标，特别是列入了国民经济规划的大指标里。这在过去是没有的。而2013年又是一个非常重要的转折点——当时"R&D"投入在我国GDP中的比重达到了2.08%。据统计，2017年，我国包括企业研发投入在内的"R&D"总投入已达17500亿元。作为曾任国家科技经费管理业务部门负责人，对此我感到非常振奋！因为一国"R&D"投入是一个国家科技能否顺利发展的重要保证，更是一国科技发展与否的一个重要标志。

访谈人：我们注意到，您是国家星火计划、"863计划"、火炬计划的重要参与者之一。作为这"三大计划"的亲历者，可以请您为我们谈谈当年的一些情况吗？

齐让：关于国家三大科技计划，还得从我调到国家科委工作时讲起。我刚调到国家科委时，我们的领导是方毅同志。方毅同志是中央政治局委员、国务院副总理兼国家科委主任。作为国务院副总理，方毅同志对国家科委的布局和基础产业领域科技工作特别的重视。之后是宋健国务委员兼国家科委主任、朱丽兰主任、徐冠华部长。"三大计划"的布局是始于宋健主任，接力棒一任接着一任干。3个计划各有一个分管副主任，大家称为司令。已故的杨浚同志是"星火"司令，已故的李绪鄂同志是"火炬"司令，朱丽兰同志是"863"司令。

我们科技口的同志都对"两把火"很感慨、很有感情。我认为，"星火""火炬"对促进我国的科技与经济结合作用突出，意义重大。关于第一把火——星火计划，我想其他领导同志都讲得已经比较多了，为了避免内容重复，这部分我就不多讲了。星火计划极大地促进了我国乡镇企业的发展，助力我国的乡镇企业从无到有、从少到多、从弱到强，最终异军突起。它所发挥的作用、所创造的成就彪炳青史，令人回味无穷。因为星火计划参与的领导和同志比较多，我相信我们其他领导肯定会讲得很深入、很细致。因为参与过的同志都对这段过往充满了创业的激情和豪迈，一生都无法忘怀！

我想讲一讲的是我们国家科委的第二把火——火炬计划。当时，火炬计划的前期准备工作一直都由工业科技司负责落实。很多参与过火炬计划创建工作的同志都记得在当时的工业科技司还有一块牌子叫"火炬办"（即"火炬计划办公室"——编者注）。当时我任工业科技司综合处处长，对我来说也同样充满了深厚的感情。我记得那是在1987年的事情。工业科技司委派我和条件财务司的马锡冠处长、研究中心的王珂共同执笔火炬计划第一稿。根据国家科委的规划，当时的火炬计划主要有三大任务。哪三大任务呢？第一个任务是火炬项目。国家科委一开始就将火炬计划定位在瞄准高新技术的成果转化，以此区别于乡镇企业和农业色彩越来越明晰的星火计划。第二个任务是孵化器。但当时不叫孵化器。因为国内绝大多数人不了解企业孵化器是做什么的，还有人只单纯从字面上去理解，一听说孵化器脱口而出地问：是不是孵小鸡的？这在当时常常闹笑话。为了防止被误解，国家科委在确定名称时把孵化器命名为"科技创业服务中心"。第三个任务就是高新技术产业开发区。这个当时除了让很多人感觉到一种神秘色彩的同时，确实是一眼就知道这是一个政策区域，这是提升国家经济与科技产业发展总体水平的"大计划"。

由于当时在这两个计划的推动过程中所获得的财政资金比较少，当时的企业发展大部分都需要依靠科技贷款来支撑。因此，我认为这"两把火"事实上就是市场经济和计划经济结合的产物。特别是作为火炬计划核心载体的高新技术产业开发区更具备这个显著特征。2018年，是国家火炬计划实施30周年。30年来，国家高新技术产业开发区"从无到有、从小到大"，其发展过程的艰辛自不必说，但是更重要的是其所展现出来的活力和发展强劲的势头，充分说明了高新技术产业开发区对我国经济发展产生的巨大推力，也彰显了国家火炬计划的正确性和先进性。

今天我还想说说"863计划"。这个计划是我国高技术研发的一面旗帜。我们的各级媒体对国家"863计划"宣传得比较多，可以说在科技界深入人心。很多人一提到"863计划"就不由得肃然起敬。可见这个计划为我国高技术的发展、前沿技术的发展所做出的贡献是不可磨灭的。

在推行"863计划"的过程中，我曾担任过多年的"863联办"（即"863"联合办公室的简称——编者注）副主任，后来也曾以计划司司长的身份兼任联办主任。

在整个"863计划"推行的过程中，我就讲一件小事。有一个镍氢电池项目给我留下了非常深刻的印象。这个项目是朱丽兰副主任亲自抓，我是具体执行、协调者。那个时期，不论是国家科委高技术领域还是新材料领域，镍氢电池是国家科委各司局都非常重视的一个项目。因为这个项目对我国电池产业的巨大影响，镍氢电池项目被我们大家戏谑为"小电池，大产业"。我记得当时我们组织了几家研究单位共同负责这个"863计划"项目。我至今还记得，当时的分工是：电池研究方面专业性非常强的电子部18所牵头负责科研攻关；包头稀土研究院负责解决材料问题；南开大学则分工负责镍氢电池的机理形成及材料研究。正是因为有了这几家单位的强强联合，我们以邀标的方式竞争，最后决定在广东中山建立了中试基地。这个基地的规模初步定为年产50万只镍氢电池。这个规模在当时的人们看来非常大，以至于让我们很多人都捏了一把汗。现在回想起来，这几家联合推动镍氢电池项目的单位，其实就是一个产学研紧密结合的范例。当时我去和质检部门谈了产品同步研究标准问题，这也是首次联合同步研究制定了镍氢电池国家标准。从这个项目案例，我们可以看出，"863 计划"解决了许多产业"从无到有"的问题，也解决了我国很多重要产业领域的创新驱动问题。当然，企业、产业的"从小到大"，还是要借助市场和各方面的力量。实践证明："三大计划"的实施，对我国科技的发展、对科技力量凝聚、对市场与计划的结合、对社会经济发展的贡献，确确实实起到了不可磨灭的作用。

访谈人：您也是"国家中长期科技发展规划"工作的重要参与者之一。请您回顾一下这方面的相关情况。

齐让：回顾"国家中长期科技发展规划"之前，我先说说"十五科技规划"。在制定"十五科技规划"时，正值国家规划计划体系改革，所以没做中长期，只做了一个"十五科技规划"，放到国家计划体系里叫作"科技专项规划"。

这个计划期限是 2001—2005 年，是 21 世纪第一个五年计划，是科技部和发改委联合制订，由邓楠副部长和张国宝副主任牵头，我和马德秀司长具体负责。"十五科技规划"的主要贡献，一是当时提出了一个指导方针，叫创新产业化。创新产业化一共包含两大任务，一个是提高自主创新能力；一个是支撑、发展产业。二是"R&D"研发投入强度指标和人力指标都列入规划的目标里。因为过去我们都只是在具体措施时，才会涉及资金投入的内容。所以在当时，针对这个问题我们也非常坚持，设定国家规划的目标，其中必须有预计投入的数值。没有投入哪儿有产出呢？那么投入具体指什么？最重要的是人力，其次是经费，有了这些才能有产出。

"国家中长期科技发展规划"实施周期从 2006 年到 2020 年。由温家宝总理、陈至立国务委员领导，徐冠华部长任办公室主任、邓楠副部长任办公室副主任，我任综合组组长。非常有幸参与了这个规划的制定工作。回顾当时的情形，"国家中长期科技发展规划"是2003年从"非典"期间起步的。当时，我们召集了30多位专家和科技部机关工作人员集中在科技部专家公寓办公。当时向部里要了一条政策：所有参与这项工作的人由我来点名。事实表明，这么做是对的。这对于我们抽调参与这项工作的骨干也是一个负责任的交代。当时我点了有关司局的副处长、处长的名，请他们一起来做这个工作。在工作正式开始前，我们预计这项工作大概需要两年的时间才能完成。要求参与人员要有长期作战的思想准备，要把这项工作视为一个工作岗位，不能有"临时"思想。

关于这个规划，我们前期的工作是研究提出工作方案，我们相继组织了近2000名专家，用了整整两年时间。这两年里，我们所有同志都一直本着实事求是的作风和态度从事这项工作。回过头来看，我认为这个规划中非常关键的一条是当时研究团队的判断能力，基本准确地判断出了我们的科技当时在国内、国际上处于什么位置。只有我们清楚了自己的定位，才能准确地知道该如何设立下一步的目标。当时，根据各国的科技发展情况，将世界的科技定位划分为5类。第一类，科技核心国。这个科技核心就是美国。我们承认美国是全球科学中心。第二类，科技强国。经过研究分析，我们承认德国等是此时期全球科技强国。第三类，科技大国。包括法国、俄罗斯。第四类，边缘化国家。我们老老实实把中国与印度、巴西放在了"边缘化国家"范畴内。第五类是其他国家。

此时，中国在第四类。

关于"国家中长期科技发展规划"，令我印象极其深刻的还有它的"16字方针"："自主创新，重点跨越，支撑发展，引领未来"。特别是自主创新还是技术引进，经过讨论、大会辩论，在论辩中明确了自主创新。这16字方针，即便是放到现在，都还依然具有引领性。而在前瞻性规划目标中，有一点非常重要：那就是将2020年进入创新国家行列作为一个目标。现在这个目标也列入中央文件里，十九大的报告中，习近平总书记重申了这个目标，又提出到2035年，中国要跻身创新型国家前列，2050年要建成世界科技强国。

今天就这个机会，我还想分享一个细节。我们在做"国家中长期科技发展规划"过程中，第一次去向温家宝总理汇报工作。温家宝总理说，他最关心两件事：一是要凝练出一个指导方针；二是要凝练出一些重大专项。结果表明，这两件事我们基本都完成了。而且完成得很好！

关于重大专项，当时我们一共列出了16个。科技部主要管理的10个项目中，基本上还都是"民口"的，对这些重大专项也做过评估，基本上是每年一次或者隔年一次，由我来担任评估总体组的组长。

在评估过程中我们也发现一个问题，关于国家创新体系。因为在原来的规划中提出了国家创新体系由5个方面组成——技术创新、知识创新、国防创新、区域创新和中介机构创新，在这个体系中，我们没有回答体系的组成要素。我认为，它应该由四大要素组成。第一个是创新主体，这个争议不大。我们的企业、研究机构、大学、中介机构（包括各类社会组织）、政府都是创新主体。第二个是创新资源。创新资源都包括什么呢？一个是人力，一个是经费。过去我一直用信息这个概念来解释这一内容，现在大家都讲大数据，大数据其实也是一个创新资源。第三个是创新机制。创新机制其实就是在市场经济条件下，我们一定要有的竞争和激励机制。那么对应的，我们也要有相应的评价和监督机制。我认为这4个机制是非常重要的。第四个是创新环境。创新环境里面包括软环境和硬环境。软环境包括法律、政策、公民的科学素质等。还有一个是硬环境。我们国家的硬环境情况相对要好一些。

访谈人：您在科技部工作期间，曾主持过多个科技管理部门，主导了许多国家计划的制定，是国家科技计划实施的参与者，也是科技成就的见证者。请您谈谈这方面的感受。

齐让：科技项目的涵盖面其实非常广。我国的科技项目有两个本质现象：一个是被列入国家计划中的，我们能通过相关的数据统计看到这些项目的走向和研究周期；另一个是通过科技项目发散形成人才矩阵，如人才的流动等。我们应该把这些都看作一个整体。改革开放 40 年来，科技工作出现的一个显著特征，就是科技和经济的紧密结合。在我国科技体制改革以前，我们时常感受到科技与经济的"两张皮"现象。这实际上反映的是当时我们的科研和管理体制与经济发展不相适应的矛盾。经过近 40 年尤其是近 20 多年来的不断改革，科研和科技管理体制不断创新，不断探索，过去那种你搞你的经济、我搞我的科研，科研成果一出来就束之高阁的现象已经基本看不到了，科技越来越接"地气儿"，已基本适应经济发展的需要。具体到每一个项目对国民经济的影响，我们已经看到了，感受到了，体验到了。我个人认为，前些时候我们的主流媒体推出的一系列凸显我国科技进步和发展的宣传报道，在很大程度上也反映了我国科技发展的总体水平。40 年，在历史长河中真可谓"弹指一挥间"。但 40 年在人类生活中也并不短暂。我个人认为，那些报道和节目该总结也还是要总结。里面提到的那些大工程、大项目，背后都是科学技术给予了强力的支撑。我们以铁路为例。20 世纪 80 年代我去日本时，第一次坐新干线和地铁，就觉得特别新鲜。当时我们国家的主要交通工具还是绿皮火车。上下车就只有一个字：挤！因为我们的交通落后。但是你看看现在我们国家的铁路主干线上还有多少"绿皮车"在跑？主干线上是基本看不到了。看看我们现在的出行，行程在 4 个小时左右，大部分人都会选择乘坐高铁。三四个小时的行程大家连打折机票都不考虑了。很多人把这称为"高铁现象"。这个现象主要就是依靠我们的科学技术来实现的。尽管我们国家的高铁发展经历了一个引进、消化、吸收、再创新的过程，但这个过程的完成就是科技的巨大进步，是我们"自主创新"的成功案例之一。你再看看我们的网上支付、手机支付，为我们的日常生活带来了多大的改变！过去我们很羡慕国外的先进技术、先进交通工具，很多人一对比就很感慨我们国家的落后。但是现在我们再到国外去，还有多少人会对国外的那些先进技术、先进交通工具表现出羡慕？能让我们自惭形秽、自愧弗如的地方越来越少了。我们已经可以自豪地说，在很多方面，我们中国一点都不比他们弱。

由此我也很感慨。我不由得想起当时我们在推动"863 计划"时经常提到的一个说法叫"沿途下蛋"。这是什么意思呢？指的就是发散和扩散，这个说法非常形象地形容了当年我们许多科技成果的取得是在一边推动一边扩散的情况下进行的，并由此衍生、辐射出许多关联成果。这事实上也印证了中国的一个成语：瓜熟蒂落。说明经过长达近 70 年的孕育，尤其后 40 年国家各方面的潜心打造、财力的支撑、科技人员的顽强努力及科技部门的全力推动，中国科技阵容已经逐渐形成，创新能力大大增强。

我认为，科学技术的贡献关键还是科技人才的贡献。因此，科技人才的培养是重中之重。改革开放 40 年，科技领域最显著的特征就是重视对科技人才的培养。这其中，我们也一直鼓励科技人才的合理流动，鼓励科技人员进行技术转移、成果转化。为了把人才再吸引回来，国家还启动了"千人计划"。所以从政策和制度层面来讲，我们国家一直将科技人才的培养和使用提升到一个很高的位置。事实也证明，我们的科技人员不负众望，不但承担了国家的很多重大科研项目，还在科技成果转移转化方面发挥了巨大作用。充分肯定地说，我们国家这些年的迅速发展，尤其是国家大工程、大项目的背后，都凝聚着我们无数科技人员的巨大心血和他们的奉献精神。

访谈人：人们常说："兵马未动，粮草先行"。科技事业的发展同样离不开经费的支撑。关于科研经费和经费管理，各界了解得非常少，因此出现过一些误解的声音。可以请您谈谈有关这方面的情况吗？

齐让：科研经费管理一直是一个热点话题，也一直是一个难题。我认为我们所有从事科研经费管理的人员应该想一想下列问题，我们为什么进行管理？管理的核心是什么？我认为，科研经费管理的核心问题，在合规使用经费的前提下，首先是效率。离开效率讲管理，放在什么事情上都是一句空话。那么我们的科研经费怎么用呢？首先是要用到最急需的地方。为什么后来我们当中的一些人对科研经费管理的意见比较大？就是因为我们把科研经费的大部分用来购买仪器、设备，但是却忽视了对科研人员本身的投入。此外，我们国家的科研经费看上去总量不少，但是面对各行各业都要发展的急切需要，必然"僧多粥少"，有时还会出现"捉襟见肘"的现象。这就会让一些不知内情的人产生误解。因此，就难免会出现一些质疑和批评的声音。

总体而言，我认为我们目前的科研经费管理程序是合理的，管理方法也越来越科学，越来越完善。科技界不是也有一种感叹：科研经费越来越不容易拿了。为什么越来越不容易？因为管理机制越来越健全了，科研经费投入一方面越来越重视效率；另一方面也更重视对前沿科技研究的投入，经费管理对投入层次的划分也越来越重视。例如，我们把钱用于某一个项目，那么围绕这个项目，这个钱我们具体应该怎么用？仪器装备、原材料、项目运行、技术研究，包括课题研究结论、论文的公开发表，都要有科学的测算和管理。就拿整个科研体系来说，其中硬科学的投入需要多少？软科学的投入需要多少钱？支付给科研人员的费用需要多少钱？都必须列出费用清单。所以，我负责任地说，经过这么多年的探索和总结，管理经验越来越丰富，管理方法更加科学并且日臻完善，同时还加大了经费使用和管理的监督力量。

当然，我们的科研经费管理过程中还存在许多问题，其中一些条件的设置难以逾越。例如，科研经费"不可调整"的问题。这是多年来形成的一个硬性规定。因此，也导致在项目推进过程中的调整程序难度极大。我们的科研项目承担和经费使用单位对此是有怨言的。当然我们的管理部门在具体执行中，应该充分考虑到科研的特点，应该考虑到科研经费与技术改造经费、基建经费是有区别的，是具有目标的不确定性的，在制度设计上应当为科研目标的变量留出一个可以调整的余地。当然，从现在来看，我认为国家科研经费管理在制度执行和具体方法上，与过去相比已经有了很大的进步。

访谈人：您认为国家科技项目管理有哪些成功经验？还应注意哪些方面的问题？

齐让：关于这个方面，我主要谈三点。

第一点，我认为在国家科技项目管理中，最重要的是要"换位思考"。"换位思考"是指我们的管理人员，不应该仅仅把自己的职能定位到"管"，相反，应该把更多的精力放到"理"。"管"是手段，"理"是方法。过去在发展中有很多东西"理"得不够，关系不顺，又更多地着眼于"管"。很多人在管理中也逐渐形成了一种惯性思维，认为管理是"上下级"关系。其实呢，科研管理从本质上都是平等的。

第二点，我前面讲到过，管理的核心要讲效率。那么如何提高管理效率？我认为沟通是基础。不管从事任何的管理工作，沟通都是基础，合作才是关键。在行政上可能是上下级关系，但是在管理层面要倡导平等对话，作为管理者要设身处地为科研人员着想。实现科研目标就是双赢、共赢，是我们共同的目标。

第三点，"限定边界条件求最优"。任何的管理，不论是大单位也好还是小单位也好，一定要有自己的"边界条件"。我过去将这个总结为"三力定位"。哪 3 个力呢？一个是财力，实际上就是我们通常讲的"条件论"；一个是能力，就是你管理的队伍、团队的执行力；还有一个是权力。权力怎么解释？实际上是指你的任务、你的职责。每个管理部门里，不管大、小团队，具体到小单位也是一样的，你的职责是什么？我把这些都归到权力里。我认为管理科研项目也一样，同样需要依靠这"三个力"，这"三个力"就相当于 3 个边，只有把面积做到最大，你的管理效率才能达到最优、最高，这 3 个边之间也会相互牵制。那么对于一个管理单位而言，到底应该怎么做？我认为首先应该避免管自己不该管的事情。不应该出现只盯着别人，而自己做不好的情况。我觉得这是关于如何运用权力很重要的一点。其次是财力。一个单位不管做什么都要讲条件，在开始一件事情前，首先要明白自己有什么条件。"三个力"中弹性最大的是能力，就是你的团队、你管理的人员。根据"三边"这样来定位以后，我认为管理效果会相对更好一些。那么我们现在有些单位的定位做不好，原因是什么？我认为，这些单位都是因为想干的事太多，什么都想干，但是能干的事很有限，干得好的事就更有限。我认为各个单位应该将聚焦点放在干得好的事上来，找准定位。但往往找准定位是不容易的事情。我认为对于我们现在的管理人员来讲，要管科研项目，一定要熟悉你所管理的项目里面的团队，熟悉一线的科技人员，他们在想什么，他们的问题都有什么，他们的难题是什么。管理的实质就是解决问题。其实在国家科技项目管理过程中，这实际上是一个如何管人的问题，要充分调动科研人员的积极性。只有把科研人员的积极性全都引导到专心致志做科研，那么科研管理才能得心应手。

这些就是我对科研管理理念的一些体会。

国家科委、科技部的工作是我一生中最难以忘怀的阶段。这一阶段充满了严肃与紧张，同时又是充实的。作为一名科技管理工作者，回首这一段过往，感慨良多。

访谈人：我们知道您到中国科协后主持了《全民科学素质行动计划纲要》的编制工作。我们想请您谈谈这方面的情况。

齐让：我认为我们国家现在对国民整体的科学素质越来越重视了。习近平总书记指出科技创新和科学普及同等重要。我是 2005 年调任中国科协任职的。任务之一是在中国科协全民科学素质研究的基础上，编写《全民科学素质行动计划纲要》（以下简称《纲要》），报国务院审定印发。这个《纲要》也是与《国家中长期科技发展规划》同步配套的一项规划。2006 年由国务院正式发布。这是我国的一个创举，意义重大。因为公民科学素质过去在国际上并没有通行的定义，所以《纲要》给它下了一个定义，概括起来就是"四科，一能力"。什么是"四科，一能力"？"四科"就是科学知识、科学思想、科学方法，还有科学精神；"能力"就是具有分析问题、解决实际问题的能力。

在这个《纲要》里，我们列了 4 个重点人群，第一个是青少年，这是最重要的；第二个是农民；第三个是城市居民；第四个是公务员和领导干部。这个规划纲要由中国科协牵头，包括科技部在内的 20 多个部门都参与了这项工作。

我记得 2005 年进行研究时，我国公民的科学素质数值约为 1.6%。这个数值在 2010 年上升到了 3.27%。我们自己和自己比，翻了一番。2015 年，国务院发布的中长期规划中的指标是 5%，但实际上我们已经达到了 6.2%，超出了中长期规划里公民具备科学素质的指标。最近中国科协又做了一个调查。所发布的调查结果显示，这一数值已经达到 8.2％。当然，由于我国东西部发展不均衡，不同地区之间还是存在很大差异的。

公民科学素质是我们的一个基础工程。为什么这么说呢？我曾经做过两条曲线，其中一条代表城镇化率。我们把各个省市的城镇化率标出来，和公民科学素质数值相比，结果呈正相关关系。这就意味着城镇化率越高的地区公民素质也越高。另外一条曲线代表"双创"的活跃程度。把这条曲线和公民科学素质数值相比，又呈现正比关系。我认为无论在哪个层面，科学技术普及都非常重要。对于科技人员来讲，就是要承担更多的社会责任。科研人员除了弄清楚自己的研究以外，也有责任让别人明白你在做的是什么。

尊重科学、尊重科学家也是公民科学素质的体现之一。在这里我还想谈谈我们的"科技工作者日"。我在全国政协工作了 10 年，每年都会提交一份提案，其中之一就是呼吁为我们的科技人员建立一个节日，因为我们的科技人员特别希望有一个自己的"科技节"。尽管没有实现拥有"科技节"的愿望，但终归我们还是有了一个"科技工作者日"，这就是每年 5 月 30 日的"科技工作者日"。

回归今天讲述的主题，我的一个深刻感受就是，中国改革开放这 40 年的发展是靠我们举国上下团结一心干出来的。中国 40 年来的巨变就摆在面前。我觉得未来还必须坚持走自主创新、自力更生的道路，扎扎实实地勤奋工作，把我们的祖国建设得更加美好。

如歌岁月　无限情怀

——科技部原秘书长石定寰访谈录

个人简介

石定寰，男，中共党员，1943年出生。1967年毕业于清华大学工程物理系剂量与防护专业。1980年从清华大学核能技术研究所调入国家科委。曾任工业技术局副局长、工业科技司司长、高新技术发展及产业化司副司长（正局级）。曾于1988年至1991年担任火炬计划办公室第一任主任。2001年任科技部党组成员、秘书长。2004—2014年被任为国务院参事。

石定寰同志长期负责国家工业及高新技术领域科技计划与重大项目组的组织实施，以及国家火炬计划和国家高新区的策划与实施工作，是绿色能源科技产业的推动者和传播者。他还推动了科技企业孵化器、生产力促进中心、大学科技园等机构的建设，并长期负责能源、交通等领域的国际科技合作，参与组织了国家科技计划、国家中长期科技规划等工作。

访谈人：您认为回顾改革开放系列活动，对我们科技工作的意义在哪里？

石定寰：2018 年是改革开放 40 周年，举国上下都在举办各种纪念活动。改革开放的 40 年，对中国来说是一个具有转折意义的、重大历史意义的 40 年，我们从过去的一个时代，进入了改革开放的新时代。其中有很多值得回顾的地方。

科技工作在改革开放 40 年当中，也发生了翻天覆地的变化。对我个人来说也很幸运。从改革开放的初期，我就参与了科技工作，后来也参与了一些重大决策的制定过程。中国生产力促进中心协会在这样一个时间节点上约请科技部（国家科委）历任老领导回顾这一段历程，把过去几十年的历史认真地梳理一下，总结出来，我认为非常有必要！我们只有认真地研究、回顾过往，总结出一些经验，才能在继承的基础上更好地创新发展。这既是书写中国科技奋斗史，也是为了更好地展望未来。只有不断地持续创新，不断地总结前人的经验，才能更好地适应时代发展的要求，不断地迎接挑战。

访谈人：请您谈谈 1978 年全国科技大会以后科技工作的情况。

石定寰：1978 年，党中央召开了全国科技大会。这个科技大会应该说是科技界一个"拨乱反正"的会，更是一个具有划时代意义的大会。客观地说，中华人民共和国成立以后的 17 年当中，我国的科学技术有了很大的发展，特别是 1956 年制定的《12 年科学发展规划》提出了我们国家中长期的奋斗目标就是向科学技术进军。之后中央又提出了我们的四个现代化。20 世纪 70 年代，在第四届全国人大会议上，周恩来总理的政府工作报告里，又提出了我们向四个现代化进军。四个现代化，包括工业现代化、农业现代化、国防现代化及科学技术现代化。其中，科学技术的现代化，是国家未来现代化建设的一个重要导向和条件。应该说，在中华人民共和国成立以后，科技工作在党和国家的科技方针的指引下取得了一些进展。特别是在国防科研上，取得"两弹一星"的重大成果，壮了国威，壮了军威，使我们国家在国际上得到了应有的地位，也是我们国家安全的一个重要基石。所以说，是科学技术为我们国家的独立自主、奋发图强，为我国屹立于世界民族之林奠定了良好的基础。这充分体现了科学技术是我们的立国之本。同时，在工业领域，民用的科学技术也取得了很多重要的成就。可以说，科学技术支撑了中华人民共和国成立初期的几个五年计划，使工农业有了很大的发展进步。

在那次全国科学大会上，小平同志代表党中央做了重要讲话，指出了我们国家仍然要向四个现代化迈进、向科学技术现代化迈进，并提出了"科学技术是第一生产力"这一科学论断。小平同志非常重视知识分子，特别讲到了知识分子是工人阶级的一部分，要尊重知识分子，尊重知识。小平同志还明确表示，自己愿意为科学技术工作当好后勤部长。小平同志的讲话极大地鼓舞了我们的斗志，极大地调动了科技工作者的工作热情。1978 年的全国科学大会给我们带来了"科学的春天"。我记得当时郭沫若就曾经有首诗歌颂了"科学的春天"。我们所有从事科技工作的同志们都精神振奋，意气风发，以积极和顽强的精神风貌投身到了中国"科学的春天"。我们都强烈地感觉到，在经过 10 年"文化大革命"以后，全国科学技术大会和小平同志的讲话，使中国科技发展焕发了强劲动力，其现实意义极其重大，历史意义极其深远。

我国的科学技术工作和科技事业由此开始全面复苏，并突飞猛进地发展。也就是在第二次全国科学大会这样一个历史背景下，我国重建了国家科委。

访谈人：国家科委重建初期，当时的情况如何？

石定寰：1978 年（全国科学）大会后，重新恢复了国家科委的建制。作为政府的一个重要部门，在推动、组织全国科技工作，制定规划、政策，组织实施国家部分重大科研项目及科技人才培养方面，国家科委承担了很重要的任务。我就是在这样一个背景下，调到国家科委工作的。

随着国家科委在 1978 年全国科学大会以后正式恢复组建，需要从各方面抽调人员来充实政府机构。当时国家科委组织了能源政策研究工作，这也是我们国家改革开放以后，政府部门最早开始进行的政策研究工作。因为当时能源问题对于我们改革开放以后的发展、对于中国未来的发展至关重要。当时我们整个能源状况仍然十分薄弱，不管是能源的总量还是我们的技术水平，与先进国家还有很大差距，还很难满足我们国民经济发展的需要。所以国家对能源未来的发展十分重视。国家科委就着手组织了我们国家的能源政策、能源战略研究工作。当时我们研究所的所长也参与了国家科委当时组织的能源政策研究工作，也正是因为这样一个机会，把我调到国家科委的二局，参与到能源政策研究工作当中来。

现在回想起来，我也是通过这样一个政策的制定，参与了跨行业、跨领域的政策研究工作，比较系统地研究了当时中国国内能源的现状及我们未来发展的需求。1980 年，中国的能源产量一年只有 6 亿吨标准煤，全国人均还不到 1 吨标准煤，远远低于世界的平均水平。然而我们当时已经提出来，到 2000 年，要实现国民经济翻两番。那么如何通过能源发展来保证国民经济的发展？小平同志讲过，"能源是经济的基础，没有能源就没有一切"。

因为当时我们对国家的资源状况还不是很清楚，特别是对油气资源情况并不掌握。所以当时我们的能源政策制定，实际上是围绕着国家未来农业发展来展开的。我也全程参与了。这个政策组织了

有关煤炭行业、油气行业、电力行业，特别是包括水电行业、能源
消费部门、能源使用部门等各个方面的专家，从能源的生产、消费、
系统上做了一些系统的研究。也包括和能源相关的，比如，我们城
市的能源问题怎么解决？农村的能源问题怎么解决？当时我们广大
农村地区没有参与商品能源的消费。商品能源指的是煤、油、电等，
主要消费在城市，在我们的产业、工业、交通运输等领域，广大农
村地区还处在无电状态，当时跟现在比，是一个非常落后的状态。
此外，我们进行电力建设所需要的很多装备都需要从国外进口，我
们国家当时还没有制造大型发电设备的能力。那么在这个过程当中，
如何制定一个全面的能源政策，是非常重要的一件事。所以当时也
是组织了跨部门、跨行业的人员，为国家提出了一个能源政策的
纲要。

　　我们曾向中央提出了一个有关中国能源问题的 13 条重大建议。
这个建议里的很多措施、很多建议后来都得到了具体的贯彻实施。
比如，我们在建议里提出："中国的农业发展要以开发和节约并重，
近期要优先放在节能和提高能源利用效率上"。因为国家当时能源利
用的水平和国外发达国家差距很大。要高度重视我们这些能源、资
源丰富的省份，把煤炭作为我们重要的基石，同时要大力开发石油
和天然气，做好这方面资源的勘探工作。建议里还提出"要加强农
村能源和新能源的发展"。当时我们国家的人口有 10 多亿，其中有 8
亿多人在农村。如果农村用不上能源，那农村的现代化是很难实现
的。所以要加大农村能源的建设。而在广大农村地区，除了国家常
规能源以外，还要充分利用新能源。所谓新能源就是当时国际上刚
刚开始兴起的太阳能、风能、地热能、生物质能等可再生能源。因
此，新能源也逐渐纳入我们的能源体系中。这些都是在当时的能源
建议里提出来的。当时还提出，要把我们国家一些能源资源丰富的
地区，如山西省，建成中国的"鲁尔"。我们都知道，"鲁尔"是德

国主要工业区。我们要把山西省也建成中国的能源重化工省份，加大它对全国能源的供应，同时要加强对能源系统工程的研究工作和组织实施工作。在这个过程当中，我们把当时发达国家先进的一些能源模型的制定手段、方法、工具引进到中国来，开始组织我们能源政策的研究，包括能源的统计工作、能源模型的建立等，用这样一些手段来支撑我们决策的制定。当时我们还组织清华大学、天津大学、西安交通大学等高校，建立了能源系统工程的研究所，来促进这方面人员的培养。这都是当时国家科委在改革开放初期，围绕国家经济建设的发展，从决策的角度，开始重视软科学的研究，把政策研究工作纳入国家科技工作的重要方面。

可以说，能源政策的制定是国家科委最早组织我们科技界和能源经济界、产业界共同来参与制定政策的非常重要的一个切入点。正因为如此，后来我们制定"七五规划"，到2000年的"中长期规划"，在这个基础上，建立了中长期规划的政策研究小组，由国家科委、国家计委、经委联合组织的中国十几个技术政策的研究。这个研究制定完成后，由国务院批准，形成了我们指导"七五计划"乃至"八五计划"的一个很重要的技术政策。我们根据我国的现实状况、根据我们的发展目标，确定我们的技术沿着哪些路线来走、要重点解决什么问题、淘汰哪些落后的技术、如何正确地组织我们的技术路线，来保证我们的经济建设、产业建设、产业发展能够走得更快一些。我觉得这是非常重要的一个决定。

访谈人：您认为在当时的情况下，最大的困难和挑战在哪里？

石定寰：在发展当中发现了一个很重大的问题，就是由于过去中国的科技体制基本沿用苏联那套计划经济体制，导致了我们的科学技术工作往往严重脱离我们的经济建设。我们很多部门建立了国家的研究机构，当时有各种研究院，如电力科学研究院、煤炭科技研究院，很多产业部也都有研究院，但这些研究院的研究工作往往和我们最后的成果转化还有很大的距离。

当时我们很多重要的研究成果处于"三品"中。什么是"三品"呢？就是样品、展品、礼品。当时我们科研成果大多数都处在一个样品阶段，还没有成为一个真正的工业产品，很多样品就成为展览会上的展品。虽然不是严格意义上的产品，但也展示了我们的科技成果。当然也出现了一些好的样品，我们就作为礼品送给国外的一些领导人。这个"三品"之说在当时是很形象的，更形象地描述就是认为"科技、经济两张皮"。如何解决好"两张皮"的问题非常重要。所以这也是当时科技界非常关心的一个问题。

我记得是在 1983 年年初，国务院专门召开会议，制定了"依靠、面向"的方针，第一次提出"经济建设必须依靠科学技术，科学技术工作必须面向经济建设"，指出我们的经济发展、经济建设必须要依靠科学技术。小平同志在 1978 年讲话后不久，又再一次强调"科学技术不仅是生产力，而且是第一生产力"。那么如何发挥第一生产力？科技工作，无论是重大计划还是重大项目的制定，最后的成果必须要面向经济建设，遵照"依靠、面向"的方针来加快科技、经济的结合。后来正是按照这个指导思想，国家科委 1983 年组织了"七五计划"的制定，2000 年科技部组织了"中长期科技发展规划"的制定。这是继 1956 年国家制定《12 年科学发展规划》后，又一次大规模地组织制定科学技术的中长期发展规划。

访谈人：请您谈谈您参与"国家中长期科技发展规划"编制过程中的相关情况。

石定寰：我当时也很有幸，参加了这个规划工作。当时是由科技部、国家计委、经委联合组成了工作班子，在国务院统筹领导下来做这项工作。我记得当时我们组织了几百位科技界的专家，住在京丰宾馆，集中办公一年多。我当时参加了能源组的工作。

制定中长期规划，第一次把制定技术路线、制定技术政策作为规划的重要内容，这是过去没有的。过去我们的科技规划基本上是一个项目的规划，就是确定一些重大的科研项目。但这次规划，很重要的一个方面就是，首先要制定技术发展的路线及技术发展的政策。所以就围绕着这十几个重要产业的技术政策的制定，3个部委联合成立工作小组，在政策的基础之上，提出了我们的规划。

其中产业政策当时就规定了有十几个，包括能源领域的政策、交通领域的政策，还有通信、机械工业、轻工纺织、化工、建筑材料等方面的相关政策我记得当时先有12个，之后又加了2个，一共14个。

能源政策是起步最早的，从1979年、1980年就开始启动能源政策，形成了一个比较完整的能源政策的纲要。能源政策的研究，实际上为我们中长期规划中十几个政策的制定，提供了一个很好的案例。所以，中长期规划中这十几个政策的制定，我们也是借鉴了能源政策制定的一些方法和手段，包括一些思路的借鉴，组织各行各业的专家，形成了一个跨行业、跨部门、多学科的制定过程。同时也把科技界和经济界更好地结合在一起，不仅仅有科技专家，也有产业的专家，来共同研究这个产业发展的目标是什么、现在我们与国际的差距是什么、如何来缩短这个差距、如何更好地采用更合理的技术路线来实现这样一个发展的战略目标。我们综合这些政策，深度考量新时期的发展趋势，提出了既符合我国国情又具有引领作用的政策导向，提出了关乎国运的一些重大项目，制定了确保这些重要政策贯彻实施的方案。这样就把科技规划、科技规划的项目、国家经济发展的重大目标和科技发展的政策保障紧紧地结合在了一起。我想，科技"中长期发展规划"是我国科技发展的一个里程碑，是促进科技与经济结合的一个不可或缺的重要举措。

访谈人：我们知道，自恢复国家科委以来，非常重视国家软科学研究及决策科学化、民主化工作，请您谈谈相关情况。

石定寰： 1978 年全国科学大会以后，20 世纪 80 年代初到 20 世纪 90 年代，这几年应该说是我们国家科学技术蓬勃发展的时期。与重大工程的结合、进入国家科学计划、考虑国家政策制定，都为整个决策的进一步科学化、民主化奠定了基础。所以当时国家科委组织了管理科学、决策科学和软科学的研究。这在我们科技界形成了很大的一股力量。

过去我们都很重视硬科学，对软科学，特别是很多政策研究关注度不够，所以后来把软科学也作为研究工作的一个重要方面。但是我们软科学研究的支持经费很有限。国家科委当时一年也只有百十来万，与国外尤其是美国相比较是非常欠缺的。我在 1995 年时提出，软科学研究的经费至少要增加 500 万元。我记得 1998 年，美国能源基金会及美国其他的几个基金会，联合资助了关于"中国可持续发展能源"的一个战略研究。这样一下子就集资了 500 万美元来启动"中国可持续发展能源"研究项目。很多人应该还记得，20 世纪末 21 世纪初，美元与人民币的兑换比例约 1：10。这就意味着美国方面在资金组织机制上很活，他们在一个"中国可持续发展能源"方面就能集资约 5000 万元。而我们国内在这方面能安排的经费都不到 500 万元。这个事情一方面说明我们的确应该改变原有的软科学经费安排办法；另一方面也反映出我们应该增强国家意识。例如，这次一个研究人家就拿出 5000 万元资助给你，让你有机会把中国的能源研究带动起来。但是，深层的原因呢？美国方面是不是通过这个研究也了解了中国的能源、经济、社会等很多数据和基础材料？

当时我们国内的软科学研究虽然也越来越受到重视，但是国家能够安排的经费的确很少。尽管我们一再呼吁增加这方面的经费安排，但是仍然常常难以落实。甚至在制定"国家中长期科技规划"时，研究经费都还是不能按照原计划到位。但总体情况已经大为改观。温家宝同志就很重视这个问题，也提出来要重视这个战略研究，指示要通过这次"国家中长期科技规划"，培养国家战略科技的研究队伍。

从全国总体情况来看，国家层面有越来越多的机构已经在进行深入的战略研究。但是全国各地的情况却有很大差异，许多地方在这方面不够重视，现实情况不容乐观。据我了解，我们的很多地方，围绕着省政府的重大决策，很少有这种战略软科学的研究机构来支撑。关于这个我有亲身体会。我曾经到过一些大省，包括北京临近的一些大省，没有一个长期研究软科学的研究队伍去做这个政策的研究。我们在改革开放初期就提出"要改变过去的拍脑袋"，要通过科学研究来支撑相关决策。

国家科委很早就提出"决策的科学化、民主化"。发展到现在，我们有各种数学模型、各种科学技术手段、计算机等，应当借助这些来加速我们决策的科学化、民主化进程。我们提倡"决策的科学化、民主化"，其中"科学化"是一个非常重要的手段，"民主化"是基础。当时我们说的"民主化"，就是说对任何一件事情，都要提出各种不同的方案，经过认真比选之后，才能得出最好的决策方案。咱们现在很清楚：决策，是决策者、政府部门的责任；专家，是给你提供各种方案、各种依据（的人），但最后的决策者必须是政府。一个国家要有一个高效的行政机构，就必须要由政府来决策。如果专家有各种不同的意见、方案，那么政府就要根据这些专家的意见做出判断，从中选择出最好的方案。最后责任也是政府的。

我认为国家科委在改革开放初期就提出"决策的科学化、民主化"，这的确是一种远见，其做法是非常正确的，也是贯彻科技和经济相结合很重要的举措。

访谈人：科技界和产业界至今仍津津乐道当年国家科委的"两把火"。一把火是"星火计划"，一把火是"火炬计划"。据我们了解，您自始至终都参与了这"两把火"的工作。请您先谈谈"星火计划"的相关情况。

石定寰：这个方面我印象是非常深刻的。国家科委在 1984 年开始策划"星火计划"。我记得是在 1984 年、1985 年启动的。第一次在扬州召开了会议，会议的主要议题就是制订"星火计划"的整体内容。这个事情原是国家科委副主任杨浚同志负责。所以杨浚同志当时也被人们称为"星火司令"。当时，国家科委主任宋健同志把这个工作交给了杨浚同志。而杨浚同志当时主管我们工业科技司。所以实际上，"星火计划"在运行当中的很多任务是由当时的工业科技司来承担的。

如何把农村工作与科技工作结合起来？这个一开始是没有任何经验可循的。我们当时经过研究，认为首先从开发农村资源特别是农产品的深加工入手。以农产品深加工来带动农村资源的开发，以此来引领农民致富奔小康。因为随着计划经济向市场经济的过渡，农民单纯靠出售农产品是很难实现致富的。而且长期以来的计划经济条件下，农产品价格是由国家来制定的，价格压得很低。只有把农村的资源和农民的积极性调动起来，把乡村的小型工业发展起来，把农产品的深加工发展起来，使农业人口的整体素质得到提高，那么农民实现致富愿望的机会就更多了。

当时的"星火计划"包含了什么呢？"星火计划"的示范项目，特别是工业领域的小工业示范项目，包括小煤矿、石材、建材等，都成为促进农村经济发展的带动型项目。当时除了工业示范项目以外，还包括一些农业产业化的项目，同时还着力加强对农村人才的培养。为此，我们还在全国各地建立了"星火学校"和培养基地。

当时世界银行也给了"星火计划"很大的支持，拿出专项资金来支持我们国家的"星火计划"。值得总结的是，在当时农村经济极端落后的情况下，"星火计划"极大地带动了当时农村地区的经济发展，很多农村地区的乡镇企业就在那时候迅速发展起来了。例如，当时浙江省从养鸭子到用鸭毛做羽绒服，很多地区的粮食加工项目，都是在那个时期的"星火计划"和相关项目技术的支持下发展起来的。

在这里我需要提一下的是，在世界银行贷款当中，世界银行、亚洲银行都采取了"贷款加拨款"相结合的形式。首先，在贷款的过程当中，为了更好地利用和使用世界银行贷款，发挥贷款的效益，我们通过采取一部分技术拨款做前期研究的方式来确定这个项目到底可不可行。其次，贷款的另一个重要投放方向就是在人才培养上的投入。我们现在耳熟能详的"能力建设"一词，就是从国外引入的名词。在此之前，我们国内名词当中并没有"能力建设"这个词。人才培养是"能力建设"中的关键环节，是实施好一个计划所必需的资源。"星火计划"作为这么大的一个计划，在广大农村地区培育"星火人才""星火能人"是产生经济效益和社会效益的重要条件。不然如何去发展农村经济？"世界银行组织"当时也很看重这个，所以愿意提供贷款支持国家科委，在全国各地建设了大批的"星火学校"来培养农村经济发展人才。

"星星之火，可以燎原。""星火计划"很快就带动了广大农村经济的发展。作为促进广大农村地区科技和经济相结合的"星火计划"，在加快科学技术在农村地区的普及和深入，培育和推动乡镇企业发展，加速广大农村地区人民的脱贫致富，推动农村经济整体发展等方面功不可没，成为中国农村经济发展、农民脱贫致富的强有力的推手。

访谈人：众所周知，国家"863 计划"是王大珩、王淦昌、杨

嘉墀、陈芳允 4 位中国科学院学部委员于 1986 年 3 月联名向中央写信建议加强我国的高技术研究并由小平同志亲自批示，由国家科委着力推动的国家高技术研究发展计划。其意义之重大、影响之深远不言而喻。请您谈谈 "863 计划" 的相关情况。

石定寰：在国家 "星火计划" 启动实施之后，紧接着就是国家 "863 计划"。此时适逢 "七五计划" 公布后不久。当时因为国家实力不足，经费有限，经费大都用在了支持主体产业的发展上。截至 "七五" 时期，我国的主体产业仍然非常落后。想要提高主体产业，就必须投入大量经费。因此，归口到国家科委的经费就非常有限。总而言之一句话，可分配经费可谓捉襟见肘，但是又有很多问题亟待解决。发展什么、支持什么、哪个优先，这些都是问题。

当时美国提出了 "星球大战计划"，互联网、信息技术、新一代的材料技术等，开始很快地发展起来了。那么我们面向未来的这些领域，特别是与国防相关的领域，如航天技术等，该怎样来支持？当时 "七五攻关" 的攻关经费极其有限，那些经费连支持产业发展的技术攻关都不够。所以很多专家提出，是不是我们应该再有一个计划？

我记得在制定 "七五计划" 时，很多专家，包括我们国家科委有关司局都提出应该有一个新的计划来支持面向未来的、长远的、前沿的重大技术研究。我们的 4 位科学家写给中央的信受到小平同志的高度重视。小平同志高瞻远瞩，果断地对这 4 位科学家的信作了批示。这 4 位科学家的信不仅仅代表他们的意见，也反映了当时包括国家科委在内的整个科技界对未来前瞻性研究的期待。中央根据小平等同志的批示，很快就批准了国家高技术研究发展计划。因为这 4 位科学家给中央写信的时间是 1986 年 3 月，小平同志的批示也是在 3 月份，因此，这项计划便被命名为 "863 计划"。记得小平同志后来在正负电子对撞机工程的典礼上讲过，"中国在高技术领域要占有一席之地"。怎么占有一席之地呢？没有一个计划，怎么支持战略呢？所以"863 计划"就是要支持中国在高技术领域占有一席之地的国家计划。所以我认为"863 计划"的意义就在于中国表明了要在未来战略性的前沿高技术占有一席之地的决心，也是国家战略上的一个重大布局。

"863 计划"作为一个具有国家战略意义的技术计划，使我们能够站得更高、看得更远。要考虑国家未来 10 年乃至 20 年以后的竞争力的问题，不能只看眼前，必须要具有前瞻性，这样的前瞻性也是战略性的体现。

什么叫战略性？温家宝同志曾经讲过，战略性就是要有前瞻性、有长远性、有战略性，这才叫战略。所以说在当时来讲，国家"863 计划"的制定是一件非常重大的事。这个计划批准以后由国家科委来组织实施。当时我在工业科技司，我们负责"863 计划"中的能源、材料、自动化方面，这 3 个领域都在工业科技司。当时的新技术局负责信息技术领域，后来考虑到两个司的力量不太平衡，我们的攻关任务也很重，后续就把自动化这个领域的工作交给了新技术局。还有一个生物技术领域交给了农业局，他们有一个生物中心，由生物中心负责。当时就这样确定了 5 个领域：能源、新材料、信息自动化、机器人和生物技术，把这 5 个领域作为"863 计划"的 5 个制高点。当时还有几个"军口"领域的内容。后来经过论证就形成了现在的"神舟"系列。所以现在我们的"神舟"系列是当时"863 计划"最早规划的航天计划里的一个基础计划。也正是通过当时的论证，才形成了我们国家整个航天发展战略几步走的规划，同时"神舟"系列也成为我们航天领域的重大工程。

访谈人：我们知道您参与了我国科技体制改革。请谈谈这方面的相关情况。

石定寰："863 计划"之后，还要提一个很重要的事，就是有关我们的科技体制改革。由于当时我们国家的体制基本是按照苏联的模式，所有的计划都是指令性的国家计划。当时中央研究院所、地方院校，加起来将近几千家，中央院所就有 800 多家。这些院所很多承担任务的能力是有限的，并没有解决科技与经济相结合的问题。那么如何解决科技跟经济结合的问题？除了刚才我说的那些以外，很有必要从体制上来个釜底抽薪。要解决体制上问题，必须从源头入手。科技体制改革是在 1984 年国家发布《关于经济体制改革的决定》的基础上提出来的。小平同志曾经讲过，"要建立适合我们经济体制改革的科学技术体制，也要建立有利于科学技术发展的经济体，经济领域和科技领域的改革要相辅相成，要互相支持，互相促进"。所以在 1984 年的经济体制改革向市场经济过渡后，紧跟着就提出了科技体制的改革。

科技体制改革里有两个核心问题，一个是通过减拨各个院所实验费的方式，促使研究院所面向市场、面向产业、面向企业，从那里找到更多经费。同时，将减拨的实验费作为科学技术计划的一个内容，通过招标竞争的办法来引导更多的研究院所承担国家的重大任务。

另外一个很重要的内容就是推动科技人员的流动。过去我们科技人才的工作岗位都是固定的，很难流动。改革开放初期开始有了一些"星期天工程师"。正因为有了"星期天工程师"，才有了我们乡镇企业的发展。像这些技术人才，只有通过"星期天工程师"的方式，才能到乡镇企业去，哪怕去一天也好，给乡镇企业指点指点。很多乡镇企业都是靠着"星期天工程师"发展起来的。但是，最初这种模式在当时并不是名正言顺的。所以在科技体制改革中，我们鼓励人才合理流动，不能固定在一个单位。

在科技体制改革大潮之后，也出现了很多新的现象。一是更多的研究所开始面向产业、面向行业，跟企业紧密结合，推进产研合作，深入企业和市场去找课题。这导致的一个结果是什么呢？就是课题研究必须要应用。因为如果不能应用，企业就白出钱了。企业不像国家，国家投钱，你只要拿出成果就行，这个成果是不是"三品"都没事，你都能"交差"。但是一旦进入市场，拿了企业的钱以后就必须要真正实现技术创新，要把研究成果放到市场中检验。二是通过人才流动，使我们的人才可以更好地发挥才能。研究所的科研人员有的适合搞基础性的研究，有的更适合推动成果产业化，愿意去跟企业结合。科技体制改革的目的就是要使人才各得其所，各尽其能。所以当时我们鼓励研究人员下海，创办科技型企业。也正因为有了科技体制改革，才有了中关村电子一条街，才有了很多研究院所、高校的研究人员下海创办科技企业。

访谈人：众所周知，1988 年起开始执行的国家"火炬计划"催生了中国科技产业，引发了国家工业技术的突飞猛进，其所产生的影响巨大而深远。请您回顾一下"火炬计划"的产生和发展情况。

石定寰："863 计划"实施以后也逐渐形成了"863 计划"的成果，当时的成果转化也提出了相关问题。到 1988 年，中央开始实施"沿海经济发展战略"。沿海经济发展要建立两个循环，一个是国内经济的循环，一个是中国经济要融入世界经济，要参与到国际经济大循环当中。这些都是在"沿海经济发展战略"里提出来的。想要进入国际市场，参与到国际经济大循环当中，必须提升产品在技术上的竞争力，必须发挥科学性，我们不能只依靠初级产品。因为我们当时的出口主要依靠原材料、农产品、矿产品，都是低价卖出，人家把这些原材料变成许多高技术产品以后，再以几十倍、成百倍的价格卖给我们。所以中国要参与到国际经济大循环中，必须提高我们出口产品的档次，这就体现了对高技术产品的需求。

当时"科技攻关计划"已经进行了多年,"高技术计划"从1986年到1988年也已经实施了两年多,涌现出了一大批高技术成果;与此同时,在"科技改革体制"中又出现了很多民办的一些科技实体。从当时的需求来讲,中国想要进入国际经济大循环,就要提高整个产业结构,要进行产业调整,要提高产品的附加值,要提高在市场上的竞争力。

如何推动高技术产业发展?当时的国家计委、国家科委、国防科工委、教委和中国科学院联合组织了对中国高技术行业的调查研究。通过调查和研究,认为中国高技术研究进展迅速,很多成果转化也比较快,已经出现了高技术产业发展的良好势头。于是,从1988年年初开始,经过调研与酝酿,国家科委委务会认为时机已经成熟,确定了实施国家"火炬计划"方案。

国家"火炬计划"的实施当时由朱丽兰同志负责。1988年年初,国家科委成立了"火炬计划"工作小组。我当时从工业科技司过来;国家科委中国科学技术促进发展研究中心副主任毕大川教授也参加了进来(毕大川,原任中国科学院助理研究员、副研究员,联邦德国司图加特大学客座教授。归国后任航天工业部101所研究室主任,国家科委中国科学技术促进发展研究中心副主任、研究员;1988年后,任中国创新公司总经理。毕大川主要从事现代控制和软科学研究、组织工作。其科研成果1978年获全国科学大会重大成果奖,1980年获中国科学院二等奖、国防科工委二等奖,1982年获国家自然科学二等奖,1987年获国家科学技术进步二等奖——编者注)。工作小组着重制定、研究"火炬计划"的纲要编制、计划的目标、实施方法、经费来源、执行机构等。

1988年6月,国家科委分工李绪鄂副主任主管"火炬计划"。作为"火炬司令",李绪鄂副主任一到位就对火炬计划进行了深入了解,并对领导小组的工作做了适当调配。当时科委确定在工业科技司里组建"火炬计划办公室"来推动"火炬计划"的实施。当时我们司长把这项工作交给我，由我担任"火炬办"主任（我时任工业科技司副司长）。"火炬计划"几易其稿终于定型。内容包括高新区的发展、孵化器的发展等。孵化器是从国外引进的名称。当时有顾虑，怕人们不好接受，就把孵化器命名为高技术创业产业服务中心。"火炬计划"形成了纲领性文件和若干个配套文件，明确地提出了战略指导思想，开宗明义地指出火炬计划是一个指导性计划，与以往的国家计划具有重大区别。

有哪些区别呢？

首先是"火炬计划"的研究经费主要以市场为导向，以政府作为主导。"火炬计划"的基本宗旨就是要推进高新技术的发展，推动成果的商品化和产业化。当时还没有提出国际化，后来又加上了国际化。因为当时"七五计划"刚刚开始，国家已经把经费规划好了，没有多余的经费了，所以当时只能拿到国家少量的拨款。我记得当时一共只有400万元来启动"火炬计划"。钱不够怎么办？李绪鄂副主任同我们一起想了很多办法。这些办法里面更多的还是考虑依靠贷款。当时每年国家中央银行要分配贷款指标，例如，国家计委给多少指标，国家科委给多少指标。因为国家科委不是产业部门，能分到的指标很有限。那些指标根本就不够用。李绪鄂副主任就带着我们去工商银行，谈了很多次，最后工商银行给了我们2000万元的贷款指标。那国家拨款的400万元干吗呢，用作"火炬项目"的贷款垫息。但我们很快就发现不能完全采取这个办法。因为我们的钱不够！400万元如果全作为贷款垫息，那么其他工作我们就没有资金推动了。所以我们和工商银行商量说能不能先垫一部分息，不足部分以后再还。我们计划从这400万元里面还要拿出一部分来建立高技术创业产业服务中心。当时一个高技术创业产业服务中心我们提供30万元起步费，分3批给，每批给10万元。都说"巧妇难为无米之炊"。那个时候也的确是难哪！不过终归是有 400 万元，虽然少，但有米总比没有米好。就这样，400 万元拨款，一部分用作"火炬项目"的垫息；另一部分作为高技术创业产业服务中心初期的经费。今天我们看到全国各地孵化器蓬勃发展，众创空间更是如火如荼，成为我们国家高新技术产业的迅猛发展的沃土，我们内心是非常振奋的。但同时，我们也更加怀念我们的"火炬司令"李绪鄂。

"火炬计划"主要依靠哪方面的力量呢？"火炬计划"的主要任务不是为了搞研究开发，而是实现高新技术的产业化。我们国家已经有高技术研究的相关机构，特别是国防科研、航天航空、兵器、船舶、电子等领域，这些高技术领域科研院所和相关大型、特大型企业是我们国家发展高新技术产业的主力军，我们的"火炬计划"还要依靠更多的生力军。生力军都是谁呢？生力军就是那些在改革开放大潮中出现的民办科技企业。所以我们说，民办科技企业是我们"火炬计划"依靠的一支主要新生力量，是高新技术产业的生力军。因此，国家队是"火炬计划"的主力军，民办科技企业是"火炬计划"的生力军。

北京中关村的一些企业都是当时"火炬计划"的代表。因为当时"火炬计划"最早就是从中关村开始推动的，也可以说我们国家的高新技术企业产业化也是从中关村开始。当时中关村的四通集团公司、联想集团公司、京海集团等，都是我们当时"火炬计划"生力军的代表。

当时我们针对民营企业很快提出了"自由组合，自主经营，自主决策，自负盈亏"的"四自方针"，后来发展到"六自"，包括"自我约束，自我发展"。这个"四自方针"是当时民营企业、民办企业最基本的一个特点，机制灵活。

今天我还要谈一谈国防科研队伍对"火炬计划"的贡献。因为宋健同志和李绪鄂副主任都来自于航天航空系统，因此，非常重视国防科研成果的转化。"火炬计划"在实施过程中，航天航空系统确确实实成为我们推进火炬计划的主力军。有一次我陪着李绪鄂副主任专门到航天七院去做动员，向七院的同志们推介国家"火炬计划"。航天七院有为数众多的研究所，每个研究所都有大批技术成果，包括材料技术、能源技术、信息化技术、控制技术等。那么如何把这些日渐成熟的技术（成果）拿出来推进产业化？这些技术成果除了应用到特定领域，如何把一些可民用的技术成果拿来与地方结合？航天七院非常支持"火炬计划"，并且很快率先转化了一批适用于民用领域的技术。

2018 年是"火炬计划"实施 30 年。从"火炬计划"开始实施到今天的结果来看，我认为国家科委推动实施"火炬计划"，是改革开放以来科技领域的一项重要举措，更是改革开放的一个重大成就。对我国高新技术产业发展作用非常重大，影响力极其深远。

作为国家"火炬计划"的参与者，回首往事，感慨良多。当时推动"火炬计划"难度的确很大。资金难筹，困难很多，甚至还要面对一些质疑。当时就有一些人说，你们国家科委有搞科研的能力，但是有能力组织产业吗？明确表示不希望国家科委介入产业发展。但国家科委领导力排众议坚持下来了。所以说，今天这样的大好局面，是国家科委上上下下同心同德、全国同行齐心协力的结果。不仅如此，还是中国古往今来的一个伟大创举！

我给大家讲一个"小花絮"。今天"高新技术"这个词早已耳熟能详。但是大家不知道，就这个名称当时也是有过一场争论的。当时要确定我们国家有多少高技术，这些技术成果中有多少可以称得上高技术。于是当时有人提出应该称为"新高技术"。当时大家争得很热烈。但是争论来争论去谁也没有说服谁。发展高技术是重点，是我们国家未来的希望！新技术是延伸，是产业化发展的必由之路。这两者也都是我们发展、努力的方向。我们支持"火炬计划"的发展，目的就是在将来占领高技术方向，而且要把高技术的成果产业化。虽然高技术现在总量比较少，但是作为未来的发展方向，一定要放在前面。李绪鄂副主任最后一锤定音："就叫'高新技术'"!

在实施"火炬计划"的过程中，需要落实的相关政策很多。前面我也提到了，当年争取 2000 万元贷款都费了很大的劲儿！后面的政策制定与实施也必须花大力气、下狠功夫。按照工作安排，我们计划 1988 年 7 月就要实施"火炬计划"。那么我们至少要拿出几条政策，否则不好实施。但是最初也没有什么优惠政策。当时国家只有一个针对新产品的优惠政策，是由国家科委、财政部、国家税务局（联合发布的）。这个新产品优惠政策说得非常明确，即被评为国家级新产品或者地方级新产品，可以减免两年的企业所得税。这个可以拿来做参照啊。于是我们希望"火炬计划"的项目也能享受这个政策。因为"火炬计划"项目也是产业化项目。但是当时这个计划刚刚开始实施，想马上出台配套政策，实际上是很艰难的。

1988 年 5 月，国务院首先批准在北京市海淀区设立新技术产业开发试验区。这是国家最早推出的一个新技术试验区，因此，也给了新技术试验区一些配套政策。这些政策也是我们当时的参照。

要实施"火炬计划"就必须得有一些配套政策。但想要得到这些政策却非常不容易。处境之尴尬今天难以想象。1988 年 8 月 6 日，国家科委在远望楼召开了第一次"火炬计划"工作会，宣布了国家将推行"火炬计划"。这个会我们动员了各省市自治区科委把各地负责领导和相关部门的负责人都请了来。会上讲解了"火炬计划"的一些基本政策和一些措施。也就在"火炬计划"工作会议召开的前两天，即 8 月 4 日、5 日，中央在北戴河召开了中央政治局常委会，听取了国家计委、国家经贸委、国家科委、中国科学院汇报有关我国高技术的发展情况。国家科委当时汇报了"863 计划""科技攻关计划"及正在出台的"火炬计划"，而且明确了"火炬计划"是要承接"863 计划"和"科技攻关计划"的科技成果，推动我们的科技成果产业化。中央政治局常委会非常重视国家科委的汇报内容，明确指示"863 计划""科技攻关计划"及"火炬计划"是中国发展高新技术、促进成果产业化的 3 个重要计划。这 3 个计划要相互协调配合，形成一个整体，以此推动中国高新技术的研究发展。

中央确定了"火炬计划"的性质，我们就好开展了。客观地讲，"火炬计划"虽然是国家科委制定的，没有像国家"攻关计划"一样列入"大盘子"，但是经过中央政治局常委审议，得到了中央的批准。

推动科研成果的商品化、产业化，是"火炬计划"的一个项目的主体，此外还有高新技术实验区的组织建设。这个实验区，我们当时确定为"高新技术产业园区"，这是在"火炬计划"里确定的。高新技术产业园区实际上是为了创造一个局部优化的政策环境来带动产业发展。所以在这个基础上，很多地方就开始组织申报"高新技术产业园区"。

此外，还有一个计划是组建高技术创业服务中心作为服务中小企业的"孵化器"，这个在当时是培育中小企业非常重要的一个方面。还有一个是制定了"人才培养培训计划"。因为当时搞科技企业的都是科技人员。科技人员有知识，但是缺少企业经营管理、商业化的经验，需要培养具有"双重身份"的人才，使他们既是科技专家、科技工作者，也是企业家。只有培养这样一批人，才能承担起高技术企业的发展任务。所以在当时建立了这样一个"人才培养培训计划"。关于国际方面，我们要加强国际的交流合作，也有几个专项计划来指导国际项目怎么做、科技园区怎么做、孵化器创业服务中心怎么做、培训工作怎么做。大概有五六个具体的专项计划，共同形成了配套的一个整体计划。这个计划做好之后就正式公布、实施了。

后来我们的工作重心放在进一步推动园区发展上。当时除了这个还有孵化器的建设。所以后来我就着手组织孵化器的相关工作。

当时中国的第一个高新技术产业园区在北京。我们在1988年前后帮助北京的高新技术产业园区做了不少工作。当时我们经常去指导工作，发现了其中一个亟待解决的问题。因为当时我们园区内的很多企业都是做电子产品的，像四通集团公司、联想集团公司都是和计算机相关的企业，很多电子元器件都需要进口，中国没有。电子元器件进口都由电子部统一管理分配。这些电子元器件的指标都分配给了国有企业，民营企业没有在电子部的分配计划之列，得不到分配指标。从哪儿弄指标呢？为了帮助民营科技企业发展，为民营企业获得分配指标创造条件，我们专门请当时担任电子部副部长的曾培炎同志到中关村考察、研究。后来在国有企业之外，终于给开了一个口子，叫"北京新旧产业实验区"，批了一个零部件的指标。

当时在北京图书馆这边盖了一个小楼，那个楼的思路很独特，很多公司的导图都贴在墙上，北京中关村的新技术园区管委会办公室和北京新技术园区的几个知名企业在那里，非常热闹。当时附近的街道还包括中关村，这就是当时中关村的形象。后来中共中央办公厅调研室的于维栋同志调研后写了一本书，叫《希望之光》。这本书对"中关村一条街"给予了充分的肯定和高度评价，所以要成就我们的火炬计划，就要形成一个类似像"希望之光"这样的一条街。当时各地在规划高新区的时候，提出了要搞"一条街"。这是参照了中关村模式后的一种尝试。

从1988年到1991年，"火炬计划"推行了3年。我们把这3年的情况向全社会做了一个汇报，也举行了一些纪念活动。其中有一档电视节目叫《火炬计划巡礼》，每天在中央电视台播放5分钟。当时中央电视台非常支持，以北京为主，在武汉东湖和上海等地也拍了不少高新区的电视专题片。专题片播出之后引起了社会各界的广泛关注和热议。

"863计划"和"火炬计划"实施了一段时间后，我们想请小平同志关注和支持我们的这些工作，请领导为我们题词，鼓励一下中国高新技术的发展。我们想请在国家科委工作的邓楠同志转达这个意思。但是邓楠同志表示，小平同志已经退居二线，已经表示过不再给各方面题词。后来正好《火炬计划巡礼》每天晚上在中央电视台新闻联播节目播出。新闻联播当时是人们每天必看的"生活工作必需品"，举国老少都在看。小平同志就是通过新闻联播看到了国家科委实施火炬计划。小平同志很重视，就问女儿邓楠"火炬计划"是怎么回事？邓楠告诉他，这是国家科委正在实施的一项促进高新技术成果商品化、产业化的计划。

小平同志说："这个计划不错。"小平同志是一位具有卓越政治智慧的战略家。他关心"火炬计划"有他的战略思想。他认为发展高科技是中国未来的发展方向。因为当时"863 计划"主要是鼓励科研，现在"火炬计划"在"863 计划"的基础上，进一步推动了产业化发展，能够对国家经济发展产生重要作用。小平同志比我们站得更高，看得更远。他从国家未来发展出发，愿意为"火炬计划"题词。邓楠同志当时就打电话给我，说："老爷子看了这个电视节目以后，很重视！自己表示愿意为"火炬计划"题词。你们看让老爷子写点什么？"这让我们很激动！但这个事情也让我们很犯难，因为当时"863 计划"也希望邓小平同志题词！手心手背都是肉，不能只给"火炬计划"题词而不给"863 计划"题词。当然也不能题两个词。国家科委领导听了这些讨论后说："能不能两个'计划'搁一块儿题啊？"邓小平同志就高兴地答应了。报告到中央，中央也批准了：两个"计划"一起题词。

基本思路定下来就是思考题什么的问题了。国家科委领导最后从若干题词草稿里面确定了一个"发展高技术，实现产业化"。邓小平同志看了以后，在题词时改了两个字，把"高技术"改为"高科技"，成了"发展高科技，实现产业化"。你们能看出这两个字的重要区别吗？我当时特别感慨！高技术是什么，是科学研究向应用技术的延伸，是科学研究成果的落地；但科学是没有止境的。二者结合，高技术产业发展才有更大发挥空间。我由此更加佩服小平同志的战略眼光！邓小平同志题词后，中共中央办公厅就把他的题词转给了国家科委。我们当时正好分别召开火炬计划的国际化工作会议及"863 计划"的工作会议。但这两个会议是同时召开的。所以，当天我们就把邓小平同志的题词分别拿到两个会议上向大家展示。邓小平同志的题词使我们备受鼓舞，信心更足！

访谈人：能不能请您再为我们谈谈"国家中长期科技发展规划"的相关情况？

石定寰：我记得在党的十六大就提出要制定"国家中长期科技发展规划"，也就是从 2006 年到 2020 年的重点发展规划。2003 年，也就是在"非典"那一年，科技部（1998 年 3 月国家科委变更为国家科技部——编者注）就着手制定"国家中长期科技发展规划"。

当年的 6 月中旬，中央召开会议，提出建立中长期规划的科技领导小组。当时温家宝同志在讲话中提到了对这个规划的整体要求。温家宝同志指出，首先要做好战略研究，我们的整个中长期规划必须是在战略研究的基础上来进行的。温家宝同志的指示就与我们过去的工作方式有了很大的区别。因为我们过去的很多计划都是项目研究比较多，战略研究比较少。当然刚才我也讲了，我们在 1985 年的时候就开始做政策研究了，但是还仅仅是一个政策研究，对整个国情还有与经济结合的发展方向研究远远不够。那么这次，是要从战略着手。这个战略是什么呢？就是到 2020 年，我们要实现全面小康。其实就是"国民经济三步走"：从 1980 年到 2000 年，实现小康社会，国民经济翻两番；到 2020 年实现全面小康；到 21 世纪中期，实现"赶上中等发达国家水平"。

那么围绕这个"第二步"，要在 2020 年实现全面小康，在我们经济社会发展的这个阶段，科技界面临的突出任务是什么？影响经济社会发展的矛盾是什么？根据这个矛盾和挑战，科技界应该承担什么样的任务？从这些方面来看，我们更要提前做好战略研究。

所以当时国家建立了领导小组，小组组长就是温家宝。当时陈至立同志也到了国务院，协助他来抓战略研究的工作。当时二十几个部门的一把手都是这个规划领导小组的成员。这个规划是很全面的，还设立了这个规划的办公室，办公室就设在科技部。当时的办公室主任就是科技部部长、中国科学院院士徐冠华同志。我当时兼任战略小组办公室的副主任，具体负责有关组织工作。

由于这个规划的第一步是战略研究，因此我兼任了战略组组长。战略组首先就要研究战略性事件。国务院当时给我们的任务是，研究、设立哪些领域的整体战略。所以在当时，我们主要提了 3 个方面。

第一，研究有关发展目标。包括到 2020 年的总体发展目标、发展战略，以及我们的科技怎样跟经济发展相适应，我们总的任务目标是什么。

第二，要结合经济社会发展的各个重要领域，包括我们面向经济主战场的、面向未来高技术的、技术人员，基本上从这三个层次展开。当时我们的科技工作到 20 世纪 80 年代后期已经形成 3 个层次，一个就是基础，因为它的基础后来有了"973 计划""国家科技攻关计划"，其中"国际科技攻关计划"主要是面向未来经济主战场的，"863 计划"是面向未来高技术的。基本上围绕这三个层次，来组成我们核心的研究工作。

第三，考虑实现这个任务的主要措施是什么。这样加起来一共是 20 个战略小组。像能源资源环境就是一个很重要的战略。当时我们研究分析以后，一致认为，围绕着未来发展，制约我们未来发展的能源问题、资源问题、环境问题，是我们的突出问题。我们在发展的新的产业里,把服务业也第一次纳入了"国家中长期科技发展规划"。在此之前,服务业从来没有进入过国家科技考虑范围内。因为当时的服务业都非常简单,就是卖东西。现在我们讲的是现代服务业。现代服务业是在原来传统服务业的基础上把科技,把新的金融业、新的交通运输业等进一步纳入服务业里。

当时我们整个产业结构是第一产业比较少,主要是第二产业。第三产业当时还没有占据很大的比例。西方发达国家的服务业在整个产业结构中基本都是占主要部分。但是当时我们大多数还都是制造业,所以我们要调整未来的经济结构。实现经济结构的增长,现代服务业必须要加强,所以当时我特别强调这个事情。这个设计最初是我们提出来的,就必须要把它做好。原来没有相关基础,要查阅大量的资料,所有产业的资料。必须要把现在的现代服务业和原来的传统服务业区别开。现代服务业作为我们规划的一个重要部分,是未来的基础。还有一个就是国防,国防科技是其中的一个重要组成部分。

当时各个小组都选了非常专业的人来担任组长。比如说能源组组长,我们请时任清华大学校长、中国科学院院士王大中同志担任;交通组的组长是时任铁道部部长的付朝万同志。时任同济大学校长的万钢同志担任副组长。因为当时科技部实施的重大专项正在实施电动汽车、新能源汽车专项。万钢同志是这个领域的首席专家,代表了未来的交通工具。当时的交通组只涉及基础设施,比如公路、铁路、民航。但铁路本身是包括制造的。我们考虑到未来的现代交通,新的交通体系,汽车是一个很重要的载体。只有路,跑什么车也决定了我们的未来发展。当时我们认为清洁能源、新能源汽车是未来的一个重点发展方向。所以就专门将其从机械装备组提出来,放到了交通组,而且由万钢同志担任副组长,增强了新能源汽车规划的部分;而制造业是一个大组,包括原材料、建材、化工。所以就按照这个分组进行战略研究。每一个战略研究都有组长、副组长,以及相关领域的专家。专家包括科技专家、经济专家、产业专家，也包括当时民营企业的一些专家，这些专家在一起，组成了研究队伍。

当时大概用了一年多的时间，完成了初期的战略第一稿。后来是第二稿、第三稿……连着1.0版本、2.0版本。我们的工作地点比较分散，后来我们发现效率太低，专家也不能集中时间，都是兼职，根本集中不了精力。为了加强这项研究，我提出参考制定"七五计划"时所有人集中在一起办公的经验，集中一段时间把专家都集中在一起工作。我的这个意见得到了采纳。从实践效果来看确实还是很有效的。

当时我们就在国家会计学院那边租了一片房子，把整个战略组的专家都集中在那里办公，我们也都在那儿住。就这样工作了一年多，中长期发展规划基本上形成了。于是开始给国务院汇报战略研究结果。温家宝同志分7次听取了20个专题的汇报。第一次听的就是我们能源资源环境研究小组的汇报，他认为这个领域的研究很重要。我们当时正在研究经济结构调整的相关问题，其中能源、资源问题是很重要的内容。在7次汇报之后，就进入到具体编制规划纲要的工作。我一直重点负责这个工作，又差不多用了一年多的时间。在凝练了各方意见之后，包括如何更好地把科技和经济结合起来，如何把科技和社会问题更好地结合起来。

总体来看，我国的"中长期发展规划"是一项事关国家科技发展的大事。后来在中美交流的时候，我们也曾经向美国作过介绍，他们也非常关注。前两年我去参加中美关于技术创新的研讨会，来到美国的南加州大学，当时美国人就提出来，希望了解我们的"中长期发展规划"情况。他们很想知道我们当年是怎样通过决策的前期研究带动了国家、政府的重大决策。

"中长期发展规划"中涉及城镇化发展纲要。在这个纲要里，我们提出了一些优先领域、优先发展任务，还提出了许多重大措施。

而且很重要的一点是，过去我们都是把体制、体系的建设，作为一个保障措施。但是在这个规划里，我们第一次把创新体系的建设放到科技的发展任务里。这个创新体系的建设，由各个领域的一些科技攻关、高技术研究任务组成，同时还包含完善和加强创新国家、创新体系的建设任务，就是把国家创新体系的建设作为"中长期发展规划"任务中的一个重要部分。当时还提出了几个创新体系。例如，建立以大学、科学院为主体的技术创新体系，实现技术产权结合。此外还有军民融合和地方区域的创新体系。在这规划当中首次提出的自主创新、建设创新型国家的目标，也成为国家未来的主导方针。

在制定"中长期发展规划"的过程中，关于要不要建立自主创新体系当时还有激烈的争论。当时一些经济学专家认为我们国家主要依靠引进技术就行了，不要提出自主创新，尤其是原始创新，中国在当时没有这个条件。当然这个意见遭到了大多数专家的反对。核心国防技术，美国人能给你吗？工业技术和医疗技术，外国人不可能给你。所以核心的东西、关键的东西还要靠中国自己，尤其是关于国防和国家安全领域的。

所以说，我们强调自主创新，要和过去不一样。我们要充分利用开放环境，去争取引进更多的国外技术，站在别人的"巨人肩膀"上发展，这是对的。但是一定要把我们的立足点放在自己的国家，不能放在依赖、依靠外国人上面。现在来看，更加证明当时这个方针的正确性。如果说我们没有这些年的自主创新，那今天我们在中美贸易战中便会一败涂地。这个问题其实是"中长期发展规划"前期争论里最突出的问题，也是这个规划中最主要的问题。它确立了我们国家的自主创新。

我们对自主创新也要有一个全面理解。一个是原始创新，一个是引进消化吸收再创新，还有一个是集中创新。这3方面更加全面地诠释了自主创新的内涵，指引了我们自主创新的方向。

壮阔的事业　华丽的诗篇

——国务院原参事任玉岭回顾国家科技发展历程

个人简介

任玉岭，河南遂平县人，1938 年 10 月出生。1960 年于南开大学以优异成绩获准提前毕业（五年制本科）并留校任教。1962年进入天津市工业微生物研究所，从事工业技术科学研究工作，曾负责国家科技攻关项目，并出任天津工业细菌攻坚小组总指挥。1972 年调入中国科学院微生物研究所，任副研究员。1979—1980年在中国科学院研究生院学习。1982 年调入国家科委新技术局，参与筹建中国生物工程中心及中国星火总公司，并创办中国味精技术公司，分别担任处长，总工程师、董事长。1989 年任广西北海市副市长。1992 年赴美国洛克菲勒基金会培训。1993 年任全国政协委员。1998 年担任第九届全国政协常委。2002 年任国务院参事。2003 年任第十届全国政协常委。2007 年续任国务院参事。2010 年任国家教育咨询委员会委员。2012 年再次续任国务院参事。在担任全国政协常委、国务院参事期间，他提出的建言之多、影响之大，被媒体称为"任玉岭现象"。

任玉岭被 13 所大学聘为教授，被 42 家杂志社聘为顾问、主编、编委。同时还曾兼任上市公司的监事长和独立董事，以及中国产学研促进会副会长、中国民营经济促进会会长、中国国际公共关系联合会名誉主席、中华海峡两岸书画艺术家协会主席等。

访谈人：非常高兴能和任参事面对面回顾改革开放初期您在国家科委工作的岁月。我们知道，您参与了国家科委早期多个机构的创建工作。请您回顾这个时期的相关情况。

任玉岭：我也很高兴在改革开放 40 年之际能有机会回顾这段历程。平心而论，我们科技工作者历来很低调，对很多事情都守口如瓶。但是有些事情现在可以说说了。我们有必要让国人了解中国经济发展的同时，了解我们的科技工作、中国科技事业在国家总体发展过程中所默默做出的贡献。时至今日，改革开放已经走过了 40 年。在这 40 年中，我们国家各个方面都发生了天翻地覆的变化。在科技工作方面，我们取得了非常大的成就。今天，我就以我自己为例，向大家讲述国家科技工作早期发展的历程。

1960 年，我从南开大学毕业就开始从事科研工作。一直到进入国家科委参加科技管理工作之前，我做了 22 年第一线的科学研究。就我个人而言，我曾经参与组建中国生物工程技术中心、中国星火总公司，参与"星火计划"、中国民营科技的创业工作，另外我也是国家科委第一个派出的"科技副职"。不了解情况的人也许会觉得很平坦。但这些的的确确都是我们国家科技方面的一些重大事件。我想，今天咱们就讲讲以下 4 个方面的一些基本情况吧。

首先咱们谈谈生物技术。我们的生物技术原来就有一些基础，但是多集中在发酵工业方面，也有少量的疫苗产品。但是真正的遗传工程，那时候我们还没有。为什么呢？遗传工程实际上是 1973 年美国人从微生物，也就是从细菌开始来进行基因的重组研究，从此开创了基因工程，也用基因工程的方法开创了创造新生物的新时代。但是在这方面，一直到改革开放，我们国家都是没有的，是比较落后的。因为世界上基因工程的发展速度比较快，改革开放后，我最早在《光明日报》发表了一篇文章，题目是《21世纪将是生物工程的世纪》。《新华月刊·文摘版》转载了这篇文章（《新华月刊·文摘版》以选载国内报刊所刊发的调研报告、行业或区域发展报道等高质量、高水平文章为主要任务。文稿参考价值均很高；1981年，《新华月刊·文摘版》变更刊名为《新华文摘》——编者注）。因为当时我在中国科学院研究生院攻读法语，正准备到法国图卢茨研究中心做访问学者，所以我非常关心生物技术领域。也就是在这个时候，国家科委把我调到了新技术局（全称为"国家科委基础研究与新技术局"——编者注），负责当时的"科技攻关计划"，主要任务则是生物技术领域的科技攻关。尽管我内心更倾向于学术研究，但作为公职人员，必须服从国家的需要。因此，我服从组织的安排，进入国家科委工作。

到国家科委以后，正好赶上中美科技政策讨论会。讨论会以邓小平同志的名义请了22位美国各行各业的专家，其中生物技术领域的专家有3位，一个是康奈尔大学的吴瑞，一个是马里兰大学的孔宪铎，还有一个是美国国家卫生研究院的李志豪。我们和这三位专家的讨论时间比较长，我也一直参与会议的记录、报告工作。生物技术是我的研究方向，是我的老本行，所以和美国专家们谈得比较多。他们也很赞成我的观点。尤其是对我提出的中国应着重做好生物技术的应用技术推广工作的思路非常赞成。我记得非常清楚，当时马里兰大学的孔宪铎在大会上特意强调，中国的生物技术要想发展，首先要先抓应用技术的发展。后来这个观点被当时的副总理兼国家科委主任方毅同志接受了。方毅同志后来在很多场合都特别谈到应用技术的问题，特别强调应用技术的发展问题，就是国家首先要抓应用技术，要用应用技术推进国民经济尽快发展。实际上这也给我们后来实施"星火计划"埋下了一颗种子。因为推动"星火计划"实际上就是抓应用技术。

美国专家在这次讨论会上，建议中国应该把生物技术研究统一起来，由国家统一进行推进，也就是要成立一个促进发展的管理机构。中央认为这个做法可行。于是，国家科委组建了中国生物工程中心，也就是现在科技部生物技术开发中心（对外全称为"中国生物工程技术开发中心"——编者注）。

生物工程主要考虑4个方面的工程技术：基因工程、细胞工程、酶工程、发酵工程。按照部署，这四大工程同时开展工作。但是最初我们国家的人才多集中于酶工程和发酵工程这两个领域。后来我国的生物工程中心经国家批准成立后，给了我们30人的编制开始进行生物工程的推进。

当时新技术局局长胡兆生同志带队去国外进行考察（我也是考察团成员之一），在英国安排了15天的考察行程，先后考察了多个大学、研究所，了解了生物工程的发展趋势。回国后，我们对整个生物工程的组建，包括应该设立哪些部门，应该有哪些机构参加等进行了统筹安排。这是生物中心最早的安排。昨天看到一个报道，说我们国家已经能够创造新的生物了。这表明我国的生物技术水平已经发展到相当高的层次。听到这样的消息，我们这些人是非常高兴的。回顾中国生物技术发展历程，历经几十年来的发展，确实是已经取得了令人可喜的成绩。

中国生物技术之所以能发展这么快，我总结了六点：第一点，在改革开放初期就组建了推进生物技术、生物工程发展的组织管理机构，而且就设在国家科委机关下面，这是非常重要的。因为由一个政府主管机构专门来推进这个工作，力量还是比较强大的。第二点，我们较早地请了一批外国专家来指导相关工作。学习了经验，避免了盲目性，少走了许多弯路。第三点，我们较早地派出一批留学生和访问学者去学习。师夷长技，可以更快地学习和掌握到相关知识，提升研发能力。第四点，国家科委当时分别在上海、武汉、广东设立了生物工程基地。这样可以各有侧重，其结果就是各有所长、各有建树。第五点，较早在美国和香港地区开辟了对外窗口。在信息相对闭塞的时代，这两个窗口发挥了重要的作用。第六点，较早地吸收了留学生回国创业。这些归国留学生有很多成为今天生物工程技术领域的中流砥柱。因为我是这些过程的参与者、见证者，所以我认为，我国的生物工程之所以发展得如此迅速，与这六点是密切相关的。

访谈人：您是国家"民营科技发展"的重要参与者之一。请您谈谈当时的相关情况。

任玉岭：我在很多场合都讲民营经济的问题。今天我更想讲讲民营科技的问题。关于我国民营科技的发展，国家科委、科技部一直以来都发挥了很大的作用，为民营经济的发展做出了很大的贡献。我本人住在中关村，亲眼所见，亲身经历，感触很深。

中国的民营科技最早就是从中关村一条街发展起来的。那么民营科技是怎么发展起来的呢？我认为首先是思想观念的转变，我们扩大了对外开放的力度。我记得在中国科学院微生物研究所工作的时候，当时中国科学院的研究所基本上全部集中在中关村，大家也都住在一起。我至今都很清楚地记得，1984年元月，我在新技术局的书架上看到一个文件夹，里面有两个文件：一个是国务会议纪要，一个是新的国务会议纪要。国务会议纪要中，中央领导当时提出，"公司制是当今经济发展管理模式最好的一种体制"。我们国家在当时只有"厂"，叫"公司"的很少。所以中央就提倡我们应该推进公司建设，不仅要求国有企业向公司方向发展，而且要推进民营经济组建公司。当我看到这个文件时，我已经在国外跑过十几个国家，考察了几十个公司，我也觉得公司应该在中国得到更好的发展。

实际上在1964年的时候，我就已经参与了这方面的工作，承担了当时"12年科技发展攻关计划"，当时有 7 个大项目放到了天津。给天津的项目中，有一项就是发酵法生产味精。当时这个项目交给了工业微生物研究所，当时叫食品发酵研究所。交给这个研究所以后，就由我来挑头，大概组织了 20 多个人，同时请轻工部发酵研究所协助中国科学院微生物研究所来推进项目的建设。实际上这个项目也是国家科委来进行安排的。我们经过了差不多两年的时间，做了上万次的配方实验，然后把科学院微生物研究所筛选出的一个菌种产量，提升到可生产水平，而且通过了最终的实验，完成了这个任务。当时我在天津科学会堂向来自全国各地的 100 多名专家做了报告，《天津日报》头版头条介绍我们年轻人敢想、敢攀世界高峰，用通栏大标题第一版整版报道了这个事情。

后来我写的报告由国家科委作为中华人民共和国科技成果出版。在那之后不到 10 年的时间里，中国建起了 210 座味精工厂。也正是因为这样，我对我们国家味精产业的发展情况非常了解，也对味精产业所面临的困难很担心。因为当时大家都开始生产味精，味精的年产量达到 4 万吨。当时的工厂规模都比较小，年产量达到 4 万吨已经不简单了。但是这 4 万吨却销售不出去。当时我们分析，日本味精的年产量比我们大得多，为什么他们就能卖得出去？主要是我们的应用市场没有打开。所以当时我看到了国务院关于建立公司的会议纪要，我就马上给有关领导同志写信说：我们组建中国味精技术公司可以吗？这个提议得到高层一致赞同，我后来就起草了报告。当时这个报告，我第一个上报了轻工部，第二个上报了商业部，第三个上报了中国食品协会，还有一个报到中央。结果商业部批了，中国食品协会批了，胡启立同志也批了。胡启立同志的批复意见是，像这样的公司越多越好。当时我在写这个报告的时候，就明确表示我们要成立一个公司，这个公司是为味精推广打开销路、拓展应用而成立的。同时，味精的产量、质量参差不齐，要把最好的技术拿出来，向全国推广。因为当时的技术不保密，所以我们就采取这个办法来打开味精销路。中国味精技术公司就这样成立了。

当时基本上没有民营的还是国有的概念，我们总觉得这个公司就是国家的公司。后来我提出了 3 条改革意见。第一，工资比当时的平均工资多 3 倍；第二，招聘可以不要人事档案，但是要有两个理事、董事介绍，证明这个人是可以干事的；第三，"小汽车办公"。因为当时从东郊进城办公，开小汽车可以提高 3 倍以上的办事效率。这 3 条改革意见说明了什么呢？就是民营经济没有其他条框的约束，可以随时按照组织者、领导者的意见开展工作，效率是非常高的。

总的来讲，我们的民营科技在这些年取得了重大的成绩。关于民营科技企业的发展，这里还举一个"娃哈哈"的例子。娃哈哈曾经是中国财富榜第一名的企业。当时它是怎么发展起来的呢？我在"星火计划"工作的时候，在杭州有一个"花粉口服液"的项目。这个花粉口服液当时经常在中央电视台上做广告。他们的一个销售员来北京找我，我那时是星火总公司的总工程师，他问我能不能做一个专门给孩子喝的口服液？我说可以。口服液在当时的销售情况不好，我们已经明确要求不能再批新的。但是我觉得他的想法很好，于是我特事特办，专门为此事向领导做了汇报。领导批复，让我来决定。

后来我回复那个企业说，现在还不能马上批准你的项目进入"星火计划"，但是我可以协助你把这个项目先做起来。我就协助他找到浙江卫生院，帮助他拿到配方，原来生产花粉口服液的厂子又给他两套安瓿瓶封口机。就这样，这个厂子就做起来了。大概 8 个月以后，他来找我，他说他已经赚到 38 万元了。后来，这个销售员和他哥哥一起在杭州把这个项目做起来了。当时我还以中国星火总公司总工程师的名义给杭州市科委当时的主任打了电话，嘱咐他们这个项目应该给予"星火计划"的支持。后来这个项目被列入"星火计划"项目。大概经过两年多的时间,这个企业的总资产就达到了上亿元。所以这就是我们"星火计划"的威力,大大促进了我国民营经济的发展,而且使娃哈哈成为当时中国民营经济的第一名,这与当时"星火计划"的支持是分不开的。

访谈人:据我们所知,您是"中国科技副职第一人"。您到广西北海市担任科技副市长后,您展开的工作引发了地方工作的许多变革,其中许多工作对北海市乃至全国都产生了重要影响,被誉为"北海冲击波"。尽管媒体对您这一段过程也一直在追踪,但时至今日,人们仍然不太了解这其中的原委。能请您谈谈被派到北海市任职的相关情况吗?

任玉岭:你说我是"中国科技副职第一人",这话属实。这个事情媒体的确做过报道。有的还曾经刨根究底、穷追不舍过。但是至于什么原因,当时都没有具体讲过。那个时候特别强调组织纪律性。但凡涉及组织安排的内容,我们都会避而不谈。现在可以讲一讲了。因为,事实证明,一度作为新生事物的"科技副职"工作,的确对地方科技工作和经济建设发挥了应有的作用,有的甚至发挥了非常重要的作用。

"科技副职"是改革开放以后产生的新生事物。"科技副职"是指在地市原来领导班子的基础上,再设一个科技副市长或科技副县长来协助推进地方发展。这个"科技副职"一般都是由国家机关或部门往下派。当时主要是由国家科委委派,之后中国科学院也开始委派科技干部到地方挂职或任职,再以后又扩展到由央企委派。发展到现在,各个部委也都在委派干部到地方担任副职或者相当职务。

国家科委是第一个委派干部到地方任副职的中央国家机关。我是国家科委派出的第一个"科技副职",所以也是我国最早的"科技副职"。

国家科委为什么派干部到北海市任"科技副职"呢？

中国有 14 个沿海开放城市，北海虽然也是沿海开放城市，但是因为地处南部边陲，又是少数民族地区，当时的经济发展非常落后。说北海当时在 14 个沿海开放城市中排在最后一名是毫不夸张的。广西壮族自治区党委到国家科委寻求支持，希望国务委员兼国家科委主任宋健考察指导广西壮族经济发展。宋健同志答应了，很快就实地考察了广西。宋健同志在考察北海市时指出，北海要发展，关键是领导，关键是人才，首先要充实干部人才。陪同宋健同志考察的时任广西壮族自治区党委书记陈辉光见机行事，马上就向宋健同志提出：国家科委能不能支援一下北海市，派个干部到北海市任副市长？

广西壮族自治区党委非常重视宋健同志的指示，也很重视陈辉光同志的意见，就此向国家科委提出了援助干部的请求。宋健同志回来以后，又指示时任国家科委副主任蒋明宽同志（正部长级）带领一批司局长到北海考察。蒋明宽同志带队考察回来后向宋健同志汇报说："当初您答应人家委派一个副市长到北海市任职，现在还没有落实，广西方面现在可是又追着要人呢。"宋健同志听了蒋明宽同志的汇报，当即又把落实"要人"的任务交给了蒋明宽。因为当时蒋明宽同志是负责管理"星火计划"的领导，而我当时又是"星火计划"的总工程师，跟他一起多次出差，他对我也比较了解，就征求我意见问我愿不愿意去广西北海当副市长？作为干部，组织意识都非常强烈，我二话没说就答应了。于是，蒋明宽同志就向宋健同志推荐了我。

在去北海之前，宋健同志特意找我谈话，明确指示："玉岭同志，你在国家科委长期负责项目工作。现在要去北海任职了，要改变观念，不要就项目论项目，一定要从宏观上、从总体、战略上推进北海的发展。"我觉得领导的确站得高，看得远，一席话道出了下派干部的根本目的就是帮助地方经济快速、稳健的发展。

到了北海以后，市委书记找到我，让我想办法在北京找两个项目拿到北海来做。我想起临行前宋健同志对我说的话：不要就项目论项目。可是什么项目才能对北海市的发展产生引领作用？这个问题我也一直在思考。经过调研，我发现北海龙头企业很少，经济上缺少支撑。只有引进大型项目才能产生引领作用和示范效应。经过多方协调，无数次奔走，终于为北海引进了一个由台湾企业投技术和管理，由中国高科技公司投资金的大项目。这个项目一直到21世纪初，仍然是北海第一大出口企业。后来也陆陆续续引进了一些项目，但是我觉得还是要按照宋健同志的指示，要从宏观上、总体战略上来把控，为北海经济腾飞贡献最大的力量。

所以我谨记宋健同志的叮嘱，一到北海就发扬我在国家科委期间养成的工作风格：调查研究。首先要了解北海的历史。经过了解，我感觉北海这个地方还是不错的，美国、法国、德国和英国都在这里建了领事馆。这个地方曾经是一个开放城市，但是直到20世纪80年代末这里也只有两条街，全市只有一个红绿灯。因为北部湾是一个渔场，渔民很多，所以到处都晒满了鱼干。我想我既然来了，就一定要给北海提出一些有价值的措施，协助市委市政府制定有价值的发展规划。当时正好赶上北海在开两会，我就在市政协做了一个报告。讲完以后，上百位人大代表、政协委员围住我。他们对我说，中华人民共和国成立40年了，第一次听到这样的报告。我当时听了以后确实很受鼓舞。我想我应该在北海好好干下去。这是当时我的决心。

会议结束之后，人大常委会主任说需要找我通报一下工作。当时，我把大会报告上的观点与他又讲了一遍。我总结了北海在过去没有发展起来的原因。这个原因我归结为"三进三出""三上三下"和"三次战争"。"三进三出"是指北海地区在省市归属划分时，曾3

次被划分给广东省,最后又划分回广西,所以我把它叫作"三进三出";北海原来是省辖市,后来变为县级市,再后来变成人民公社,一下连降三级,最后又升格回省辖市,所以叫"三上三下";"三次战争"是指在"援越抗法""援越抗美"还有中越边境自卫反击战时,北海都处在前沿地区。"三进三出""三上三下""三次战争"的时代都已经过去了,今天我们已经有了一个很好的发展环境。这是我为了鼓舞士气,给他们输出的第一个观点。

宋健同志在我临行前谈话时明确指出:一定要从宏观的角度研究北海。这句话对我影响很大。要想从宏观上把握,就必须纵览全局;要纵览全局,就必须做到心中有数。那个时候没有互联网,没有更多的资料可供参考,唯一的办法就是思维上要跳出北海,研究北海。为此我买了两张大地图贴在客厅里反复地研究。当时很多人把北海形容成"盲肠",认为这里不可能有什么大发展。而此时北海这个城市的面积也的确非常小。而且是个半岛,一条路进去同一条路出来,它确实就像是一个区域"盲肠",但是放眼北海所处的区位,站在整个东南亚的角度,就应该把北海当作是一个中心来看。鉴于此,我就给北海总结了几个特点:"一城系五南、一口通六西、一个面向、两个背靠、三个临近"。

"一城系五南"中的"五南"指的是西南、中南、海南、越南和东南亚,这"五南"围住北海,南边是东南亚,右边是越南,左边是海南,背靠西南和中南。为什么说"一口通六西"呢?当时的焦柳铁路由焦作到柳州,我特意考察了这段180千米的铁路线,如果能接好,那么北海就是一个非常好的口岸。这"六西"指的是山西、陕西、豫西、鄂西、湘西、广西。从北海出海,是这几个地区到欧洲最便捷的选择。"一个面向"是指它面向东南亚。"两个背靠"是指它背靠大西南和中西部。"三个邻近"指的是北海地区临近海南、广东和港澳地区。

我当时明确了 3 个观点：发展工业为重的观点、从北海实际出发的观点、发展外向型经济的观点。此外还要重视引进。靠国家给我们资金是不可能的，我们要引进资金，引进技术，引进人才。要重点引进 3 种人，这 3 种人首先包括"戴眼镜的"，就是说普通话的知识分子（泛指北方南下的知识分子——编者注）。北海没有足够的资金，怎么发展？所以我建议北海市委市政府要用好"3S 要素"，为北海的发展打好基础。"3S 要素"指的是海水、阳光、沙子，这 3 个"S"是旅游发展非常重要的三要素，我们要用好这三要素。当时我发现北海恰好有一个海滩。我就回到北京找当时的国家旅游局局长刘毅。因为当时正在制订"国家旅游度假村计划"，要建 10 个国家旅游度假村。刘毅局长就让当时的旅游局副局长程国栋到北海进行考察，最后把北海也加进去了，最后一共确定了 11 个国家旅游度假村。

我把这些观点在北海市人大会上汇报了。人大就出了一个会议纪要来支持我的工作。后来市委书记看到报告以后，决定给我配两个秘书。实际上之前是有一个办公室的副主任兼我的秘书，但还没有最后定下来。书记问我有什么要求，我说要一个学工科的，可以帮我做方案，还要一个学外语的，可以给我做国际合作。当时正好有一个加拿大留学回来的女同志，外语非常好。书记首先把她推荐给我，大概过了 3 天，市委常委会下来一道文件，决定为任副市长配 10 个秘书，成立"任玉岭办公室"。这在中国当时是很罕见的。可能有人会觉得奇怪，因为这与现行的规定不符嘛。但是当时北海的情况的确很特殊，百业待举，如果当时的市委领导没有这种气魄，给一个副市长配这么强大的秘书班子，这既是北海后来快速崛起，成为中国当时投资热点的重要举措，也使任玉岭成为"北海的冲击波"的思想基础！事实上，这 10 个秘书也是为政策、发展执行服务的。如果没有市委的大胆决策，我不可能有那么强大的秘书团队，更不可能把智库思维和北海发展战略战术贯彻落实下去。随后，北海迅速发展与崛起，其人均 GDP 当时在全国城市排名中名列第 12 位，这与北海市委市政府的胆识与担当分不开的。

当时，在中华人民共和国成立前参加革命、曾在北海市任过市长的广西壮族自治区政协主席姚克鲁向中国新闻社社长张帆介绍北海的发展，总结说这是北京的干部来到北海给北海带来的"冲击波"。为此，张帆社长专门到北海来采访我，后来写了一篇长篇通讯，标题就是《任玉岭：北海的冲击波》。这就是你们媒体后来常说"北海冲击波"的形成过程。

有人也曾问我，为什么你对北海倾注了这么大的热情，付出了这么多的精力，贡献了这么多的才智？这让我怎么说呢？我在日本考察时，认识了日本大分知县"一村一品运动"的创始人平松守彦。他在跟我的谈话中说了很重要的一个观点，他说："一个地方能不能发展起来，关键是这个地方的人热不热爱这个地方，这个地方的人能不能以高度的热情去建设这里"。我觉得特别有道理。我到北海以后，有一个记者向我提问："任市长，您能不能用最简洁的语言谈一下您对北海的感想？"我不假思索就说，"我爱北海。"因为平松守彦和我讲的话，对我震动很大：就我个人而言，从北京到北海来工作，就必须爱这个地方！"我爱北海"是我的肺腑之言。直到今天，每次回到北海，我都自豪地说自己是北海人。为了推进北海的发展，我还在军分区、海军驻军、银海区、海城区、北海师范、合浦钦州师范，以及在北海召开的多种全国会议上做了几十场《我爱北海》的报告，日本《中国龙》报，还专门用英语翻译了《我爱北海》的报告，并予以全文发表。

访谈人：作为"老科委"，请您回顾我国科技事业发展的这些年，有哪些重要事件是您参与并记忆深刻的？

任玉岭：这些年，我参与并记忆深刻的事件，有 3 个。

首先，就是当时胡耀邦同志的一个批示。这个批示指出，今后凡是新发明、新发现都属于重要成果，关于这些内容的报道一律由国家科委把关，不得随意进行报道，否则要受到批评。这段话是在1983 年下半年，国家科委根据胡耀邦同志的要求，由我撰写的《关于对西藏盐湖光合菌开发的评价》一文上批示的。这一批示统一了科技报道的口径，并统一由国家科委把关。由于将把关的权限放到国家科委，这在很大程度上提升了国家科委的地位，国家科委的同志们为此也感到自豪和骄傲。

其次，我想说一下"嫦娥奔月"。"嫦娥奔月"这个项目，今天已经取得举世瞩目的辉煌成就，而当初这个项目的立项却有较多疑问。2003 年，航天专家栾恩杰同志写了申请立项的报告，需要经费19 亿元，因数额较大，当时领导的批复是要将这个项目放到 2005 年科技大会的总体规划里统筹考虑。但此项目如推迟两年考虑，就怕落后于日本和印度。为此，栾恩杰同志托我在国务院参事同总理座谈会上向总理报告此项目时不我待。我当面向温家宝同志反映详情后，国家很快拨款 16 亿元，启动了"嫦娥工程"。后来他们还给我发了一个"为中国嫦娥工程立项做出突出贡献"的纪念奖牌。

最后，就是中国的"大飞机"项目。2004—2005 年，我们作为全国政协常委在全国各地做了很多有关国防科技的考察调研。走访了做军工研究的 16 个研究院所和 3 个飞机制造厂。一路走来，有好几位飞机专家向我反映，中国民用飞机制造遇到的最大问题是自己的航空公司不买中国的产品，抑制了中国飞机制造业的发展。再就是中国的民用大飞机制造，一定要军民融合才能真正提高质量。此后，我又查阅了中国民航快速发展的数据，无论从发展的需要还是旧飞机的更新，对民用飞机都有巨大需求。民用大飞机的生产不仅可以带动科技，而且可以作为龙头带动很多产业的发展。为此，立足于战略思维，我们在 2005 年全国政协大会上提出了"军民融合发展中国大飞机"的建议。后来，于 2007 年国务院批准了大飞机制造专项。如今我国大飞机制造成功、试飞成功，不仅调动了研究人员的积极性，而且促进了科技与经济的发展，为此我感到由衷的欣慰。

访谈人：很多人都很关注"任玉岭现象"。能请您谈谈吗？

任玉岭：这个问题好像与咱们的主题有点儿远（笑）。我在全国政协工作的时候，因为关注的事情比较多，提的建议也比较多，被采纳和产生较大影响的提案、建言比较多，所以被一些媒体称为"任玉岭现象"。正如一些报刊所言，"任玉岭现象"体现了政协委员对国家、对人民的真爱，做到了敢言一般人所不敢言的问题，提出了切合国情和实际的建议。《人民日报》曾两次以《任玉岭敢把呼声变政声》为标题发表了大篇幅的报道。"任玉岭现象"的生成，主要还是得益于我在国家科委和北海市这两段工作的经历。在那期间，我参加了很多国际会议，较早地考察了很多国家，陪国家领导人多次接待外宾，并参与了中国生物工程中心的组建、中国星火总公司的组建、中国味精技术公司的组建，推动和组织北海的招商引资、快速发展等。这些重要的实践与经历，加深了我对国际、国内情况的了解，提升了我的战略思维和使命感、责任心。使我参政议政的参与度高，并且在参政议政的时候，问题意识强、观点较明确，用的数据和例证使讲话有很强的说服力。"任玉岭现象"不只是对我的褒奖、对我的鞭策，也给了我很大的激励。

访谈人：我们了解到，您也是我国"星火计划"的重要参与者之一，我们也特别想听您讲述一下当年的故事。最后，可以请您和我们聊聊这一情况吗？

任玉岭：你提的这个问题也正是我想要讲的。关于"星火计划"

的起因，很多人并不是很清楚。因为这是个新的机构，当时我们很多从事星火计划的同志并不是从一开始就介入的，所以对于星火计划是怎么来的，当时参与的许多同志也不清楚。

"星火计划"一开始并不叫"星火计划"而是叫"实用技术推广计划"。这事儿得从我们的"星火司令"杨浚同志说起。当时在国家科委挑起星火计划大旗的第一人是科委副主任杨浚同志。他在最初提出的时候，就把其叫作实用技术推广计划。

当时我还在生物中心兼任酶和发酵工程处和咨询与推广处这两个处的处长。一天，我们当时生物工程中心的主任和我谈，说杨浚同志正好要到广东出差，让我跟着杨浚同志做随行秘书。当时和领导出差不像现在带很多人，一般只带一个秘书。杨浚同志就带着我作为随行秘书去了广东。到广东后，我们在考察中发现珠江三角洲在当时已经引进了一些国外的新技术，包括玩具、易拉罐这些。这在当时可都是新鲜事物啊！我跟着杨浚同志就一个一个去实地考察。当时地方上都很支持这些新技术的发展，我们也考察了很多企业。因为我在生物中心同时兼任着咨询与推广处处长，所以考察过程中杨浚同志就问我："这些技术能不能推广？"我说："这些可以推广"。因为在此之前我考察过很多国家，我觉得这些技术在中国都是没有的，我们应该在全国推广。

后来我们又到广西进行考察。在去广西之前，杨浚同志就和我说，我们回去要做一个实用技术推广计划。就这样，杨浚同志回到北京之后就提出了实用技术推广计划。当时有人提出应该将这个名字改为星火燎原计划，意喻它就像星星之火一样，可以燎原。宋健同志认为很好，于是就拍板决定实施的这个计划就定名为星火计划。这个背景是这么来的。

"星火计划"是从 1985 年下半年开始启动。当时"星火计划"启动后，有 6 个方面的内容是由生物中心承担的。第一是传统生物技术的推广，第二是我国酒类技术的推广，第三是保健品的推广，第四是食用菌技术的推广，第五是饮料技术的推广，第六是饲料和饲料添加剂的推广。这 6 个领域都由我当时管理的咨询与推广处来负责和组织项目。所以每年我们都选择了很多项目列入星火计划。

国家科委为此成立了中国星火总公司。任务就是专门负责管理星火计划。这个时候我调任为副局级的星火计划总工程师，主要分管项目计划和国际合作。我们当时还有一个机构办公室，基本上也是我在负责管理。那时，由于提倡军民结合，所以很多军工项目也都是由星火计划负责，可见当时星火计划的规模有多大。

我记得"星火计划"所集中管理的项目当时有 12000 多项。作为"星火计划"的总工程师，我的繁忙程度可想而知，口袋里经常装着三四张机票！因为各种各样的原因得去全国各地跑。有的是参加会议，有的要去考察，有的要去解决问题。当然这在当时，对我们所有同志们来说都是常态。就是这么一个状况，一个人恨不得当成两个人甚至三个人来用！没办法，你就得连轴转。

1988 年，国家科委启动了火炬计划筹备工作。我在参加了火炬计划的一些前期筹备工作后，于 1989 年作为国家科委下派干部，离开北京，调到广西北海市任副市长。

可以说"星火计划"为国家总体经济的发展做了大量工作。后来因为有了"863 计划"，有了"火炬计划"，还有其他的一些计划，"星火计划"相对来讲就偏重于农业了。但是在最初不是这个样子的，是综合性的。我们应该肯定它的价值。

科技改革　波澜壮阔

——科技部原党组成员、科技日报社
原社长张景安访谈录

个人简介

张景安，山西运城人，1949年10月出生，中共党员。科技部原党组成员、科技日报社原社长。北京师范大学政治学专业毕业，大学学历，欧亚科学院院士。现任中国科技体制改革研究会理事长。

1981年起先后任国家科委政策局、研究中心和星火办副处长、处长，体制改革司副司长，政策法规与体制改革司副司长，中国农村技术开发中心主任（正局），兼任国家科委扶贫办主任，人才分流办公室主任；科技部火炬高技术开发中心主任，兼任科技型中小企业创新基金管理中心主任，政策法规与体制改革司司长，科技部秘书长、党组成员，2005年2月起，任科技日报社社长（副部长级）。第十一届全国政协委员。国际欧亚科学院中国中心副主席。曾任中国高新技术产业开发区协会理事长，中国民营科技实业家协会常务副理事长，中国民营科技促进会常务副理事长，中国科技金融促进会风险投资专业委员会主任，中国国际经济交流中心常务理事，中国生态文明研究与促进会创建促进委员会副主任。

　　1982 年开始参加 12 个技术政策的调研与起草；1983 年参加关于新技术革命与我国对策研究；1984 年参加科技体制改革决定文件的调研与起草；1985 年参加星火计划的调研与起草；1988—1992 年参与《香港特别行政区基本法》的起草，并撰写《香港基本法与香港问题研究》。

　　长期从事创新理论、科技政策与改革研究。出版专著《风险投资与中小企业技术创新研究》（创新全球化与科技园区发展），主编《深圳创新评价》《中国区域创新体系建设》《中国高新技术产业化发展报告》《中国风险投资发展报告》《新世纪风险投资系列丛书》《科技型中小企业创业指南》《中国民营科技企业发展报告》《论创新与企业孵化》等著作，并在各类学术期刊上发表论文百余篇。

访谈人：您作为 20 世纪 80 年代初就进入国家科委工作的资深领导，在任上参与和主导的许多工作都是开创性的，比如"星火计划""中小企业技术创新基金"等，具有鲜明的时代特征，许多国家科技计划至今仍在为当代科技与经济发展发挥着巨大的作用。请您谈谈相关情况。

张景安：我由 1980 年借调（1982 年正式调入国家科委）到国家科委算起，跨进国家科技系统这道门槛，至今已是第 38 个年头。38 年过去，"弹指一挥间"。从国家科委到科技部，经历一个跨世纪的变更，我的确是咱们国家科学技术发展的一个见证者和亲历者。其间，我曾亲身参与过星火计划、火炬计划的创建，参加《香港基本法》起草，参加中国科技体制改革……时代变迁，科技部也几经变革。回首往事，感受最深的则是中国伟大的科技体制改革。用伟大这个词是因为有极其深刻的含义。几千个政府办研究机构事业单位平稳实现企业化转制，走向市场化，这是一部巨作。所以，当改革开放 40 年到来之际，我的确是心潮起伏，难以平静。回顾改革开放 40 年我国科技事业的发展这件事，我认为很有必要。

我个人认为，在众多的改革中，我国科技体制改革是非常成功的，我国几代科技人对此付出了巨大的努力。按照国外的理论，科研机构、科学家一般不能过渡为企业家，在他们的理念中，"科学家就是科学家，企业家就是企业家"。科学行为是探索科学规律，经济行为是探索经济规律，市场行为是探索市场规律，企业家是探索企业的规律。改革开放初期，中国有 9153 家研究机构，总人数 111.9 万人，全部都是政府包办的体制内科研机构，都是事业单位。这个时候国家经济要转型，由计划经济向市场经济过渡，研究机构需要在市场经济的环境下，找到新定位，进行转折，这就需要一个伟大的转变。1984年年底，中共中央做出《推动中央科技管理体制改革的决定》，对中国关于面向市场经济这场伟大改革进行整体部署。关于科技体制改革，我们参与起草、调研等前期准备和调研等工作。我记得当时全国科技界"几路大军"的代表都参加了。中间有一个插曲，《决定》修改到第五稿时，中央决定邀请外国的几十位华裔科学家和专家来讨论稿子，对中国科技体制改革提出建议并提供咨询意见。这也是中国共产党历史上第一次由中共中央决定在起草过程中请美籍华人来参与研究讨论，这项举措非常了不起。当时在人民大会堂，中央领导同志听这些外籍专家对中国科技体制建言献策和对未来进行勾画。到1985年3月，中共中央作出《关于科学技术体制改革的决定》，并且召开全国科技大会，邓小平同志到会发表重要讲话，由此拉开科技体制改革的序幕。

改革的序幕拉开后做什么事呢？

第一，面向市场的开发类院所，要走向市场，由政府包办变成市场引导，要科研单位自己到市场挣钱来运行。事业单位要进行企业化管理，同时还要削减实验经费，三至五年内到位，实验经费全部减完，这是非常艰巨的任务，是一个伟大的改革。

第二，农、林、水、气象、地震、环保、医疗等这些公益研究机构，能走市场走市场，需要国家支持的，少量的可以留下来，这类研究机构能够市场运作的全部进行企业化转制。

第三，公益类科研院所和中国科学院，由国家来负责。因为其定位是国家战略，属于高技术前沿领域和国家重大科学工程。这样规划后，只有中国科学院和为数不多的一部分公益类科研机构及部分国家重点科研机构仍然作为国家科研事业单位运行。这么定位下来，最后中国科学院120多个研究所，99个公益科研院所，加上国防科研机构仅保留了200多个。原有的9000多个研究院所，实际保留为事业单位的只核定了300多个，事业单位科研人员大大精简。

其他的近万个研究机构都被纳入市场主体。

　　关于"863 计划"与"973 计划"，则是经过 10 年布局后的一个提升过程。"863 计划"组织实施 10 年以后，我们发现，"863 计划"的重点是技术，其主要任务是实现科学技术的产业化，但还有很多基础性、前沿性的科学需要进行布局。所以"863 计划"运行 10 年之后，于 1997 年推出了"973 计划"，科研组织则重点面向未来的基础研究。也就是说，我们除了要重视技术层面，还要重视科学层面的研究，所以就提出"稳定一头，放开一片"战略。这个战略是我向宋健主任建议的，科委主要几位司长都在场，在当时引起非常激烈的讨论，最后宋健主任采纳了建议，并且成立李绪鄂副主任为组长，推动改革领导小组下设办公室，我为主任，抽调人员专门推动改革工作。

　　当时我们都是放开手让科研机构和科研人员去发展。国家科委让我做人才分流办公室主任，负责人才分流结构调整，目的是使开发类院所进行结构调整，为市场经济服务。我研究之后发现，在调整期间，不能全部都放开让大家去面对市场，还要有一部分稳定的研究机构立足于未来，面向未来专心致志于基础研究。也就是说，在"放开一片"的时候，必须要把精干的那一部分人才留住，而且要给他们一个好的环境。这样我们就制定"稳定一头，放开一片"政策，即稳住精干的一部分基础研究队伍，放开大部分院所进入市场，为市场服务。这使中国整个科技体制的未来发展向前推进一步。由院所转制，到进一步的"稳住一头，放开一片"，实现科技体制改革整体部署重心突破。

　　1999 年中共中央召开全国创新大会，会上决定，将推动经过这么多年改革的研究单位和企业化管理的事业单位、研究机构完成工商登记变身为企业，彻底脱离事业单位序列。到 2006 年，我们完成整个科研机构的结构调整，党中央提出建设创新型国家的战略。进入习近平新时代，迈向建设创新强国的新征程。

回顾这 40 年，我认为整个科技体制改革有 5 个里程碑。这 5 个里程碑以 5 次中央会议为标志，即 1978 年的全国科学大会、1985 年的全国科学技术工作会议、1995 年的全国科技大会、2006 年的全国科技大会、2016 年的全国科技创新大会。中央召开的这 5 次大会，概括地说就是中共中央用 5 次会议决定的改革方案推进了中国的整个科技体制改革，完成结构调整，使我们国家的这些科研院所变成适应市场经济的科研机构。世界上任何国家、任何领域都没有一个这么大规模、这么顺利的转折。更重要的是，在整个的改革期间没有出现大的问题，更没有出现大的风波。所以，在回顾改革开放 40 年发展道路的时候，最应该受我们尊敬的、做出最多贡献的、最伟大的人，实际上是那一代的科技人员。

我们经过 40 年的科技体制改革，初步构建了一个高效的、适应当今发展需要的创新体系。创新体系就目前情况来说主要有 3 个层次，最上层是自由探索的基础研究，由我国近六十所研究性大学负责，他们通过竞争从基金会获得经费。第二个层次是国家重大战略、科学工程，如中国科学院和九院及十大军工集团的一些骨干企业等一些大的研究机构。第三个层次就是公益科研机构，这个也由政府来做，农业、环保、气象、地震，这些领域属于国家大院大所。现在我们保留刚开始的 99 个研究机构，现在是 101 个。另外，地方还有一部分研究机构也承担着区域公益领域的研究。这 3 类都列入事业性研究单位，这些机构主要服务于我们的顶层设计。这便是我们国家在今天创新体系建设中的一个最大优势。再加上我们的科技中介服务，这样就形成以中国科学院和研究型大学为主，与公益机构相得益彰的科学创新和公益创新体系；以产学研结合形成的技术创新体系；以军民融合形成的互动创新体系。其与地方的区域创新体系、中介服务体系共同构成符合我们今天建设中国特色社会主义市场经济的创新体系。这个体系在当前新的科技体制思想指导下，竭力为实现中国梦贡献它应有的力量。

访谈人：请您讲述一下当时您参与"星火计划"工作时的相关情况。

张景安：星火计划曾经为中国的改革开放、农村经济发展和乡镇企业发展做出历史性的贡献。

改革开放初期，农村实行家庭联产承包责任制。与此同时，在广大农村地区兴起了乡镇企业。当时，国务院副总理万里同志主管这件事。万里同志说："促进我国农村地区的发展，一靠政策，二靠科学。中国的农村、农业要发展，必须要发展科学技术，中国的科技界要为农村服务。"在万里同志的建议下，国家科委在1982年召开全国农村科技会议，动员全国科技界为农村服务。当时万里同志做了报告，国家科委非常重视。时至今日我还是坚定地认为，国家科委当年的改革思想是非常前沿的。

1985年，《中共中央关于科技体制改革的决定》公布之后，国家科委觉得科学技术应该面向农村。就这样，国家科委开始制定星火计划。星火计划是在宋健同志办公室讨论的。讨论时，宋健同志说："党中央把这么重大的任务给了我们，我们必须高度重视，全力以赴地做好为农村服务的工作！同志们呐，这件事情急如星火！我们就制定星火计划动员全国科技界主动来为中国农村服务，把科技的恩惠撒向广大农村。"

星火计划的任务是什么呢？

第一，虽然农村有联产承包责任制，但是他们没有技术，很多地方缺乏先进理念。当时农民文化程度普遍低，技术上的事情绝大多数农民都不懂，亟须通过培训来提高农村人口的素质。所以星火计划第一个要做的，就是组织大规模培训，每个县至少要培养十几个懂技术的人员，把国外的先进实用技术教给他们。

第二，我们计划在全国范围内确立 500 个企业作为乡镇企业典型，明确要求这些企业不要制造污染，要实行节能和环保生产方式，由国家派出的科技人员把所需的环保新技术教授给他们。

第三，虽然乡镇企业总量多，但仍然存在很多人想办企业却缺少设备的现象。国家科委就着手为乡镇企业的发展创造条件，给他们提供装备。当时我们的工业科技司，主要负责装备这方面的工作，为农村提供先进适用的装备。同时，我们的人才培养工作由国务院专干局负责落实。我当时在政策局，主要负责"星火计划"政策的制定和工作的整体设计。就这样，多管齐下，迅速把先进实用的技术在广大农村地区推广开来。

我们推行"星火计划"的时候向中央做报告，中央对此非常重视。1986 年中共中央出台的 1 号文件，就是国务院批准国家科委组织实施"星火计划"，同时把培训、装备、为农村提供先进实用技术等各个方面任务，全部写进中共中央 1 号文件。

1985 年 11 月，国家科委在扬州召开了全国"星火计划"会议。第二年，在成都召开了"星火计划"的第二次会议。我记得当时第一阶段就已经培训了 100 多万人。这些同志活跃在全国 2000 多个县，把先进实用的技术、无污染的技术，以及种植、养殖等技术传授给乡镇企业。乡镇企业发展起来以后，国家科委又组织编辑一套教农民盖房子怎样实现节省材料怎样减少污染的培训教材，教授农民在盖房子时怎么省材料、怎么减少污染。同时，国家科委又组织为农民盖房子提供装备，供农民使用。从 1985 年 11 月到 1986 年 11 月，整整一年（的时间），我们的"星火计划"就在全国铺开，需要的各类型装备也已准备就绪。1986 年，国家就如何实行"星火计划"提出了整体部署。当时，宋健主任在报告中动员全国的科技人员领办乡镇企业。在此之前，"星期天工程师"是不被允许的。在这期间，国家科委发了一个文件，中心内容就是科技人员可以辞职办企业，也可以去领办乡镇企业，这个报告报到国务院后很快获得批准。我记得宋健主任在讲话中还强调指出：农民办的企业要规模化、科学化。1988年1月13日到18日，国家科委在广州召开"星火计划"的第三次会议。当时，广东省在"星火计划"的支持下已经取得了长足的发展，经过3年，全国的乡镇企业、农村各类产出的增加已经非常显著。

我认为，"星火计划"为中国乡镇企业的发展，为当年整个农村的经济发展提供技术，为农村在种植、养殖、加工业等方面的发展提供有力的科技支撑，起到巨大的推动作用。我当时担任"星火计划"政策处处长，参与"星火计划"最早的设计。当时科委领导的分工负责人是吴明喻副主任和杨浚副主任，他们对我的影响特别大。

"星火计划"实行后，国际上都对我们的"星火计划"产生浓厚的兴趣：世界银行给了我们"星火计划"两亿元的贷款，世界银行表态说，他们十分看好这个计划。他们认为"星火计划"符合中国国情，而且把科学技术大规模推向农村，对农村整个科学技术的普及、提高、转型，农民素质的提高，乃至整个产业的发展的推动作用是不可磨灭的。所以我们，在今天回顾40年发展的时候，"星火计划"应该被载入史册。

访谈人：这个时期，您还参与"火炬计划"的实施过程。请您谈谈"火炬计划"的相关情况。

张景安：这个"火炬计划"是中国创新创业计划，当时的宗旨是发展高科技，实现产业化。1985年，在制定"星火计划"的时候，宋健同志就表示：我们要超前部署高科技产业，当时就制定起草一个关于实施"火炬计划"的意见。当时"火炬计划"试点在中关村，宋健主任让我去中关村调查。宋主任语重心长地对我说："以后每年你都带我去看看这些民办企业，我们支持高科技企业和创新企业，这个事情也是国家科委的一个重大工作。"

"火炬计划"与民营科技是密不可分的。宋健同志和我多次讨论过，让科技人员去办公司，一是加快其成果转化，促进科技成果商品化；二是让科技人员走向市场，加快市场化步伐。早在20世纪80年代初，北京中关村就成立四通公司、信通公司、科海公司和金海公司。他们是中关村第一批民营科技企业。从那时起，宋健同志几乎每年都会跟我们座谈讨论如何发展中国创新型高科技产业。

我到体制改革司后，一直负责民营科技相关工作。1993年，经国务院批准，我们在郑州召开全国民营科技会议。关于民营科技，我在这儿解读一下——在此之前，我们没有民营科技这个提法，一直叫民办科技。民营科技本质是一种机制，而非一种所有制。国家科委认为，在民办科技这支队伍里面，既有国有民营，也有集体民营和个体民营，又有多种所有制、混合所有制。因此，应把"民办科技"改为"民营科技"，以"民营"作为这类企业的经营机制。后来我们也把"民办实业家协会"改为"民营实业家协会"。可以说，这个决定大大推进民营科技的发展，使科技人员能够更好地进行科技创新，带动我国高科技产业的发展。我认为，1993年的全国民营科技会议具有划时代的意义。那次会议后，经国务院批准，国家科委和体改委出台《关于进一步发展民营科技的决定》。

那么，我们如何支持民营科技创业呢？当时宋健同志说，我们需要一个支持民营科技创业的孵化器或园区，用这样一个载体去为他们服务。中关村科技园之后，我们又陆续在全国建立起几十个高新区。这样一来，高新区、孵化器将我们的科技人员、民营科技创办的高技术企业紧紧联系在一起。

有一个"小插曲"。在20世纪80年代末和90年代早中期，中国的孵化器那时不叫"孵化器"，叫"科技创业服务中心"，科技园区叫"高新技术产业开发区"。孵化器和科技园区目标很明确，一个负责创新服务，一个负责高新技术产业。一直到 1998 年，我调任到火炬中心任职主任。考虑到我们的目标是走向国际，但是很多国际友人不明白什么是"科技创业服务中心"和"高新技术产业开发区"，同事告诉我这很难解释清楚，影响国际化效率，所以我就向部里汇报，后来我们也给中央打报告，把我们的"科技创业服务中心"，也可以成为"孵化器"，我们的"高新技术产业开发区"也可以叫"科技园区"，科委和中央都同意。这样与外国打交道方便多了。

"火炬计划"对于中国今天发展非常重要。这个时代就是一个创新竞赛的时代，哪个国家能够有新的产业、新的东西，就能在国际事务中拥有话语权，就能赢得未来。我们国家的高科技也要适应这种竞争。那么我们未来能否出现颠覆式创新，能否引领世界、引领未来，这是习近平时代赋予我们的伟大历史任务。

访谈人：请您谈谈"孵化器（科技创新服务中心）"和"科技园区（高新技术产业开发区）"的相关情况。

张景安： 现在 30 年过去，中国高科技产业也已经发展起来。就拿我们的高新区来说，一开始时候，高新区一年的总体税收还不到 1 亿元，现在高达 16000 多亿元。当时我们高新区的总产值只有 70 多亿元，现在我们每年就能新增加 1 万多亿元，总产值已经达到 20 多万亿元，这是一个翻天覆地的变化！我认为高新技术产业开发区、孵化器及整个创新创业和科技体制改革，既是总体改革的步骤和战役，也是服务于我国整个改革开放与发展的一个重大创新体系。

我们用 30 年的时间探索出一条符合中国的、推动高科技产业创新创业发展的道路。在这期间，我曾任火炬中心主任，专门负责这个事情。就以孵化器为例，我们在孵化器的推动工作上，下了很大的功夫，花了很多的心血。我担任火炬中心主任时，每年都要组织召开全国孵化器大会，争取更好地为当时创业者服务。当时为了抓好创新孵化的工作，我还组织一个"创新孵化协会"，现在我们的孵化器已经非常活跃。

我记得在 2000 年的时候，我们在上海浦东召开一个世界孵化器大会，会议宗旨是创新与孵化，把全球做孵化器的高手都请来一起交流经验，意在推动我国技术创新。当时这个大会是科技部、教育部、中科院、工程院、外交部等几个部委和上海市政府联合召开的，也得到联合国的支持，联合国请来 50 多位世界各国专家参会，上海市市长和 3 个副市长参会，我是大会秘书长，这个会议也是我提议并策划推动召开的。这次大会对我国孵化器的整体发展起了重大作用，也为中国走向世界打下了一个良好的平台。

现在的创客、众创空间等，都得益于我们当年创办的孵化器，我们积累了经验，培养了人才。所以说，中国的科技园区、孵化器，的确是一支非常了不起的力量。今天，创新仍是主旋律。希望在新的时代，我们的孵化器、科技园区可以更加有力地以创新驱动促进结构调整，实现绿色发展，为实现中国梦、建立新时代强国奠定更坚实基础。

访谈人：我们了解到，香港回归前，您还参与《香港特别行政区基本法》的起草工作，可以请您谈谈这方面的情况吗？

张景安：我能有幸参与香港基本法的起草工作，这对于我的人生来说的确是上了一个台阶。

我是 1988 年被组织派到香港，参与《香港特别行政区基本法》的起草工作的。根据中央政府和小平同志的指示，我们要与香港同胞共同来起草这部《基本法》，以确保香港回到祖国怀抱后能够平稳过渡，并再创新的辉煌。虽然现在香港已经回归 20 多年，但是当年的过程记忆犹新，令人永生难忘。

香港被英国作为殖民地统治百年之久，回归祖国怀抱，对于英国方面而言，其国内有一股反对力量，因此英国有人对我们并不是很友好，甚至制造事端。他们认为，香港过去只是一个小渔村，在英国的"帮助"下才得以建成国际化的大都市，如果香港很轻易地被中国政府收回，他们觉得很不甘心。所以英国方面在当时提出过，继续租用香港等各种办法，其根本目的就是不愿意把香港归还中国。但是小平同志当时的态度非常坚决而且强硬，小平同志表示，今天的中国政府已经不是当年的满清政府，更不是李鸿章，我们收复香港的态度是坚决的。如果撒切尔夫人不按照中国政府提出的要求执行，中国政府就要重新考虑收复香港的方式和时间。面对中国政府的坚决态度，撒切尔夫人最终只好同意并签了字。实事求是地讲，撒切尔政府在英国国内反对意见强烈的情况下，能够同意把香港归还给中国，是具有一定历史贡献的。而对国际政治来说，香港回归这件事情，在世界范围内意义非凡。

我们知道，世界上有多种国家政治体制，资本主义、社会主义代表着两种不同政治理念的政治力量。香港回归之后，怎么才能有利于香港、有利于祖国，小平同志有一个创造性的设计，那就是对香港地区采取"一国两制"。这样既利于香港，又利于祖国，也有利于世界，能够使香港实现平稳过渡。"香港可以继续实行资本主义制度，并且保持50年不变。"小平同志的这一论断是一个伟大的创举。

要让香港实行"一国两制"，要先让全国人民了解到，这是对于当时的中国国情而言最好的选择，也是中国共产党对香港回归比较恰当的处理方式，它既符合中国人民的利益，又符合世界发展的趋势，这一点需要我们达成共识。另外，也要使香港同胞认为还是回归祖国好，可以更快地发展。当时针对香港就流传着"马照跑，股照炒，舞照跳"等一些比喻，还要保证（这个状态）50年不变。当时很多人对这个"50 年不变"不是很理解。为什么是 50 年不变呢？
邓小平同志当时哈哈大笑说："50 年之后还有变的必要吗？"从现在
来看，中国共产党、中国政府收复香港的基本方针、基本策略，既
对中国的改革开放、中国的发展有利，对香港的繁荣稳定有利，也
对世界有利。

我认为香港在中国改革开放的进程中起了非常了不起的作用。
这首先得益于毛主席、周总理在中华人民共和国成立前夕提出的对
香港"长期打算，充分利用"的战略，这是一种卓识远见。改革开
放初期，我们可以看到，在深圳及广东的珠江三角洲办特区，香港
起到了非常重要的作用。习近平总书记在香港回归 20 周年大会上也
讲到，"粤港澳大湾区"将会是引领世界经济的一个湾区。虽然这 3
个地区有 3 种法律：大陆实行中国法律，澳门实行葡萄牙法律，香
港实行英国法律，但是"一国两制"帮助我们把这些不同的特点，
共同变成一个创新的资源，对未来的经济发展起到至关重要的作用。
相信在中国梦的基础上，香港也能够发挥更大的作用。现在很多人
对香港回归这件事情的评价都非常高，认为中国想的这个办法非常
了不起，这也是邓小平理论非常重要的一个内容。

**访谈人：您在领导体制改革与政策法规司时，参与和主持有关
科技法律法规的修订和制定工作。请您谈谈这方面的一些情况。**

张景安：我再谈谈我们科技法制建设问题吧。科技法制是中国
法制的一部分。实际上回头看我们的科技改革，政策多于法律。我
们在这一过程中出台很多有利于推动科技发展相关政策，当时只有
《技术合同法》和《科技进步法》。国家科委 1985 年、1986 年曾就此
专门组织召开有关科技法制建设会议，科技较之前有了一定进步，
但是，对于当时的科技界来讲，提高法制观念仍然是一个重点。

我认为，科技法制有利于提升科技诚信。科技界首先要遵守法

规并成为科研诚信的表率。我们强调科研诚信，就是因为诚信是遵守法律的基本保证。如果没有诚信，不尊重法律，还谈什么法治国家呢？因为科技是最高尚的，是宏观的、科学的、未来的。科技人员是高学历、高学识人群，所以，科技人员应该在先进文化、科研诚信方面为全国人民做出表率。在这方面，我们还有很多工作要做。我们还要用更多的政策、更多的制度设计来支撑这个目标的实现，为科技人员提供一个良好的环境，培养科技人员成为中国先进文化的传播者、传承者、探讨者。

访谈人：我们知道，您还担任过农村中心主任和火炬中心主任，也是"星火计划"和"火炬计划"的积极参与者。请您谈一下当时的情况。

张景安："星火计划"和"火炬计划"，也称"两把火"。我觉得"星火计划"和"火炬计划"对改革开放后中国经济的全面发展起巨大的作用，"星火计划"和"火炬计划"也培养了我们整整一代科技管理干部。我参与了"星火计划"和"火炬计划"这个伟大的实践过程，使我有机会能够服务于这"两把火"，服务于这伟大的计划，我也从中学到很多的东西。在这期间，我看了无数个项目，走了无数条路，也得益于无数名导师。最难忘是"星火司令"杨浚副主任和"火炬司令"李绪鄂副主任，他们是我们这两个"计划"的导师，曾经是我的直接领导，对我的教育和培养令我终生难忘，他们不仅对我寄予很大的期望，也深深地影响我的人生。我记得在我担任火炬中心主任的时候，当时兼任中国高新区协会会长的李绪鄂主任动员我当协会常务副会长。我在武汉全国高新区协会全体大会上汇报了火炬中心工作，老领导听后激动地说："你这个火炬中心主任当得非常好，很称职！这说明我们'火炬计划'后继有人。我很放心！"我表示："后继有人不敢当，愿将一切献火炬。我们一定要把火炬的旗帜高高举起来，并且一代一代举下去。"现在回想起来，"火炬计划"不仅仅是我们的工作，它更是一种先进文化，是"火炬文化"。当年"火炬计划"初创，就有那么多人愿意献身于国家的创新创业事业，为了这个事业的顺利发展殚精竭虑、呕心沥血、任劳任怨，从不计较个人得失。正是因为有这样一批"火炬人"凝聚了一种精神、形成了一种力量，为引导创新创业、发展中国高科技产业贡献最大力量。

在这里，我还想说说中国孵化器事业发展。在孵化器发展过程中，我总结了一点，就是我们的孵化器服务模式必须超前服务。这是为什么呢？因为孵化器与传统产业有着巨大的区别：传统产业如果出现问题，一般都是资金链断了，补上钱就行了；但高新技术企业不行，高新技术企业一旦出现问题，只给钱没有用——如果是技术出现问题，那么就要找人帮助他们渡过这个技术难关。从我观察的来看，创业公司倒闭的原因，大多数是商业模式出现了问题。因为我们很多的科技人员创业，技术非常好，商业模式却是一塌糊涂。孵化器发展早期，当时因为商业模式原因，倒闭的创出企业很多。总结经验，一方面是要帮企业超前解决技术问题，另一方面是要帮企业超前解决商业模式问题。当时我们组织成立了风险投资协会，引进了大量的风险投资到孵化器，使孵化器与风险投资得以结合。这个经验总结出来后，科技部开始着手建设统一的孵化平台，把共性设备都放到平台上为孵化器建设和高新技术企业服务。我们的孵化器有了风险投资、有了服务平台、有了超前服务的支持，也造就了中国孵化器超前服务、先进服务的理念。这是一种先进思想、先进文化、先进理念、先进模式的服务，也让更多创新型企业茁壮成长。

访谈人：从国家科委时期以来，还有哪些过往事件给您留下了

最为深刻的记忆？

张景安：首先，"三个学"会议。哪"三个学"呢？就是"科学学、人才学、未来学"。时间应该是 1980 年 11 月，国家科委在安徽合肥召开一个非常重要的会议，这个会议把"科学学、人才学、未来学"作为会议主题，后来，被大家称为"三个学"会议。这次合肥会议的"三个学"有一个整体大致方向，它是学术会议，科学学、人才学、未来学，分属于不同的学科，这样就分成三个学术组。总体是国家科委负责。当时我被指定为人才学术组的负责人，负责联络参加人才学术组会议的参会代表。

当时，正是改革开放初期，国家科委负责组织实施若干科技工程，很多事情都具有里程碑意义。人才学、未来学、科学学成立有三个学会，每个学会都有 100 多人，其中有不少研究人员在这三个学会还有交叉任职，这样人员的交互性流动就很大。国家科委便组织这三个学会来推动国内科技研究的进行。这次会议，有两个关键性的人物在其中发挥了很大作用——一位是国家科委副主任童大林。为了使这次会议卓有成效，更加务实，童大林同志经过研究，确定把"改革发展，解放思想"作为会议主题。记得会议一开幕，童大林就从展望中国农业科技发展讲起，讲到农村土地承包责任制这个重大改革的进展、讲到党中央国务院依靠人才，重点还介绍安徽联产承包责任制的典型案例，还讲了袁隆平的科技成果推广，进而认为农业品种和成果推广是当前一项很重要的任务。童大林同志说，科学技术发展既要尊重人才，也要尊重科学和未来学。童大林同志的讲话，拉开了我国长达数十年的科学人才培养计划，推动了我国科学学、人才学、未来学的发展。

那次会议有 500 多人参加。我记得当时参加会议有吴明瑜同志、邓楠同志，还有李铁映同志、刘延东同志，都参加了那次大会。

那次会议上，也是我的人生转折。我记得当时我写了一篇文章，作为人才学学会的联络人，还做了发言。王康和吴明瑜同志就找到我，对我说："张景安同志，你看你愿不愿意到国家科委来工作啊？"我当时对科学技术已经产生了浓厚的兴趣，当即表示愿意到科委来工作。于是，国家科委便采取了先借调、后调入的办法，把我调到了国家科委工作。从那个时候算起到 2018 年，38 年就这么过去了，真的是恍如昨日啊。

访谈人：这次会议产生了怎样的影响。

张景安：这个会议的影响是深远的。当时，会议提出了尊重科学规律的意见，这就不仅仅要关注眼前，还要关注未来啊。这里面有两个问题：一个科学的政策。科学的发展要有科学的政策。这实际上就是科学的决策。科学政策的制定需要适应当前科学技术的发展，最终引导科学技术沿着正确的方向发展。38 年前，国家科委对于我国科学技术的发展道路到底应该怎样走，其实也是在探索，也是"摸着石头过河"。结合今天的发展形势，再回看当时的实际发展水平，作为亲历者，这是最让我感到震撼的地方！我们共产党人不搞"唯心论"，没有先知先觉。但共产党人崇尚科学，尊重科学，善于把握科学发展规律，并且执政为民、勤政为民，为了国家的发展、民族的振兴，殚精竭虑，竭尽全力，一代又一代人继往开来，所以才能取得今天这样的成就。

另一个是人才。那次会议的核心议题，就是关于人才的培养。怎样培养有用的人才？关键是尊重人才规律、尊重科学技术、掌握科学技术研究的理念。国家科委把加强人才培养、加强人才队伍建设放在非常重要的位置，注重充分发挥科技人才作用，制定利于激励人才成长的若干制度，这，就为后来的科学技术快速发展打下了基础。所以说，这次会议意义是非常重大的。

80 年代初期，有两本书非常流行。一本是《大趋势》，一本是

《第三次浪潮》。这两本书，最集中反映的就是科学技术革命带来的问题和对未来的预见。新华社还就此对国外涌现的科学技术革命进行全面的报道，引发国内各界的热烈讨论。我记得当时国务院召开了有国家经委、科委、计委等有关部门都参加的会议，就是集中讨论我们如何面对新技术革命的浪潮。会议认为，新技术革命在世界兴起，对中国既是机会，也是挑战。中国应积极应对。国务院会议后，国家科委组成由马洪、张数牵头的新技术革命小组，组织全国的专家进行新技术革命预测。很多人参与进来。国内出现新现象。1983年12月，国务院批准召开全国科技会议，各省的省长、有关部委的部长都参加了这次会议。会议期间，国家科委发布了关于科技发展的六条意见，这就是人们广为流传的"科技发展五条"。当时，人们在认识上完全不一致，甚至可以说是混乱。有人就把新技术当成了资产阶级的糖衣炮弹。"科技发展五条"第一条就是纠正这个思想认识问题；二是针对自然科学和社会科学中多学科的交叉问题，明确提出应该分析而不能全盘否定，具体问题具体分析；三是在科学技术方面上，与领导意见不一致是正常现象，不能扣帽子。当时这种现象还是比较严重；四是制定一些新的科技政策来迎接挑战，得依靠研究外国技术借鉴发展我国的技术；五是在研究课题方面，明确指出自由选题不是资产阶级自由化。12月16日，国务院召开常务会议，代表党中央、国务院批准了国家科委这个五条政策。《人民日报》《光明日报》第二天就公开报道"国六条"政策，并配发评论文章。

1983年开始，国家科委、国家计委、国家经贸委组织全国交通、能源、材料、集成电路、通信以及消费品等13个领域的2000多名专家进行了论证。当时，我国就已经认识到，要进行"四个现代化"，环境保护是最重要的，要做到环境保护和经济发展同步。随后，经国务院批准，国家科委发布了《科学技术政策》蓝皮书，还发布了《中国科学技术指南》白皮书。邓楠同志曾经和我们一起回忆说，当时制定《科学技术政策》期间，正是因为当时扎实的工作，了解了每个行业的技术情况，也了解了国外的情况，两相对比，我们就看到了我国科学技术发展的未来。虽然是国家科委牵头，但却是各部委大家一起齐心协力的结果。

访谈人：您在这期间感受最深的是什么？

张景安： "863"和"973"。

你应该也有感受吧。我认为，科技界与中央的想法是不谋而合的。这就是"863"和"973"这两个计划。"863""973"成为中国科技发展史上的一个里程碑，一个科技向高端发展的标志。这两个计划，不仅培养了一代人才，而且极大地加速中国科技的发展。"863"面向高技术，面向经济主战场；"973"是面向未来。"863"改造我们的工业经济，"973"奠定了我们向未来迈进的基础。"863""973"是我们中国人自己走出来的科学技术道路。

访谈人：哪些具体事件让您难以忘怀？

张景安： 1995 年，中央决定召开全国科技大会。国家科委会前动员时，组织上要求我带队调研。也就是 1995 年元旦期间，我在调研过程中发现，近 100 年来，飞机、汽车、电话、手机，这些主要技术实际上都来自企业。由此我确定，技术创新的源泉在大学和院所，但是技术创新的主体就是企业。于是，我提出了企业技术创新要与大学和院所合作的建议。春节后，中央在科技大会上指出，要支持企业技术创新，并要求国家科委要以"市场为导向、产学研合作"支持企业实施技术创新。我觉得，这个举措不仅推动我国企业的技术创新，而且逐步形成具有中国特色的技术创新体系。企业如果不跟大学同行研究机构合作，就不可能得到人才，也不可能跟上时代发展步伐，更得不到新的技术信息；大学、院所与企业合作，大学也就能知道社会需要什么。这样双方既能了解市场，也能提高研发水平。我国企业在 1995 年处于初级阶段，与世界很多领域差距很大。正是这种不断地支持、不断探索，今天的企业已经成为技术创新的主体。

访谈人：我们知道，您参与了高新区的创建和建设，是否对高新区怀有更加强烈的感情。

张景安：是的。1985 年，宋健主任提出我们应该建立一个有利于创新创业的空间，优选出一批先进技术在这样的空间里发展，最终达到与世界先进技术产业"肩并肩"的目的。星火计划，推动一系列农业项目迅速发展，培育和加速乡镇企业的发展，促进农业农村经济发展。与此同时，新兴的科技产业亟待引领和扶持。国家科委审时度势，提出借鉴国外的一些先进经验，建立我们自己的高新技术产业区来繁育和推动中国高科技产业。一开始，我们很多条件都不具备。高新区怎么搞？其实国际上也并没有现成的经验可循。但这个时候美国、以色列等国家的孵化器已经具有很强的活力。那么我们就引进孵化器。当时我们很多人并不了解什么是孵化器，过了很多年都还有人误以为是"孵小鸡"的。国家科委经过研究，确定中国的孵化器名称为"科技创业服务中心"。1987 年，首先在中关村创建了高新技术产业试验区。中央也很快就批复了《关于实施科教兴国战略，加快建设中关村科技园区的请示》。应该说，中国高新区就是从这里从此拉开了中国新经济发展的帷幕。一些相继出台的科技发展政策很大程度给予了高新区大力的支持，对加速高新区的发展确实产生了巨大的推力。此后呢，中央领导人也多次到中关村科技园区视察、指导工作。在 2000 年举办的上海"世界管理大会"上，参加会议的江泽民同志就很关心中国孵化器的发展，反复地了解情况。也就是从那个时候开始，"孵化器"成了科技界和产业界都非常关注的事物。我记得在当时，上海电视台等一些媒体的不少记者还不太理解创新、创业的具体含义，媒体还不能准确解读"孵化器""创新创业"，就不断有人咨询我们。你看看现在，但凡是高校的老师和学生、研究院所科研开发人员，地方政府的干部，动辄就谈"孵化器"，谈"众创空间"。你知道，看到中国高新区和科技产业今天这样的发展形式，我们内心有多高兴！

访谈人：您在担任科技日报社社长时，曾连续推出了三期有关"钱学森之问"的报道。请您介绍一下这个事情的原委。

张景安：关于"钱学森之问"，很多人确实不清楚。2005 年，恰好是制定国家中长期科技规划期间，温家宝总理在看望钱学森的时候，总理向钱老谈到国家中长期科技规划的情况。钱老也已经知道了这个规划的事情。钱老说，国家科技发展规划，必须要高度重视人才。我们今天的人才很多，但是领军人才、重大贡献的人才、出奇迹的人才还是不多。钱老说的人才是关键性的领军人才，培养人才既要学数理化，也要学艺术，既需要逻辑思维，也需要形象思维，科学家也需要艺术性细胞、需要有想象力。世界大的科学家，领军人才，不仅仅是物理学家，化学家，也是艺术家，不是艺术家成不了领军人才。科学家也可以接触文艺沙龙这种会议。他认为，真正的"大家"没有出来的原因，部分还是学校的培养，学校教出来的，学技术的就是学技术，学艺术的就是学艺术，学经济的不学艺术。温总理看望钱老之后，我们《科技日报》认为，钱老的所谈到的问题涉及国家人才培养，更关系到国家的未来。于是，《科技日报》在研究之后，给总理办公室写了一封信，同时也致函教育部。之后，我们组织了十几名专家进行调研，探讨我们国家应该怎么培养人才、培养怎样的人才。我就把我们形成的方案送给温总理和钱老。温总理阅后非常重视。《科技日报》将讨论内容以连续报道的方式分三次作了披露，在科技界、教育界引起了很大的震动。

今天，我想借钱老的话在此表达一下我个人的意见：我衷心地希望，在建设创新型国家的进程中，各行各业都应加大人才培养力度，营造更加浓厚的知识创新和技术创新氛围，不断优化人才成长环境，致力于培养更多的适合于新时代发展需要的创新型领军人才，为实现党中央提出的"中国梦"，实现中华民族的伟大复兴，做出更大的贡献！

谢谢！

科技界老领导访谈是一部
时代发展的史实和赞歌

值此伟大的中华人民共和国成立70周年之际，凝聚我们许多领导和同志们大量心血的《大国科技——中国科技之路背后的决策往事》正式出版。

这是一部追溯改革开放40年科技发展的史实性访谈实录，也是一部记录新中国70年科技发展的纪实性访谈实录。

手里捧读着这本书，读着文中的每一位曾经担任过共和国科技管理部门领导人讲述的一件又一件往事，真的是心潮澎湃！回想起自己在科技部工作40年的经历，回忆起与我十分敬重的宋健老主任、朱丽兰部长、徐冠华部长、全国政协万钢副主席和惠永正、刘燕华、齐让、张景安、石定寰、任玉岭等老领导们在一起工作的岁月，顿时感觉内心升腾起火一般的激情，情不自禁地感觉到眼眶发热，脑海中不由自主地浮现出著名诗人艾青那首脍炙人口的著名诗篇："为什么我的眼里常含泪水，因为我对这土地爱得深沉……"

我内心在呼喊："是的！我们伟大的祖国，正是因为爱你至深，才会有那么多赤子把一生中最美好的生命和激情奉献给您！"

这，也正是我们竭尽全力编纂好这本书的最直接动因。

还是讲讲我们发起这次访谈的缘由吧——

那是 2018 年上半年的一天，在中国生产力促进中心协会一次党支部会议上，老领导石定寰同志提出，2018 年是改革开放 40 年，2019 年是中华人民共和国成立 70 周年。这是中华人民共和国成立 70 年来，两个至关重要的时间节点。中国生产力促进中心是改革开放过程中的一个新生事物，是国家经济发展过程中科技服务的一支有生力量。我们中国生产力促进中心协会应多承担一些工作，多做更加有益于我国科技事业发展的工作。定寰同志说："我有个建议——请科技部历任老领导们进行一次访谈，请他们讲一讲任期内在科技管理上所做的工作和一些影响到国家科技发展进程的重要节点。用我们的笔把这些宝贵的历史事实整理、记录下来。一方面可以总结过去的工作，另一方面也可以给中国科技发展事业留下一笔宝贵的科技文化财富。"

定寰同志是资深科技管理人才，是中国生产力促进中心系统主要创建者之一，也是我尊敬的老领导。我深知他思考问题站得高、看得远，深谋远虑。于是，我把定寰同志的这个意见作为协会下一阶段的工作，向协会一位担任杂志社社长的副秘书长作了部署。这位副秘书长根据老领导的意见，很快形成了一个执行方案。我把这件事情汇报给一直以来深切关怀、大力支持生产力事业发展的原副部长刘燕华同志（刘燕华同志现任国务院参事室参事）。燕华同志看完后，当场表态："这不仅是中国生产力促进中心协会要做的大事，也是科技战线的一件大事。这件事情的意义非常深远！你们生产力促进中心协会应该把这件事情做好。我会尽快把这件事情汇报给志刚部长。我相信志刚部长也会有跟我一样的看法，一定会大力支持你们这项工作！"

5 月 8 日下午，刘燕华同志亲自撰写，并以他本人亲自署名的建议函便由科技部办公厅呈送到部长、党组书记王志刚同志办公室。5月9日上午，王志刚同志看到刘燕华同志的这个建议后，立即批复：此事很有意义。请少波同志（科技部党组成员、秘书长苗少波同志。——编者注）帮助协调。

一位原任副部长提出中国生产力促进中心协会组织访谈部委历任领导的建议，受到现任部长、党组书记的高度重视并且迅速批复，就我在科技部工作40年的经历而言，也是极其罕见的。

我们协会受到莫大的鼓舞！

协会从秘书长到分管副秘书长再到协会各部门，人人振奋，并且迅速行动起来——没有经费，我们想办法自筹（广东新媒体产业园率先提出资助）；人手不足，《中国新技术新产品》杂志社全员总动员，集中全部精兵强将投入这项工作；没有录制条件，航天科技集团中国空间技术研究院（北京神舟文化艺术中心和航天生产力促进中心）热情提供场地和设备，并派出优秀影像摄制和工作人员密切配合，全勤保障。

科技部党组原成员、秘书长，协会名誉理事长石定寰同志成为接受访谈录制的第一人。工作人员至今还对定寰同志那次现场访谈录制记忆犹新：7月10日上午9：00，访谈录制正式开始。定寰同志从80年代初国家科委时期若干重大事件谈起，再讲到国家科技部时期的国家科技中长期发展规划。随着记忆闸门的开启，"863"计划、"973"计划、星火计划、火炬计划、科技支撑计划、国家高新区创建、科技企业孵化器建设、第一家生产力促进中心成立……一桩桩、一件件，定寰同志如数家珍，仿佛再度置身于那段激情燃烧的岁月。原定两个小时30分钟的访谈录制，一直持续到14：10才结束，超出原计划时间2小时40分钟！据现场工作人员描述，定寰同志只在录制现场简单吃了点快餐就匆匆赶往医院接受专家治疗。事后，在场的工作人员多次和同志们谈起此事，听者无不动容！

我参加了所有领导的访谈录制过程，在现场见证每一位领导同志们回首往事时那激扬的情绪，感受他们那拳拳的报国情怀。每位接受访谈的领导，谈到在科技部工作的日子里时，个个都像打开了记忆的闸门，侃侃而谈，娓娓道来，有时激情昂扬，有时热泪盈眶……他们，与许许多多投身于科研和科技管理、矢志于中国科技事业发展的领导和同志们一样，把个人名誉和地位置之于脑后，不计个人得失，负重前行，敢于担当，勇于开创，引领中国科技事业走上了发展的快车道。中华人民共和国成立70年到来之际，也是改革开放40年刚满之时，中国科技事业的健康、稳健和快速发展，正是在这样一代又一代的领导带领下，举大国体制之力，锲而不舍、顽强拼搏干出来的。正是有了当年他们"撸起袖子加油干"的精神和行动，才有了今天明媚灿烂的科技春天。

他们为什么这么坚定，那是因为他们牢记使命。

他们为什么这么坚持，那是因为他们不忘初心。

他们为什么这么坚韧，那是因为他们植根大地。

他们为什么会热泪盈眶，那是因为他们对这片土地爱得深沉。

他们对党和人民的爱、对祖国的忠诚，感染、激励和鼓舞着我们每一个人，也必将对后来者产生莫大的影响和鞭策。

我相信，无论是领导还是群众，读过这本书后，你将学习到他们的工作方法，领略到他们的领导艺术，更加感受他们的担当精神和对祖国的赤诚，你将学会在困难面前不低头、不回避，你将以一种前所未有的勇气直面人生。

写到这儿，我不由得想起一些细节，就此作为"插曲"分享给我们的读者同志们吧——

记得阳春三月，我和协会常务副理事长、秘书长申长江带领着工作人员到两院院士、原国务委员、原国家科委主任宋健同志家里拜访。自宋健同志离开领导岗位后，我就很少见到老领导。再次见到老领导，发现老领导依然精神矍铄，非常健谈。尽管他一再坚持不接受采访，并表示不录像、不录音，但他还是对我们讲起许多往事。我们发现，老领导思路清晰，记忆力惊人！对许多人、许多事都能如数家珍，甚至是我们一时没有记起来的人和事，老领导也会随时提示和更正。临分别时，老领导还送给我们两本札记，并语重心长地对我们说："你们做这个工作非常有意义。因为你们在记录时代，挖掘经验。这对后来人有很好的借鉴作用。"

我们在科技部配楼见到原部长、党组原书记朱丽兰同志。时隔数年，朱丽兰同志依旧是那么朴素。看到我们进门，老远就伸出双手走过来。当我们向朱丽兰同志说明我们的来意后，老领导爽朗地笑了："我还以为你们就是来看看我老太婆呢。"她笑得是那么和蔼、那么亲切，又那么谦和。接着她说，"你知道的，我离开部长岗位以后就没有接受过任何采访。这是我自己定的规矩，今天也不能打破。但是，我们是老同事，老朋友了。我可以答应你，你可以从文件里、过去的文章里把当年这些事情整理出来。就算是我的授权吧。这样你可以完成你的任务了吧。"老领导说这话时掷地有声。

预约访谈老部长徐冠华同志也颇费周折。徐冠华同志是中国科学院院士，著作等身，学术交流活动更是频繁，有的学术报告早在半年以前就已确定，时间不能更改。但徐冠华同志非常支持协会进行的这次访谈，最后找了一个时间空当接受了访谈录制。记得那天下午，老部长走进录播室，却见他手里提着两罐功能性饮料。录制组的同志大吃一惊："这么大年纪的老领导，靠喝高糖饮料来提神，能行吗?"没想到徐部长呵呵一笑："别人不行，我行。我完成你们的任务不就行了吗?"但人终究不是铁打的。那天访谈预定的时间到了，徐部长用手拂了一下脸庞说："今天有点疲惫，状态不太好，时间也不够。讲得不好。我答应你们，以后有时间咱们再讲一讲。"

日理万机的全国政协副主席、中国科学技术协会主席、我们尊敬的老部长万钢一开始也只设定了两个小时的访谈，但话题打开后，3个小时就在一位副国级领导人与担负访谈任务的杂志社社长的交流中不知不觉倏忽而过。时间已过了18：00，秘书几次进门提醒："万主席，您接下来还有会谈。"但，我们尊敬的万钢副主席只是看了看秘书的方向，并没有马上停止谈话。直到18：30，秘书再次走进办公室："万主席，时间真的来不及了。"万钢副主席这才站起身，一边走向办公桌一边说："你们这点儿时间不够! 想说的话，要讲的事情还有很多!"接着又对我说："玉兰同志，你们这个事情很有意义! 我希望你们把这个事情办好!"

正当访谈预约和稿件编纂接近尾声之际，有一天我接到部党组原成员、科技日报社原社长张景安同志的电话。景安同志说，"上次的访谈因为时间仓促，有一些问题没有谈到。最近我查阅了过去的工作笔记，发现这些事情还是应该再讲一讲。你们的工作是在记录中国科技发展历程，有些事情我们这代人不说，可能就真的湮灭在时间的长河里了。如果你们觉得行，我可以再讲一讲。我们应该尊重历史，更要尊重事实，也有一些事情应该还原历史的本来面目。"2019年8月29日，景安同志又一次来电征询我的意见："玉兰同志，你们在时间上是否来得及? 来得及的话，我明天从重庆回北京，11：30到达首都国际机场，咱们可以14：30开始。"第二天，即8月30日，14：10，正当航天神舟文化艺术中心摄制组的同志做好录制准备、请示访谈负责人是否可以准时录制时，景安同志一步跨进了录播室……

此情此景，我脑子里不禁浮现出录制组访谈惠永正副部长时的情形。那是 2018 年 11 月 25 日上午，我和访谈录制组的同志们在"长三角创新论坛"等待预约已久的原副部长惠永正同志演讲结束后进行访谈。我和惠部长 20 世纪 90 年代初就认识，但 2009 年惠永正同志退休后就回到上海生活。由于时空的缘故，我与老领导几乎再未见面。但这次见面，却非常令我吃惊——当主持人介绍，接下来的演讲嘉宾是科学技术部原副部长惠永正教授，只见一位身材魁梧的男士健步如飞登上讲台，那种敏捷真是与中青年无异。我身边的访谈录制组负责人压低声音发出惊呼："喔噢，惠部长身体这么棒！"棒吗？确实棒！录制组事先做过一些功课，比如访谈对象的出生年月。他们展示给我的资料上清晰地标注着：惠永正，科学技术部原副部长，1939 年 12 月出生，江苏省苏州市人。

是啊，当很多人喟叹岁月催人、急急忙忙享受退休后安逸生活的时候，我们的许多科技工作者哪怕年逾古稀甚或耄耋，却仍然精神饱满、神采奕奕地投身于科研学术和科技成果产业化，把余热贡献给共和国伟大的科技发展事业。

讲述弥足珍贵。国家科技管理部门多位离任高层领导亲自讲述中国科技发展过程中的往事，这在当代中外科技史上应尚属首次。无论是原国务委员、原国家科委主任、两院院士宋健同志和原部长朱丽兰同志亲自授权的文字整理，还是中国科学院院士、科技部原部长徐冠华同志和全国政协副主席、中国科协主席、科技部原部长万钢同志以及科技部原副部长惠永正和刘燕华同志，第九届、第十届全国政协原常委、国务院参事室原参事任玉岭同志，科技部党组原成员、科技日报社社长、中国科协副主席齐让同志，科技部党组原成员、科技日报社社长张景安同志直面镜头的讲述，其所包含的历史内涵、宝贵经验和科技价值都极其弥足珍贵。

这些领导同志多维度的回顾和讲述，回顾中国科技发展过程中许多鲜为人知的细节，阐述只有走中国特色社会主义道路、坚持独立自主的科技创新发展战略才能促进大国科技发展的理念，表明党中央和国务院的正确领导决定了中国科技创新驱动发展的正确性，更揭示了只有伟大的中国共产党才能领导中国走向科技强国和强国富民的光辉道路的真理！

时间紧迫，任务繁重，但我们感到无上光荣。这项工作意义重大且影响深远。历时一年三个月的科技高层访谈工作的组织和录制、整理和编纂工作，不仅现场录制访谈，整理文稿，形成记录文献，而且在成书之前实现互联网传播。我清晰记得，为赶在2019年元旦正式推出科技高层讲述系列访谈录，录制组工作人员经常加班至次日凌晨；受访领导同志也不辞辛劳及时亲自审核稿件。值得宽慰的是，2019年1月1日首期融媒体模式的公众号推出后，相关内容就受到各界人士密切关注和热议，许多官微和公众号纷纷转发、转载，一度成为新年科技传播热点。

在整个组织和实施过程中，科技部办公厅和有关司局给予我们大力的支持、指导与协助。为做好领导访谈，办公厅的同志甚至放弃休假，积极协调有关司局整理大量基础文件资料，为领导讲述内容的准确性提供翔实资料和精确数据，确保了访谈顺利进行。

作为策划人，我有很多话想说。但思来想去，这么珍贵的一次机会，这么珍贵的科技史实，还是不多占用读者和各界朋友的宝贵时间了。就让我们一起随着国家科技管理部门高层领导人的讲述，去体会和领略中国科技发展的无限魅力吧。

写到最后，无论如何我还是想要赘语几句。囿于时间、经验以及人力、财力等诸多因素，这本书确实还有许多缺憾，一些曾任职多年的领导和现任领导还来不及约访，一些史料还来不及深入研究……所整理的文章在文字上和内容的延展上都难以避免地存在着疏漏和欠妥之处。在此，我们只能诚恳地敬请受访谈领导和各界朋友给予原宥。

刘玉兰

2019 年 8 月

后　记

根据中国政府和世界银行签署的协议，遵照 2014 年 7 月 8 日习近平主席会见世界银行行长金墉时提出的"创新方式，立足中国国情，抓住中国改革发展的重点和难点，扩大和深化合作"等有关指示，特设立"国际视域中大国治理现代化的财政战略主动研究"项目作为中央财政专项重大课题开展研究。此书是此项目的研究成果之一。

自从我参加国家重大科技专项论证工作开始，同科技战线的领导、院士和专家、一线的科技特派员有了近距离密切接触的机会，被他们的创新、探索、缜密、求实、担当的精神所感动，深刻地体悟到科技的突破是国家发展的方向，科技对人的装备能产生巨大的创造力，科技是经济发展的导航仪、催化剂和驱动力，科技能带来政府新效能、社会新结构、文化新境界，在一个有几千年农耕文明史的国家，科技的突破尤为艰难。正如历史学家斯塔夫里阿诺斯所指出的那样，"人类历史中的许多灾难都源于这样一个事实，即社会的变化总是远远落后于技术的变化。这是不难理解的，因为人们十分自然地欢迎和采纳那些能提高生产率和生活水平的新技术；却拒绝接受新技术所必需的社会变化，因为采纳新思想、新制度和新做法总是令人不快的。"本书作者，大部分直接参与了国家科技决策及部署实施、落实执行，为中国改革开放事业做出了重大贡献。

马克思曾指出，各种经济时代的区别，不在于生产什么，而在于怎样生产，用什么劳动资料生产。手推磨产生的是封建主为首的社会，蒸汽磨产生的是工业资本家为首的社会。

21 世纪以来，物联网、大数据、人工智能、区块链和 3D 打印技术，使得信息技术优先突破，并迅速向生产、流通和生活领域全面渗透，也彻底改变着管理模式、行为方式和社会运行状态，推动着人类社会告别工业时代全面进入了数字生产力时代。在这方面，中国的重大科技领域迅速达到国际领先水平，抢占创新领域的新高地，成为中国新时代新阶段的重点任务。"人工智能""大数据""增材制造""新能源新材料""区块链""5G 通讯技术"等这些领域在不久的未来是科技界存在的关键，共性技术以及需要联合攻关的技术领域，技术的创新又彻底改变着生产方式、生活方式、管理模式和社会运行规则，将彻底颠覆历史传统。

党的十八大以来，以习近平同志为核心的党中央把科技创新摆在国家发展全局的核心位置，中国坚定不移实施创新驱动发展战略，加快提升创新能力和科技实力，强化国家战略科技力量，构建系统、完备、高效的国家创新体系。在重大创新领域布局建设国家实验室，深化科研事业单位改革，强化国家使命和创新绩效导向，扩大科研自主权、主导权。

当今，科技创新已经成为一个内涵极其丰富的复合名词，涵盖了基础研究、技术应用、成果产业化、创新机制、创新文化等多个方面。科技资源的整合集成、学科的交叉融合、创新主体的协同合作、创新链与产业链的互动反馈、体制机制的革新突破，这些交织构成的系统性力量，才是决定一个国家和区域创新发展水平的核心竞争力。国家之间的科技竞争已不再是简单的加大研发投入和人才培养引进力度，而是引领未来趋势、掌握领域门户、集成优势资源、优化创新生态、提升创新效能、科技经济社会军事一体化发展等全方位、体系式的竞争。现代创新体系由战略、机制、资本、人才、组织、成果等要素构成，是"战略＋机制＋创新网络"三位一体。

中国已经具有孕育新一轮产业革命的土壤。以信息技术为基础，信息技术与智能制造、新能源、新材料等领域创新融合发展，提高产品质量和生产效率，提供多样化、智能化、个性化产品，从而满足消费升级需求，甚至创造新需求。新旧动力的接续和融合，正在释放出源源不断的动能。世界面临百年未有之大变局，正在全速跨入以"技术、技能和创意"三轮驱动的数字社会，愈来愈深刻地影响世界各国的政治、经济、军事、文化等领域，向世人呈现出推动人类社会进步与文明发展的巨大力量。人类前进发展的规律表明，科技进步助推产业的兴起与壮大，产业壮大支撑经济的发展，经济发展推动社会的转型，在社会转型中又涌动着制度和文化的创新。经济社会的发展正由原先的经济—产业—企业—技术—个人的联动发展模式到个人—技术—企业—产业—经济联动发展模式转变的战略转型关键期，相互耦合，相互推进，共同凝聚形成前进的车轮。

新时代是全球新一轮科技革命从蓄势待发到产业化竞争的关键期，也是中国新旧动能转换的关键期。科技创新和高科技产业成为国际竞争博弈的焦点。政府、社会治理模式面临着新技术的再武装、再装备和再改造。

"创新驱动"被视为国家发展的最新常态，创新发展模式，实现从投资驱动转向创新驱动；从传统制造经济转向智慧知识经济；实现技术创新与商业模式创新相结合引致产业变轨跨越发展，避免传统农业等产业的陷阱；实现发挥战略科学家引领作用，不断实现产业从 0 到 1 的突破、1 到 100 的井喷、100 到 1000 的代际优势，最终实现中国从大国向强国的蝶化。

本书由刘玉兰、许东升策划，许岩武、晓颖、刘小妮、郝世琦、周怡、周慧、张凤玲参与了文字整理，中国生产力促进中心协会统筹实施。世界银行项目的合作开展得到了世界银行驻中国首席代表处郝福满先生、世界银行东亚和太平洋地区全球治理部门罗伯特·塔利埃西奥局长、高级经济学家和项目经理赵敏女士及其研究团队的全力配合，世界银行专家罗伯特等给予了智力支撑。项目的研究也得到了原国家行政学院副院长陈立同志、财政部国际司张政伟副司长、中国驻世界银行执董杨英明的指导和帮助。感谢中共中央党校出版社任丽娜编辑。

许正中

2020 年 1 月于海淀区大有庄 100 号

作者简介

　　许正中，男，1967年生，中央党校（国家行政学院）经济学教研部副主任、博导，二级教授，入选新世纪百千万人才工程国家级人选，享受国务院特殊津贴。兼任国家重大专项首席管理专家、联合国、世界银行重大项目咨询专家，香港科技园资深顾问，获得国家级和省部级科研成果奖励十余项，拥有多项发明专利及技术标准。

　　主持国家自然科学基金项目"微电子技术与激光技术国家基础研究发展需求研究""基于国家需求的海洋装备信息化战略研究""基于大数据和互联网思维下的反恐认知系统研究"、国家软科学研究项目"高新技术产业集群的财税政策研究"、中国科协委托课题"世界主要国家创新模式研究"等30多个国家及部级课题。参与国务院《进一步鼓励软件产业和集成电路产业的若干政策》（又称"新18号文"）的起草工作；参与"核高基（核心电子器件、高端通用芯片及基础软件产品）""水体污染与治理""新药创制"国家重大科技项目的设计、论证、管理和评估工作。多次向党中央、国务院及有关部委提出政策建议，获得习近平、李克强等党和国家领导人重要批示，许多已转化为现实生产力。

　　出版《科技财政绩效与创新驱动战略》《财政工程理论与绩效预算创新》等著作30多部，在《Energy Policy》《人民日报》等国际国内一流刊物和主流报纸发表文章百余篇。

刘玉兰，女，1970 年入伍，1977 年调至国家科委（现科学技术部）工作直到 2012 年退休。国家科技部重大专项办原巡视员，科技部诚信办公室原副主任，先后在科技部办公厅、工业司、高新司、计划司、重大办等部门任副处长、处长、副巡视员、巡视员。参与国家火炬计划、863 计划、重大专项的管理工作。现任中国生产力促进中心协会理事长。荣获全国妇联颁发的"巾帼标兵"光荣称号。

2003 年至 2006 年，任山东聊城市副市长期间，启动了聊城科技特派员工作。目前仍有 2000 多名科技特派员活跃在田间地头，使一批科技特派员走向创新创业的道路。在聊城期间支持帮助一大批科技型的企业走向发展壮大之路，被聊城市委、市政府授予金钥匙和荣誉市民光荣称号。